国家重点研发计划课题（2019YFD11001014）
国家自然科学基金面上项目（51978558） 资助出版

# 饮用水水垢控制原理与技术

卢金锁　庞鹤亮　苏俊峰
　　　　　　　　　　　　等　著
胡瑞柱　张志强　杨　静

U0262763

科学出版社

北　京

# 内 容 简 介

本书从生活饮用水卫生标准反思和水垢问题出发，总结分析了饮用水水垢对人体健康的威胁，并阐述了两者之间的关联；介绍了水垢产生原理、过程、影响因素和水垢相关指标检测方法及设备，提出了水垢的形态及其影响因素和控制方法；从水垢控制需求出发，总结分析了传统软化工艺原理与技术、化学结晶循环造粒流化床及生物诱导软化工艺原理与技术。基于水垢控制机制和原生钙镁保留需求，着重论述了酸碱平衡曝气水垢控制工艺原理与技术，针对我国地下及地表水源水介绍了以酸碱平衡曝气工艺为核心的水垢控制技术与设备，及其实际应用效果。

本书可供城镇供水设施建设、运行及维护等相关市政工程技术人员和研究人员参考，也可作为市政工程和环境工程专业研究生教材及高级技术人员培训的参考用书。

**图书在版编目 (CIP) 数据**

饮用水水垢控制原理与技术/卢金锁等著. —北京：科学出版社，2022.12
ISBN 978-7-03-073603-1

Ⅰ. ①饮⋯  Ⅱ. ①卢⋯  Ⅲ. ①饮用水–除垢  Ⅳ. ①TU991.2

中国版本图书馆 CIP 数据核字(2022)第 200246 号

责任编辑：郭允允  程雷星 / 责任校对：王  瑞
责任印制：吴兆东 / 封面设计：蓝正设计

科 学 出 版 社 出版
北京东黄城根北街 16 号
邮政编码：100717
http://www.sciencep.com

**北京中石油彩色印刷有限责任公司** 印刷
科学出版社发行  各地新华书店经销

\*

2022 年 12 月第 一 版   开本：720×1000 1/16
2022 年 12 月第一次印刷   印张：15
字数：295 000
**定价：128.00 元**
(如有印装质量问题，我社负责调换)

# 前　言

随着国内居民生活水平的提高，人们对生活品质有了更高的追求，尤其是饮用水质量。因此，饮用水水质与用户满意度成为供水行业关注的热点问题，高硬度水处理是问题之一。在一些以地下水为水源的地区，经常出现开水结垢和管道结垢现象，导致居民对水垢水产生感官厌恶，进而引发对饮用水水质的不信任，高硬度水甚至会影响居民身体健康或使烧水器具因结垢导致受热不均从而发生爆炸。

水垢主要是由生水中存在的暂时硬度产生的，烧水过程中随着温度的升高，碳酸钙和碳酸镁结晶的颗粒在烧水器底部和侧壁沉积形成水垢层，主要成分有碳酸钙、碳酸镁、硫酸钙、硫酸镁、氯化钙、氯化镁等。我国高硬度水分布较为广泛，大多数水厂建设时未考虑因水中硬度高引起的沸后水结垢问题，随着人们对饮用水质的追求，水垢带来的负面影响越发突出。

针对沸后水结垢问题，作者基于我国部分以高硬度水为水源地区和居民喝热水的习惯，提出了通过去除水垢生成前体物的解决思路和研究方向，先后研发了化学结晶软化法、生物诱导软化法和酸碱平衡曝气技术等，并以浊质、水垢共同去除为思路，研发了一体化浊垢同除设备。课题组十多名研究生先后参与完成了不同技术研发及相应的实验设计模拟、化学结晶循环造粒流化床技术研发、生物矿化细菌培养、酸碱平衡曝气工艺研究和浊垢同除设备研发等工作。

沸后水结垢是饮用水安全存在的诸多问题之一，作者总结了国内外控垢的方法与技术，以课题组研发的酸碱平衡曝气技术为核心，并将水垢去除中涉及的化学、物化、生化反应过程和碳酸平衡等基础理论知识包含在本书中，期望为我国高硬度水处理和饮用水品质提升提供理论与实践经验，引起我国科研工作者对水垢问题的兴趣，推动相关工作的技术人员对饮用水品质提升开展深入和系统的研究。

全书共 9 章，有三部分内容：第一部分（第 1、2 章）主要介绍国内外生活饮用水卫生标准变化和水垢引起的相关问题，包括标准演变、水垢危害、水垢与人体健康的关系等；第二部分（第 3、4 章）主要介绍水垢产生原理、相关指标检测方法和传统软化工艺原理与技术；第三部分（第 5~9 章）主要介绍了化学结晶、生物诱导和酸碱平衡曝气工艺对水垢去除的影响、原理、效果模拟和验证等。

第 1 章由李渴欣、徐栋、张钰尧、董妍、庞鹤亮、卢金锁撰写；第 2 章由严小雨、刘志鹏、黄星星、张志强、卢金锁撰写；第 3 章由李楠、李渴欣、黄星星、杨静、卢金锁撰写；第 4 章由刘迪、骆香、张志强、庞鹤亮撰写；第 5 章由胡瑞柱撰写；第 6 章由苏俊峰、汪昭撰写；第 7 章由李鹏鹏、严小雨、刘迪、黄星星、杨静、卢金锁撰写；第 8 章由黎林均、刘萌、张志强、庞鹤亮、卢金锁撰写；第 9 章由樊苗苗、黄星星、杨静、庞鹤亮、卢金锁撰写。

　　本书写作过程中参阅了大量国内外文献资料，并在每章末逐一列出，如有遗漏敬请谅解，在此对所有参考文献作者表示诚挚的谢意！在本书出版之际，作者再次对帮助和支持本书成稿的同事、朋友表示衷心的感谢！同时也感谢课题组毕业和在读研究生，正是他们辛苦努力的工作，才能将研究成果呈现给读者。

　　由于作者水平有限，书中不足之处在所难免，恳请广大读者批评指正。

卢金锁

2022 年 6 月于西安

# 目　　录

第1章　生活饮用水卫生标准与水垢 ·················································· 1

　1.1　生活饮用水卫生标准制定原则和技术路线 ······················· 1

　　1.1.1　生活饮用水处理需求及水质要求 ····························· 1

　　1.1.2　生活饮用水卫生标准制定原则 ································· 4

　　1.1.3　生活饮用水卫生标准的制定过程 ····························· 6

　　1.1.4　生活饮用水卫生标准的发展 ··································· 9

　1.2　当前国内外饮用水卫生标准 ·································· 14

　　1.2.1　世界卫生组织《饮用水水质准则》 ························ 14

　　1.2.2　《美国饮用水水质标准》 ··································· 16

　　1.2.3　欧盟《饮用水水质指令》 ··································· 18

　　1.2.4　我国《生活饮用水卫生标准》 ····························· 20

　　1.2.5　我国饮用水卫生标准的特点 ································· 21

　1.3　基于供水和饮水方式的水质标准反思 ······················ 25

　　1.3.1　水质执行标准的变迁 ······································· 26

　　1.3.2　物权矛盾问题 ············································· 27

　　1.3.3　水垢问题的反思 ··········································· 27

　1.4　国内饮用开水传统下的水垢问题 ··························· 29

　　1.4.1　国内饮用开水的历史 ······································· 29

　　1.4.2　饮用开水的好处 ··········································· 30

　　1.4.3　国内水垢问题的普遍性及其相关联的水质指标 ············· 30

　　1.4.4　水垢危害及用户对水垢问题的质疑 ······················· 32

　参考文献 ························································ 33

第2章　烧水水垢与居民健康的关联 ·································· 35

　2.1　水垢与健康关联的由来与历史 ····························· 35

　　2.1.1　水垢的形成 ··············································· 35

　　2.1.2　水垢与健康的关系 ········································· 36

　2.2　饮用水硬度与健康的动物实验研究 ························· 38

2.2.1 饮用水硬度对心血管的影响 ......................................... 39

2.2.2 饮用水硬度对骨骼的影响 ............................................. 41

2.2.3 饮用水硬度对心肾相关指标的影响 ............................. 43

2.3 饮用水硬度与健康的流行病学调查研究 ......................... 46

2.3.1 饮用水硬度对心血管疾病的影响 ................................. 46

2.3.2 饮用水硬度对骨质疏松的影响 ..................................... 47

2.3.3 饮用水硬度对尿路结石的影响 ..................................... 48

2.3.4 饮用水硬度对人体健康其他方面的影响 ..................... 49

2.4 水垢硬度和健康的关联性及差异性分析 ......................... 49

2.4.1 水垢硬度和健康的关联性 ............................................. 49

2.4.2 水垢硬度和健康的差异性 ............................................. 51

参考文献 .......................................................................................... 52

第3章 水垢产生原理、形态及指标检测 ................................. 54

3.1 水垢产生的原理、过程及影响因素 ................................. 54

3.1.1 烧水水垢产生原理 ......................................................... 54

3.1.2 管道和设备结垢原理 ..................................................... 54

3.1.3 水垢形成过程 ................................................................. 56

3.1.4 结垢程度影响因素 ......................................................... 57

3.2 水垢相关指标检测方法及设备 ......................................... 59

3.2.1 水垢相关指标检测方法 ................................................. 59

3.2.2 水垢检测设备 ................................................................. 61

3.3 水垢的形态及其影响因素 ................................................. 63

3.3.1 常见的水垢形态 ............................................................. 63

3.3.2 温度对水垢形态的影响 ................................................. 63

3.3.3 pH 对水垢形态的影响 ................................................... 66

3.3.4 器壁材料对水垢形态的影响 ......................................... 66

3.4 水垢的控制方法 ................................................................. 68

3.4.1 管道水垢的控制方法 ..................................................... 68

3.4.2 饮用水水垢的控制方法 ................................................. 69

参考文献 .......................................................................................... 70

第4章 传统软化工艺原理与技术 ............................................. 72

4.1 石灰软化法 ......................................................................... 72

4.1.1　工艺原理···········································································72

4.1.2　工艺研究现状与趋势·························································73

4.1.3　应用实例···········································································73

4.2　离子交换软化法················································································76

4.2.1　工艺原理···········································································76

4.2.2　工艺研究现状与趋势·························································76

4.2.3　应用实例···········································································77

4.3　纳滤软化工艺····················································································79

4.3.1　工艺原理···········································································79

4.3.2　工艺研究现状与趋势·························································79

4.3.3　应用实例···········································································80

4.4　反渗透软化工艺················································································82

4.4.1　工艺原理···········································································83

4.4.2　工艺研究现状与趋势·························································83

4.4.3　应用实例···········································································83

4.5　电渗析软化工艺················································································86

4.5.1　工艺原理···········································································86

4.5.2　工艺研究现状与趋势·························································87

4.5.3　应用实例···········································································87

4.6　复配药剂软化法················································································88

4.6.1　工艺原理···········································································88

4.6.2　研究现状与发展趋势·························································89

参考文献·······································································································89

**第5章　化学结晶循环造粒流化床工艺原理与技术**·······························91

5.1　化学结晶软化工艺概述······································································91

5.1.1　结晶基础理论·····································································91

5.1.2　碳酸钙结晶理论与过程·······················································91

5.1.3　结晶动力学研究·································································94

5.1.4　研究进展与应用·································································94

5.2　化学结晶循环造粒流化床技术研发·····················································97

5.3　化学结晶循环造粒流化床水质软化工程应用·······································98

5.3.1　应用概况···········································································98

5.3.2 应用案例 ·········· 99

参考文献 ·········· 101

**第6章 生物诱导软化工艺原理与技术** ·········· 103

6.1 生物矿化细菌的特性研究 ·········· 103

6.1.1 生物矿化细菌的分离及鉴定 ·········· 103

6.1.2 生物矿化的环境影响因素 ·········· 104

6.1.3 生物矿化细菌的生长特性 ·········· 110

6.1.4 生物矿化细菌对实际水体的处理效果 ·········· 112

6.2 生物诱导同步去除硬度和重金属工艺与应用 ·········· 114

6.2.1 生物诱导同步去除硬度和重金属理论基础 ·········· 114

6.2.2 生物诱导同步去除硬度和重金属工艺技术 ·········· 115

6.2.3 生物诱导同步去除硬度和重金属工艺应用 ·········· 124

6.3 生物法去除暂时硬度工艺与应用 ·········· 125

6.3.1 生物法去除暂时硬度理论基础 ·········· 125

6.3.2 生物法去除暂时硬度工艺技术 ·········· 127

6.3.3 生物法去除暂时硬度工艺应用 ·········· 128

参考文献 ·········· 129

**第7章 基于酸碱平衡曝气水垢控制工艺原理与技术** ·········· 130

7.1 结垢成因及控制路径分析 ·········· 130

7.2 水中碳酸的形态及转化 ·········· 132

7.3 曝气吹脱机理及应用研究 ·········· 134

7.4 加酸量模型 ·········· 137

7.4.1 加酸量计算模型的建立 ·········· 137

7.4.2 加酸量模型的简化 ·········· 143

7.5 曝气脱除水中 $CO_2$ 的策略优化与模型研究 ·········· 145

7.5.1 曝气吹脱策略的建立与优化 ·········· 145

7.5.2 曝气吹脱模型的建立与优化 ·········· 153

7.6 新型酸性阻垢剂研发 ·········· 170

参考文献 ·········· 178

**第8章 地下水源水垢控制技术与设备** ·········· 179

8.1 概况介绍 ·········· 179

8.2 工艺技术的研究与应用 ·········· 180

8.2.1　供水系统前端除垢工艺——深层曝气水垢去除工艺装置·········180

8.2.2　供水系统终端除垢工艺·············································190

8.2.3　针对硬度超标原水开发的控垢工艺································199

参考文献·······················································212

第9章　地表水源水垢控制技术与设备································213

9.1　地表水水质情况········································213

9.1.1　地表水源水垢问题················································214

9.1.2　常规净水工艺及其局限性··········································215

9.2　浊垢同步去除工艺与设备研发··························217

9.2.1　工艺设计························································217

9.2.2　浊垢同除设备的研发··············································218

9.2.3　地表水处理过程··················································219

9.2.4　设备反冲洗过程··················································220

9.2.5　中试处理效果····················································220

9.3　地表水水垢问题处理方案······························225

9.3.1　有机结合曝气单元的地表水浊垢同除设备······················225

9.3.2　大型饮用水水垢去除工艺及构筑物····························227

参考文献·······················································230

# 第1章　生活饮用水卫生标准与水垢

随着全球淡水资源的短缺，21 世纪水资源正在变成一种宝贵的稀缺资源，水资源短缺已不仅仅是资源问题，更成为关系国家经济、社会可持续发展和长治久安的重大战略问题。水资源短缺的同时也不断促进生活饮用水处理技术的发展。人类对水本身的认识和饮用水的处理技术得到不断改进，对饮用水水质的要求也在不断提高。世界卫生组织（WHO）、美国、欧盟、日本等国家或组织率先对饮用水卫生标准进行制定和修改。我国生活饮用水卫生标准制定较晚，自中华人民共和国成立以来，人们逐步重视生活饮用水水质，随之根据我国饮用水技术发展特点颁布了一系列标准。

水质标准的不断发展和完善带来了新问题，并逐渐得到重视。如何规范适合开水的饮用水标准，居民龙头水的职责划分，开水饮用过程中水垢问题的检测和解决等，是我们亟须解决的问题。

既然水垢一直存在，那么水垢究竟如何检测？如何去除？误饮后对人们有何种健康风险？这已经成为现阶段饮用水卫生标准发展需要解决的问题。

## 1.1　生活饮用水卫生标准制定原则和技术路线

### 1.1.1　生活饮用水处理需求及水质要求

水是生命之源，广义的水资源是指水圈内的水量总体。由于海水难以直接利用，因此我们所说的水资源主要指陆地上的淡水资源。陆地上的淡水通过水循环不断更新、补充，满足人类生产、生活需要。

陆地上的淡水资源总量只占地球上水体总量的 2.53%，大部分分布在南北两极地区的固体冰川。目前人类较容易利用的淡水资源主要是河流水、淡水湖泊水以及浅层地下水。这些淡水储量只占全部淡水量的 0.3%，占全球总水量的 $7/10^5$，即全球真正有效利用的淡水资源每年约有 9000km³。

#### 1. 国内外水环境现状

全球淡水资源不仅短缺而且地区分布极不平衡，约有 65% 的水资源集中在不到 10 个国家中，而占世界总人口 40% 的 80 个国家却严重缺水。预计到 2025 年，全世界缺水人口将达 30 亿,涉及的国家和地区达 40 多个(龚静怡,2005)。

我国属于缺水国家,人均水资源占有量严重不足,仅有 2300 m³,相当于世界人均水量的 1/4,被列为世界上最贫水的 13 个国家之一。在全国 668 座建制市中,有 400 多座城市处于不同程度的缺水状态,其中 130 多座城市严重缺水(柳直,2020)。由于生活饮用水与人体健康有着不可分割的关系,因而饮用水作为水环境的核心部分受到越来越多的关注。我国饮用水水环境问题主要表现为以下两个方面。

(1)饮用水水源地减少

随着水环境治理政策力度的加大,污水治理已取得良好成效,但仍然有大量工业和生活废水未经处理直接排放,加剧水环境污染,致使大量水体无法作为饮用水水源地。2018 年《华夏时报》曾报道,全国已有 162 个县级以上集中式饮用水水源地被撤销或拟撤销,占总量的 5%左右。

(2)饮用水水源水质恶化

全国饮用水水源水质总体呈恶化趋势。《2018 年中国水资源公报》显示,全国水质评价河流 26.2 万 km,其中,Ⅳ~Ⅴ类、劣Ⅴ类水河长分别占评价河长的 12.9%、5.5%;评价湖泊 124 个,未达到Ⅲ类水的湖泊占总数的 75.0%;评价水库 1129 座,未达到Ⅲ类水的水库占总数的 12.7%;评价水功能区 6779 个,不满足水域功能目标的 2276 个,占评价水功能区总数的 33.6%;评价省界断面水质 544 个,未达到Ⅲ类水质断面比例为 30.1%;评价 1045 个集中式饮用水水源地,全年水质合格率在 80%及以上的水源地占评价总数的 83.5%。这些污染水体大部分分布在城市附近,不仅加剧了城市水环境污染,还增加了正常供水的难度,对城市居民安全饮水产生严重威胁。

## 2. 生活饮用水处理技术发展历程

随着社会经济的快速发展,人们对水安全的认识越来越深入,对生活饮用水的要求也越来越严格。2022 年,国家卫生健康委员会在进一步修改《生活饮用水卫生标准》(2006 年版)的基础上,制定了《生活饮用水卫生标准》(GB 5749—2022),该标准对多项水质指标做了修改,对生活饮用水处理工艺技术不断革新提出要求,将于 2023 年 4 月 1 日起实施。

(1)第一代水处理工艺

20 世纪以前,居民饮用水卫生安全得不到保障,致使水介烈性细菌性传染病(如霍乱、痢疾、伤寒等)流行,极大地危害了人体健康。为阻止疾病传播,20 世纪初,人们研发出了混凝、沉淀、过滤、氯消毒工艺。从河流取水后,进入澄清工艺,即混凝、沉淀和过滤,水中杂质通过加药,形成大颗粒的絮凝体,而后经沉淀池进行矾花与水的重力分离,再进入滤池,使细微残余的杂质颗粒物和部分大分子有机物过滤掉，滤后水采用加氯消毒。其主要去除对象为水中悬浮物、胶体，还可杀灭水中绝大部分细菌和病毒，保证基本的饮用水生物安全性，这一工艺使流行性传染病得到控制，称之为第一代水处理工艺。

（2）第二代水处理工艺

20 世纪 70 年代，由于水环境污染，在城市饮用水中发现了种类众多的对人体有毒害作用的微量有机污染物。Rook（1974）及 Bellar 和 Lichtenberg（1974）在 1974 年发现饮用水加氯消毒可以产生三卤甲烷（THMs），人们对消毒副产物（DBPs）的成分进行了大量的研究，发现了 DBPs 包括三卤甲烷、卤乙酸（HAAs）、卤代酮类（HKs）等一系列化合物，其种类高达几百种，绝大部分对人体有害（林辉和刘建平，2004）。此外，在水处理过程中投加的一些氧化剂，也会生成一些有毒害的氧化物、有机物和复合型污染物，长期饮用这些物质能够致癌，不利于人体健康，而常规工艺又对其不能有效地去除和控制，由此发展出第二代水处理工艺。

第二代水处理工艺是在常规工艺上新增预处理工艺和深度处理工艺。预处理工艺通常是指在常规处理工艺前采用适当的物理、化学和生物的处理方法，对水中的污染物进行初级去除，同时使常规处理更好地发挥作用，减轻常规处理和深度处理的负担，发挥水处理工艺的整体作用。深度处理工艺能够对水中微量的影响水质安全的杂质起到很好的减量效果。深度处理工艺包含砂滤技术、活性炭吸附技术、离子交换软化技术等，可以使水中作为氯化消毒副产物前体物的天然有机物和微量有机污染物得到有效去除，大大提高饮用水的化学安全性。

（3）第三代水处理工艺

20 世纪末，由于水环境污染的加剧，以及水质检测技术的发展，又发现了许多新的水质问题，如两虫（贾第鞭毛虫和隐孢子虫）、藻类污染加剧及臭味、藻毒素、水质生物稳定性差、高氨氮和内分泌干扰物等问题。为此，世界各国都对饮用水制定了更多和更严格的水质卫生标准。第二代工艺对两虫、水蚤、藻类不能完全去除，对高氨氮（氨氮含量>2～3 mg/L）水体的处理难以达到水质标准（0.5 mg/L）要求，并且水源中复杂的有毒有机化合物等新型污染物的种类和含量不断增加，饮用水安全问题凸显。

为应对此类问题，发展出第三代水处理工艺。第三代水处理工艺以膜过滤为核心技术，能够有效地提高水质生物安全性和化学安全性。如超滤膜的孔径只有几纳米，原则上可将水中所有微生物、有机物和有害化学物质截留下来，提高水质安全性（李圭白和杨艳玲，2007）。

生活饮用水处理工艺不断改进，是社会发展的必然趋势。随着我国城市化进程加快，要使居民生活饮用水健康安全，不仅要注重给水厂处理工艺的提标改造，还需要对饮用水水质进一步提出明确要求，制定或修订更加完善和全面的生活饮用水卫生标准。

## 1.1.2　生活饮用水卫生标准制定原则

生活饮用水卫生标准是从保护人群身体健康和提高人们生活质量出发，对饮用水中与人群健康相关的各种因素，以法律形式做量值规定，以及规定为实现量值所做的有关行为规范，经国家有关部门批准，以一定形式发布的法定卫生标准（王琳琳和陆阳，2019）。生活饮用水卫生标准的制定，不仅要考虑水的理化性质对人体健康的影响，还要考虑国家或地区的经济发展情况，按照一定的制定原则严格把控。

### 1. 国际生活饮用水卫生标准制定原则

当前国际上有权威性、代表性的生活饮用水卫生标准主要有世界卫生组织（WHO）制定的《饮用水水质准则》、美国国家环境保护局（简称美国环保局，USEPA）制定的《美国饮用水水质标准》、欧盟（EC）制定的《饮用水水质指令》和日本饮用水水质标准等。不同地区用户所需求水质不同，各个国家或组织制定生活饮用水卫生标准时的原则也不尽相同，以世界卫生组织和美国环保局为例（American Water Works Association and Edzwald，2011）：

（1）世界卫生组织

2004年，世界卫生组织出版的《饮用水水质准则》第三版（第一次增补本），明确表示《饮用水水质准则》的总体考虑和制定原则是：必须对所有人提供令人满意（即充足、安全及容易得到）的饮用水；控制水中有害成分，确保饮用水的供水安全；充分考虑现行和拟发布的与水、卫生和地方政府相关的法律法规，并评估制定和实施相关规章的能力；对水质安全（即在某特定环境下可接受的风险水平）的判断，需从社会整体来考虑；应不断努力使饮用水质量达到尽可能高的水平。

（2）美国环保局

美国的饮用水标准分为两类：国家一级饮用水法规（NPDWR 或一级标准）和国家二级饮用水法规（国家饮用水法规或二级标准）。美国环保局建议水系统遵守二级标准，但不强制要求水系统遵守（氟化物二级标准超标所需的公告除外）。但是，各州可以选择采用它们认为可执行的标准。美国环保局设定了最大污染目标水平（MCLG）。最大污染目标水平在不会对人的健康造成已知或预期的不利影响的前提下，规定了饮用水中污染物的最大含量。但最大污染目标水平只考虑公共卫生，而不考虑检测和处理技术的限制。

## 2. 我国生活饮用水卫生标准制定原则

自中华人民共和国成立后，我国社会经济快速发展，科学技术水平显著提高，生活饮用水卫生标准的制定原则也在不断扩充和完善，我国生活饮用水卫生标准制定共经历了三个阶段。

（1）第一阶段

1954 年 5 月卫生部首次颁布了《自来水水质暂行标准》，1959 年又向全国颁发《生活饮用水卫生规程》，1976 年修订改名为《生活饮用水卫生标准（试行）》（TJ 20—76）（张宁吓，2010）。由于生活饮用水卫生标准制定涉及的学科和部门广泛，在标准制定过程中还存在一些困难，如标准制定进度缓慢、部分送审标准质量不高、标准研制经费不足等。为应对挑战，必须遵循以下几方面的制定原则：

1）处理好标准制定中的轻重缓急。生活饮用水卫生标准是人体健康的重要保障，应当根据社会需要，判断不同板块和指标的轻重缓急，井然有序地进行制定。

2）把采取国际指标和国外先进标准作为重要方向。对于国际指标和国外先进标准，应结合我国国情适当采用，以利于加快标准制定进程。

3）进一步理顺标准制定的协调工作。标准制定离不开各个部门的通力合作，协调好部门之间的关系，有助于完善标准内容，加快颁发速度。

（2）第二阶段

1985 年我国颁布实施《生活饮用水卫生标准》（GB 5479—85），此后 16 年一直沿用，随着工业发展和社会进步，该标准无法满足社会需求。2001 年，卫生部发布实施《生活饮用水卫生规范》，其制定原则如下：

1）尽量与世界接轨。以世界卫生组织《饮用水水质准则》（1993 年版和 1998 年补充版）为接轨的主要依据，参考美国、日本、欧盟等国家和组织的饮用水标准，尽量把《饮用水水质准则》中具有可行检测方法的指标列入我国的《生活饮用水卫生规范》。

2）符合国情，有可操作性。为便于实施，将饮用水水质指标分为常规检测项目和非常规检测项目。

3）对原标准中水质指标的修订。根据存在问题及发展趋势，对原标准中某些指标进行修改。

（3）第三阶段

2006 年 12 月 29 日，卫生部、国家标准化管理委员会第 12 号文件，批准发布《生活饮用水卫生标准》（GB 5749—2006），彻底解决了原标准严重滞后，不能客观反映饮用水受污染的实际情况的问题。该标准于 2022 年进行了修改，形成《生活饮用水卫生标准》（GB 5749—2022）。该标准编制有以下原则：

1）饮用水的质量应保证饮用者终生饮用安全，即终生饮用不会对人体健康产生明显危害。要求水的感官性状良好，水中不得含有病原微生物，所含化学物质及放射性物质不得危害人体健康。

2）科学性与可实施性相结合。该标准修订基于我国近些年来各部委相关部门、国内相关科研机构、高等院校等积累的大量监测和科研数据，可确保技术条件和经济基础满足处理需求。

3）与国际水质标准进一步接轨。该水质标准的修订重点参考了世界卫生组织、欧盟、美国、俄罗斯、日本等国家和组织现行饮用水标准，指标限值主要取自世界卫生组织 2004 年 10 月发布的《饮用水水质准则》第三版及 2006 年的增补本资料。

4）与相关标准协调一致。标准中对涉及的相关标准只做了原则性规定，具体要求则参照相关标准和规范的规定。

生活饮用水卫生标准制定原则不断修订，对各个国家或地区居民安全用水有重要影响。从世界范围来看，工业革命以后工业迅速发展，城市水污染加剧，饮用水安全问题演变为全球性问题。生活饮用水卫生标准的制定是饮水安全的保证，也是生活饮用水处理工艺参考的依据，受到了全球的重视。

## 1.1.3　生活饮用水卫生标准的制定过程

### 1. 卫生标准的认识

水是生命之源，从古至今，人类生存、生活、发展就逐水而居，必须让所有人都能获得满意（充足、安全、易得）的供水，尽一切努力确保饮用水安全可用。古人的科学知识尚不完善，并不清楚水中含有哪些杂质，对水质的要求也比较低。早在古罗马时期人们就已经开始将水质、水质卫生和疾病的发生联系起来。那时，人们广泛采取措施保持水质纯净、提供高质量的饮用水，并对用过的水进行处理。古罗马建筑师和工程师 Vitmnus 在公元前 1 世纪首次提出人类历史上最早关于水质优劣的标准（刘文君等，2017），他根据水在煮沸以后的反应、蔬菜在水中煮熟以后的味道以及饮用水对人体健康的影响来确定水质的好坏。

在我国，最早对水质的要求主要是口感和温度，要求"冽"。水的温度越低，口感越好，认为水的品质也越好。《山海经·中山经》记载："又东南五十里，曰高前之山，其上有水焉，甚寒而清，帝台之浆也，饮之者不心痛。"明朝徐献忠在《水品全佚·五寒》记载："井泉以寒为上。"寒泉意味着水从地下深层而来，经过了多层渗水岩层的过滤，还可能渗入了某些对人体有益的矿物质，水的品质无疑是非常良好的。至于与"冽"相对的"暖"，古人虽然不了解水温与细菌和微生物繁殖的关系，但已经知道泉水由寒变暖后，水就容易自腐。

中国较明确的水质标准成形于清代，并且发明了具体的试验方法。首先是对水质的色与味的要求，如章穆《调疾饮食辩》记载："第一宜辨味，味甘而淡为优，咸者及作石气、泥气为劣。次论色，色清如水晶为优，色白如米泔，及虽清而面有红、黄、紫沫者为劣。"

自有人类以来，人们无意识或有意识地处理人与水的关系，为此产生了许多认识水的方法，显然这些方法都缺少科学性。此后随着时间的推移、科学的进步和技术的发展，人类对水本身的认识和饮用水的处理技术得到不断改进，对饮用水水质的要求也在不断提高。随着人类对水中污染物认知、分析水平的提高，需要控制的污染物种类也越来越多，相应的水质标准也随之被制定和完善。世界卫生组织制定的《饮用水水质准则》（第四版）中强调：安全的饮用水对健康至关重要，它是一项基本人权，也是用于保护健康的有效政策的一个组成部分。

### 2. 国际饮用水卫生标准制定

国际饮用水卫生标准的制定已有近百年历史。世界卫生组织制定的《饮用水水质准则》、美国环保局制定的《美国饮用水水质标准》以及欧盟的《饮用水水质指令》，是国际上最具权威的 3 个标准（曾光明和黄瑾辉，2003）。

《饮用水水质准则》最早由世界卫生组织于 1958 年颁布，并多次进行补充修订。该准则制定过程严谨，包含参数较多，具有自己的定量危险度的评价方法，代表了世界各国的病理学、健康学、水环境技术、安全评价体系的最新发展。该标准提出了各项指标的推荐值，说明各卫生基准值的确定依据和资料来源，是国际上现行最重要的饮用水水质标准之一，并成为许多国家和地区制定本国或地方标准的重要依据。《饮用水水质准则》中推荐的各项水质指标指导值以保护人类健康为目标，推荐的水质指标限值属于安全饮水水质标准，因此，其有别于环境水质标准，准则中的各项指标并不能直接满足水生生物和生态保护的要求。

美国环保局制定的《美国饮用水水质标准》前身为《美国公共卫生署饮用水水质标准》，最早颁布于 1914 年，是人类历史上第一部具有现代意义，以保障人类健康为目标的水质标准。然而美国早期的水质标准，对供水行业不具有全国性的法律约束力，因此 1974 年，美国国会通过了《安全饮用水法》，该法案专为保障居民饮用水安全而制定。为了解决不断发展变化的环境污染问题，1996 年《安全饮用水法》修正案建立了污染物识别与筛选策略，建立起动态更新的优先污染物筛选制度，确保饮用水从源头到龙头的全过程管理。自此，美国水质标准制定的发展历程代表了国际上先进水平的水质标准发展趋势。美国现行的国家饮用水水质标准于 2015 年提出，于 2017～2021 年实施。

欧共体（欧盟前身，1993 年更名为欧盟）理事会于 1980 年提出《饮用水水质指令》，并于 1991 年、1995 年、1998 年对其进行了修订，该指令具有灵活性和普适性，欧盟各国可根据本国情况增加指标数。该标准将污染物分为强制性和非强制性两类。在 48 项指标中，有 20 项为指示性参数（表 1-1）。该指令既考虑了发达国家的要求，也照顾了后加入的发展中国家，同时兼顾了欧盟国家在南北地理气候上的差别。该指令强调指标值的科学性和适应性，目前已成为欧洲各国制定本国水质标准的主要框架。

表 1-1 《饮用水水质指令》指示性参数表

| 指标 | | 指导值 | 单位 |
| --- | --- | --- | --- |
| 色度 | | 用户可以接受且无异味 | |
| 浊度 | | 用户可以接受且无异味 | |
| 嗅 | | 用户可以接受且无异味 | |
| 味 | | 用户可以接受且无异味 | |
| 氢离子浓度 | | 6.5～9.5 | pH 单位 |
| 电导率 | | 2500 | μS/cm（20℃） |
| 氯化物 | | 250 | mg/L |
| 硫酸盐 | | 250 | mg/L |
| 钠 | | 200 | mg/L |
| 耗氧量 | | 5.0 | mg O$_2$/L |
| 氨 | | 0.50 | mg/L |
| 总有机碳（TOC） | | 无异常变化 | |
| 铁 | | 200 | μg/L |
| 锰 | | 50 | μg/L |
| 铝 | | 200 | μg/L |
| 细菌总数（22℃） | | 无异常变化 | |
| 产气荚膜梭菌 | | 0 | 个/100mL |
| 大肠杆菌 | | 0 | 个/100mL |
| 放射性参数 | 氚 | 100 | Bq/L |
| | 总指示用量 | 0.1 | mSv/a |

### 3. 我国饮用水卫生标准的制定

我国饮用水卫生标准从 20 世纪 50 年代开始初步发展，逐渐与国际饮用水卫生标准接轨（图 1-1）。1950 年，上海市人民政府颁布《上海市自来水水质标准》，这是中华人民共和国成立后最早的一部地方性饮用水水质标准。1954 年，卫生部颁布了《自来水水质暂行标准》，该标准共包括 16 项指标，并于 1955 年 5 月在全国 12 个大城市试行，这是中华人民共和国成立后最早的一部全国性生活饮用水技术法规。1956 年，由卫生部和国家建设委员会发布实施的《饮用水水质标准》（草案）共 15 项指标。1959 年，由卫生部和建筑工程部发布实施《生活饮用水卫生规程》，是对《饮用水水质标准》和《集中式生活饮用水水源选择及水质评价暂行规定》进行修订后合并而成的，共 17 项指标。1976 年和 1985 年卫生部等参考世界卫生组织《饮用水水质准则》和美国《一级饮用水水质规程》《二级生活饮用水水质规程》，制定了《生活饮用水卫生标准》（TJ 20—76 和 GB 5749—85），指标数目有 35 项。

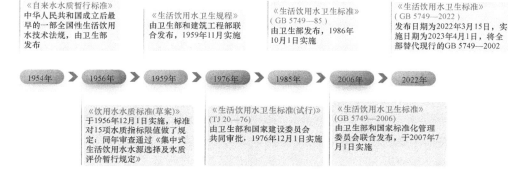

图 1-1　我国饮用水卫生标准制定发展时间图

2001 年，卫生部发布实施《生活饮用水卫生规范》，有 7 个附件，第一个附件《生活饮用水水质卫生规范》共有 96 项指标，《生活饮用水卫生标准》在 1954~2022 年经过 7 次修订，最新《生活饮用水卫生标准》（GB5749—2022）是 2022 年 3 月 15 日由国家市场监督管理总局和国家标准化管理委员会联合发布的，将于 2023 年 4 月 1 日实施。该标准限值的水质指标调整为 97 项，包括常规指标 43 项和扩展指标 54 项。

我国生活饮用水卫生规范与国外饮用水标准相比，水质指标总量比欧盟、日本多，但比世界卫生组织、美国环保局少。我国饮用水水质标准的制定，较美国晚了近 50 年，因此其指标限值要在吸收国外先进经验，参照国际水质标准发展趋势，以及在国内水质监测信息的基础上，不断修订完善。规范的重点放到了控制有机污染物的毒理指标上，某些指标值的修订更加严格，这与国际水质标准的总体发展趋势相一致。

## 1.1.4　生活饮用水卫生标准的发展

生活饮用水卫生标准的发展经历了一个由人的感官和生活经验的感性认识到科学方法严格测定并定量化的历程。各个国家的水质标准制定都是与其生产力和分析手段的发展相适应的。现代科学认为水质指标表示水中杂质的种类和数量，它是判断水污染程度的具体衡量尺度。同时针对水中存在的具体杂质或污染物，提出了相应的最低数量或最低浓度的限制和要求。

## 1. 国际饮用水卫生标准的发展

（1）世界卫生组织颁布的《饮用水水质准则》的发展

1958 年，世界卫生组织发布了《饮用水国际准则》（第一版）。1976 年，将其更名为《饮用水水质监测》，1983 年又更名为《饮用水水质准则》，此名一直沿用至今。

1983～1984 年世界卫生组织出版了第一版《饮用水水质准则》，此版中涵盖指标 43 项，其中水源性疾病病原体指标 2 项，具有健康意义的化学指标 27 项（无机物 9 项，有机物 18 项），放射性指标 2 项，准则中对这些指标均给出了指导值；另有 12 项指标提出了感官推荐阈值，以保证水质感官性状良好。

1993～1997 年世界卫生组织分三卷出版了第二版《饮用水水质准则》，此版中新增了许多污染物项目指标，如农药、消毒副产物等 80 多种对健康影响较大的有机化合物及其他近 40 种有机物和无机物指标，同时修订了部分项目的指标值。该版《饮用水水质准则》包含 159 项水质指标，是相对比较完整全面的一版。

1995 年，世界卫生组织决定以滚动修订的方式来推进《饮用水水质准则》的不断更新。分别于 1996 年、1998 年对第二版再次进行修订，增加了"微囊藻毒素"等关键指标。1999 年和 2002 年分别出版了《饮用水水质准则》第二版的附录部分，内容为化学物和微生物。

2004 年，世界卫生组织发布了第三版《饮用水水质准则》，阐述了确保饮用水安全的要求，修订了确保微生物安全性的方法。创造性地把水源性疾病病原体和具有健康意义的化学指标纳入准则中，对于微生物危险性评价与有关风险管理具有重要意义（WHO，2004）。

2011 年世界卫生组织颁布的第四版《饮用水水质准则》涵盖指标更加全面，还提出了 26 项指标的感官推荐阈值（表 1-2）。

表 1-2　各版本《饮用水水质准则》指标数比较　　　　（单位：项）

| 指标 | 第一版 | 第二版 | 第三版 | 第四版 |
|---|---|---|---|---|
| 水源性疾病病原体指标 | 2 | 2 | 25 | 28 |
| 化学指标 | 27 | 124 | 143 | 161 |
| 放射性指标 | 2 | 2 | 3 | 3 |
| 感官指标 | 12 | 31 | 30 | 26 |
| 合计 | 43 | 159 | 201 | 218 |

世界卫生组织在 2017 年发布了第四版《饮用水水质准则》的第一次修订版。

第一次修订版的主要更新内容包括：更新或者修订部分指标的风险评估内容及部分指标准则值或健康指导值。主要修订指标包括：钡的准则值由 0.7 mg/L 修订为 1.3 mg/L；对二氧化氯、氯酸盐和亚氯酸盐的资料进行了修订，二氧化氯味阈值为 0.2～0.4 mg/L；新增敌敌畏的健康指导值为 0.02mg/L，急性健康指导值为 3mg/L；提供了铅风险管理和监测方面的指南；对硝酸盐和亚硝酸盐的资料进行了修订；新增高氯酸盐的准则值为 0.07 mg/L 等。同时还提供了关于微生物风险评估的新指南，整合了全面的水处理方法和微生物检测方法，建立多重屏障防范微生物污染。

（2）美国饮用水水质标准发展

美国环保局颁布的《美国公共卫生署饮用水水质标准》是《美国饮用水水质标准》的前身，最早颁布于 1914 年。该标准第一次在水质标准中规定："饮用水每毫升含细菌量总数不得超过 100 个，每 5 份水样中大肠杆菌数超过 10 个/mL 的样品不能多于 1 个"，揭开了具有现代意义的水质标准的序幕。此后于 1925 年、1942 年、1946 年和 1962 年对水质标准不断进行修订和补充。随着分析技术的发展，1975 年颁布了《国家暂行饮用水基本规则》，此规则将饮用水中微生物数量作为优先控制目标。1979 年又对该规则进行了修订，将三卤甲烷列入其中，并规定饮用水中的总三卤甲烷含量不能超过 100 μg/L。

1986 年经过更深入的调查和研究后，于当年提出了《安全饮用水修正方案》，并把它与 1975 年颁布的《国家暂行饮用水基本规则》合并重新命名为《国家饮用水基本规则》，该规则对有机物的规定有 15 项，占所有控制项目的 50%。为进一步控制污染，美国环保局于 1991 年颁布了 35 种污染物的较高浓度允许标准，并重新提出了另外 5 项污染物的标准，使控制饮用水中的污染物总数达 60 多种。到 1993 年，饮用水中的有机物标准已达到 83 项。美国最新饮用水水质标准于 2015 年发布，分一级标准和二级标准两个部分。一级标准是强制性标准，共计 87 项指标；二级标准是非强制性标准，共计 15 项。

美国环保局在《安全饮用水法》1996 年修正案框架下对国家饮用水标准开展研究及持续修订工作，自 2006 年以来其一级标准修订情况统计见表 1-3。据统计，美国饮用水一级标准中给出污染物指标限值或者处理技术的指标是 87 项，近年来指标总数没有变化。

（3）日本颁布的《水道法》的发展

1958 年日本依据本国的《水道法》制定了第一部生活饮用水水质标准。该标准水质指标主要包括能产生直接健康危害或者危害发生可能性高的项目，包括微生物指标、无机物指标和感官指标。标准发布后仅对个别指标进行几次修订，到 1978 年，修订后的水质标准包括 26 项指标。

表 1-3　美国饮用水一级标准修订情况统计表

| 公布时间 | 相关法规 | 修订方式及数量 | 详细指标 |
|---|---|---|---|
| 2006 年 1 月 | LT2 增强地表水处理规则 | 修订 1 项 | 隐孢子虫 |
| 2006 年 1 月 | 消毒剂和消毒副产物标准第二阶段 | 修订 2 项 | HAA5 |
| 2006 年 11 月 | 地下水规划 | 地下水水源微生物污染指标 | 大肠杆菌、肠球菌 |
| 2007 年 10 月 | 铜钱法案 | 修订 2 项 | 铅、铜 |
| 2009 年 10 月 | 航空公司饮用水标准 | 航空器饮用水微生物污染指标 | 总大肠菌群 |
| 2013 年 2 月 | 修订的总大肠菌标准（RTCR） | 修订 2 项 | 总大肠菌群、大肠杆菌 |

注：HAA5 为一氯乙酸（MCAA）、二氯乙酸（DCAA）、三氯乙酸（TCAA）、一溴乙酸（MBAA）、二溴乙酸（DBAA）。

　　1992 年日本政府为治理水源水质污染加剧和富营养化等问题，对生活饮用水水质标准进行修订，并于 1993 年 1 月开始实施。水质指标由 26 项增加到 46 项。其中与人体健康相关的指标有 29 项，管网水必须满足的指标有 17 项。

　　日本厚生劳动省参照世界卫生组织制定的《饮用水水质准则》和最新研究成果不断更新完善饮用水水质标准。最新修订的标准是在 2017 年 4 月 1 日开始实施的。目前，法定项目水质标准有 51 项。近年来，日本厚生劳动省对饮用水水质标准的修订情况见表 1-4。

表 1-4　日本饮用水水质标准修订情况表

| 实施时间 | 修订内容 | 备注 |
|---|---|---|
| 2008 年 4 月 1 日 | 水质标准：新增氯酸指标，限值为 0.6mg/L；水质管理目标：追加异养菌和氟虫腈 | 厚生科学审议会生活环境水道部会审议通过（2006 年 8 月和 2007 年 10 月） |
| 2009 年 4 月 1 日 | 水质标准：废除 1,1-二氯乙烯，将顺-1,2-二氯乙烯变更为顺-1,2-二氯乙烯和反-1,2-二氯乙烯，总有机碳的限值降为 3mg/L；水质管理目标：增加铅，以 1,1-二氯乙烯、变更二氯乙腈和水合氯醛目标值，修订农药苯硫磷（EPN）和毒死蜱的目标值，废除反-1,2-二氯乙烯 | 厚生科学审议会生活环境水道部会审议通过（2007 年 10 月和 2008 年 12 月） |
| 2010 年 4 月 1 日 | 水质标准：镉的限值降为 0.003mg/L；水质管理目标：废除 1,1,2-三氯乙烷，对农药稻瘟灵、氟硫、苯噻草胺、溴丁酰草胺、禾草畏和吡丙醚的目标值进行修正 | 厚生科学审议会生活环境水道部会审议通过（2008 年 12 月和 2010 年 2 月） |
| 2011 年 4 月 1 日 | 水质标准：三氯乙烯的限值强化为 0.01mg/L；水质管理目标：变更甲苯的目标值，对农药戊菌隆、甲灵、去草胺和丙草胺的目标值进行修正 | 厚生科学审议会生活环境水道部会审议通过（2010 年 2 月和 2010 年 12 月） |
| 2013 年 4 月 1 日 | 水质管理目标：农药类的分类进行修正 | 厚生科学审议会生活环境水道部会审议通过（2013 年 3 月） |
| 2014 年 4 月 1 日 | 水质标准：追加亚硝酸铵指标，限值为 0.04mg/L；水质管理目标：对铅和镍的限值做了修改，对包括噁草酮、肟醚菌胺和硫线磷等 12 种农药的限值进行修改 | 厚生科学审议会生活环境水道部会审议通过（2014 年 1 月） |

续表

| 实施时间 | 修订内容 | 备注 |
| --- | --- | --- |
| 2015 年 4 月 1 日 | 水质标准：二氯乙酸的限值强化为 0.03mg/L；三氯乙烯的限值强化为 0.03mg/L；水质管理目标：变更了（2-乙基己基）邻苯二甲酸酯的目标值；对 1,3-二氯丙烷和羟基喹啉铜的目标值进行了修正 | 厚生科学审议会生活环境水道部会审议通过（2015 年 2 月） |
| 2016 年 4 月 1 日 | 水质管理目标：农药类对象名单中，磺草灵、敌草腈、二嗪农、三环唑、杀螟松、马拉硫磷的目标值进行修正 | 厚生科学审议会生活环境水道部会审议通过（2016 年 2 月 17 日） |
| 2017 年 4 月 1 日 | 水质管理目标：农药类对象名单中，咯喹酮、联苯肼酯的目标值进行了修订。对棉隆、威百亩以及有待进一步评估的甲苄喹啉（MITC）的合并，对象名单中的咯喹酮、联苯肼酯和甲苄喹啉进行了修正，对象名单中追加特呋三酮 | 厚生科学审议会生活环境水道部会审议通过（2017 年 1 月 31 日） |

其他发达国家如法国、德国、英国、加拿大等也对饮用水中的有机物种类和浓度做了严格的限制。世界卫生组织于 1984 年出版了《饮用水质量指南》（共三卷），很多国家以此作为制定本国水质标准的依据。该指南对 6 类有机化合物的 15 种确定了指导值，欧共体 1980 年发布了关于饮用水的水质指令，包括 66 项控制指标，其中有毒物质指标 13 项，不希望过量的物质 24 项。1991 年，欧共体又对此指令提出了 10 个方面的意见，对农药、多环芳烃及分类等有机物提出了更严格的要求。

## 2. 我国饮用水水质标准的发展

中华人民共和国成立后，1954 年卫生部发布了第一部饮用水水质标准《自来水水质暂行标准》，1955 年 5 月起在部分城市试行，后以《饮用水水质标准（草案）》正式发布，1956 年 12 月 1 日起在全国实施。该标准使用时间不长，又修订发布了《生活饮用水卫生规程》，于 1959 年 11 月起在全国施行。1976 年《生活饮用水卫生标准（试行）》（TJ 20—76）开始试行，该标准开始重视重金属离子及洗涤剂等生活必需化学品对人体健康的危害。

《生活饮用水卫生标准》（GB 5749—85）于 1986 年 10 月 1 日起实施。水质指标增加至 5 个方面 35 项，第一次将放射性指标列入，在化学指标方面增加了有机物指标的内容。为了配合饮用水水质标准的实施，国家颁发了《生活饮用水标准检验法》（GB 5750—85）。20 世纪 90 年代的标准则增加了对消毒副产物指标、农药指标、有机物指标的关注。

《生活饮用水卫生标准》（GB 5749—2006）于 2007 年 7 月 1 日起实施。该标准系统地对生活饮用水水质卫生要求、生活饮用水水源水质卫生要求、集中式供水单位卫生要求、二次供水卫生要求、涉及生活饮用水卫生安全产品卫生要求、水质监测和水质检验方法进行了规定（卫生部，2006），包含 10 个方面共 106 项。与 1985 年版本的水质标准相比，新增加指标达到了 71 项。此外，该标准修订了浊度、总大肠菌群、四氯化碳、硝酸盐、砷、镉、铅、总 α 放射性 8 项指标，并参考了世界卫生组织、欧盟、美国环保局、俄罗斯、日本等饮用水水质标准。该标准与之前颁布的标准相比，加强了对水中有机物、微生物和水质消毒等方面的要求，实现了城镇和农村饮用水水质标准的统一、国内标准与国际标准的接轨。同时，修订《生活饮用水标准检验方法》（GB/T 5750.1—2006 至 GB/T 5750.13—2006）共计 13 项标准与之配套实施。

2023 年 4 月 1 日起，新的饮用水卫生标准《生活饮用水卫生标准》（GB 5749—2022）将正式实施，该标准适用于各类生活饮用水，与 2006 年颁布的旧版本相比，2022 年颁布的《生活饮用水卫生标准》主要对指标分类、指标数量、指标名称、指标限值和水质参考指标等方面进行了调整。水质指标由 GB 5749—2006 的 106 项调整至 97 项，增加了 4 项指标，包括高氯酸盐、乙草胺、2-甲基异次醇、土臭素；删除了下列 12 项指标，包括耐热大肠菌群、三氯乙醛、氯化氢（以 CN 计）、六六六、对硫磷、甲基对硫磷、林丹、滴滴涕、甲醛、1,1-三氯乙烷、1-二氯苯、乙苯。水质参考指标由 GB 5749—2006 的 28 项调整为 55 项。新标准删除了对农村小型集中式供水和分散式供水的特殊要求，城市与农村一致。

饮用水的质量是人类生活质量的保证，对人类健康起着至关重要的作用。饮用水水质标准对饮用水中与人类健康相关的各种指标做出了量值限定，并对可能影响饮用水质量的相关要素进行了规范。当前，人类生存环境不断恶化，地表水、地下水甚至大气降水的污染越来越严重，饮用水水源中的物质种类不断翻新。因此，加强对饮用水水质标准的修订和完善意义重大，这是持续保证饮用水质量的不二法门。

## 1.2　当前国内外饮用水卫生标准

目前，人们参考较多的世界范围内饮用水水质标准有三部：世界卫生组织颁布的《饮用水水质准则》（第四版）、美国环保局颁布的《美国饮用水水质标准》和欧盟发布的《饮用水水质指令》。其他国家或地区通常以这三部标准为基础或重要参考，制定饮用水水质标准。我国现行的《生活饮用水卫生标准》也是参考这三部饮用水水质标准，结合我国国情制定的。中华人民共和国成立以来，对水质标准进行了不断地完善与修正，由 1959 年标准的 17 项指标，到 1985 年标准的 35 项指标，发展到现行标准的 106 项。我国的饮用水标准随着社会的发展和科学技术的进步而不断演进，标准的严格程度不断增加。

### 1.2.1　世界卫生组织《饮用水水质准则》

2011 年 7 月 4 日世界卫生组织在新加坡发布了第四版《饮用水水质准则》。

《饮用水水质准则》的宗旨是：以预防为主，呼吁人们加强饮用水质量管理，降低饮用水污染的风险。对比之前的版本，第四版明确地阐述了针对收入较低、收入中等和收入较高国家应实施的不同措施。第四版《饮用水水质准则》中包括水源性疾病病原体指标 28 项，其中细菌 12 项、病毒 8 项、原虫 6 项、寄生虫 2 项，具有健康意义的化学指标 161 项（建立准则值的指标 90 项、尚未建立准则值的指标 71 项），放射性指标 3 项，另外提出了 26 项指标的感官推荐阈值（张振伟和鄂学礼，2012）。

### 1. 水源性疾病病原体指标

水源性疾病病原体指标是指水中致病微生物指标，简称微生物指标，包括致病性细菌、病毒、原虫和寄生虫等。

### 2. 化学指标

水中的化学污染物对健康产生的危害主要是长期暴露而导致的慢性中毒及潜在的远期危害。《饮用水水质准则》将化学指标分为 3 种类型，分别为不列入准则值的化学指标、尚未建立准则值的化学指标和有健康意义准则值的化学指标。

1）不列入准则值的化学指标：有文献资料支持其对健康存在潜在危害，但在饮用水中极少出现的化合物。《饮用水水质准则》中不列入准则值的化学指标共 25 项，与第三版相比，增加了溴氰菊酯指标，删减了铍指标，将铍列为尚未建立准则值的指标。

2）尚未建立准则值的化学指标：饮用水中存在的，但由于各种原因无法制订健康准则值的化合物。《饮用水水质准则》中尚未建立准则值的化学指标共 71 项，与第三版相比，增加了 22 项指标（表 1-5）。其中，新增溴化物、西维因、除虫脲、烯虫酯、甲基叔丁醚、一氯苯、硝基苯、敌草胺、石油类、甲基嘧啶磷、钾、刺糖菌素、双硫磷等 13 项指标，另有铍、水合氯醛、氰化物、甲醛、氯化氰、1,1-二氯乙烯、锰、吡丙醚、钼等 9 项指标由《饮用水水质准则》中其他类型化学指标修订而来。

表 1-5　新旧版《饮用水水质准则》化学指标数目比较

| 指标类型 | 第四版 | 第三版 |
| --- | --- | --- |
| 不列入准则值的化学指标 | 25 项 | 25 项 |
| 尚未建立准则值的化学指标 | 71 项 | 49 项 |
| 有健康意义准则值的化学指标 | 90 项 | 94 项 |

3）有健康意义准则值的化学指标：明确影响健康且资料可靠齐全，并经过严格风险评估和推导程序而制订出具有健康指导意义限值的化合物。《饮用水水质准

则》中有健康意义准则值的化学指标有 90 项，与第三版的 94 项指标相比，指标数量略有变化（表 1-5）。其中，删减水合氯醛、氰化物、氯化氰、1,1-二氯乙烯、甲醛、锰、钼、丙醚 8 项指标，新增 1,4-二氧杂环己烷、二氯异氰尿酸钠、羟基莠去津、N-亚硝基二甲胺 4 项指标，另外对莠去津、硼、三氯甲烷、汞、镍、硒、三氯乙烯、铀 8 项指标的准则值做了修订。

### 3. 放射性指标

世界卫生组织建议人类每年从饮水所受到的辐射有效剂量为 0.1mSv。相当于背景辐射的 5%，由此规定饮用水中的放射性活性浓度是：总 α 放射性小于 0.1 Bq/L，总 β 放射性小于 1 Bq/L（Bq，贝可，放射性活性的计量单位，$1 Bq=1 s^{-1}$）。

### 4. 感官指标

《饮用水水质准则》共列出 31 个有关色度、嗅、味、浑浊或使衣物着色、沾污、管道腐蚀的指标，感观及无机物指标共 18 个，有机物指标 13 个。

相比上一版，第四版《饮用水水质准则》尚未建立准则值的化学指标数目明显增多，这表明新版的《饮用水水质准则》涵盖化学检测指标数目更多，把水中存在的由于各种原因无法制订健康准则值的化合物更多地纳入准则内。

## 1.2.2 《美国饮用水水质标准》

《美国饮用水水质标准》是由美国国会授权美国环保局制定的。现行《美国饮用水水质标准》颁布于 2015 年，分为国家两级饮用水标准。一级饮用水标准共 87 项，是法定强制性的标准，其中含有机物指标 60 项，无机物指标 16 项，微生物指标 7 项，放射性指标 4 项。二级饮用水标准共 15 项，是非强制性的标准，主要是指水中会对外貌（如皮肤、牙齿）或对感官（如色度、嗅、味）产生影响的污染物。

### 1. 一级饮用水标准

（1）微生物指标

现行的《美国饮用水水质标准》中一级标准中的微生物指标包括隐孢子虫、贾第鞭毛虫、异养菌总数、军团菌等，详细指标及限值见表 1-6。

（2）消毒剂及消毒副产物指标

消毒剂包括氯胺、氯和二氧化氯，消毒副产物包括溴酸盐、亚氯酸盐、卤乙酸和总三卤甲烷，一级标准给出了它们的最大污染浓度。例如，总三卤甲烷的最大污染浓度为 80 μg/L，卤乙酸的最大污染浓度为 60 μg/L，一溴二氯甲烷的最大污染浓度为 0 μg/L，三溴甲烷的最大污染浓度为 0 μg/L，二溴一氯甲烷的最大污染浓度为 0.06 mg/L，二氯乙酸的最大污染浓度为 0 mg/L，三氯乙酸的最大污染浓度为 0.3 mg/L，其他几种卤乙酸未制定最大污染浓度值。

表 1-6　一级标准中的微生物指标

| 名称 | MCLG/（mg/L） | MCL/（mg/L） | 对人体健康的影响 | 来源 |
|---|---|---|---|---|
| 隐孢子虫 | 0 | 99%的去除或灭活 | 隐孢子虫病，肠胃疾病 | 人和动物粪便 |
| 贾第鞭毛虫 | 0 | 99.9%的去除或灭活 | 贾第虫病，肠胃疾病 | 人和动物粪便 |
| 异养菌总数 | 未定 | 不得超过 500 个菌落/mg | 对人体健康无害，为指示性微生物指标 | 自然环境中 |
| 军团菌 | 0 | 未定 | 军团菌病，肺炎 | 自然环境中，加热系统内会繁殖 |
| 总大肠杆菌 | 0 | 5.0% | 作为指示性微生物指标 | 人和动物粪便 |
| 浊度 | 未定 | ≤5 NTU | 作为指示性微生物指标 | 土壤流失 |
| 病毒 | 0 | 99.99%的去除或灭活 | 肠胃疾病 | 人和动物粪便 |

注：MCL 指最大污染浓度。

（3）无机物指标

无机物指标包括锑、砷、钡、铍、镉等共 16 项。锑的最大污染浓度和最大污染目标水平均为 6 μg/L；砷的最大污染目标水平为 0 μg/L，最大污染浓度为 10 μg/L，并规定自 2006 年 1 月 23 日开始，所有的供水系统必须遵守 10 μg/L 的水质标准；钡的最大污染目标水平和最大污染浓度均为 2 mg/L；铍的最大污染目标水平和最大污染浓度均为 4 μg/L；镉的最大污染目标水平和最大污染浓度均为 5 μg/L。

为了防止对供水系统的侵蚀，一级标准对铅和铜进行了规定：铅和铜的作用浓度分别为 0.015 mg/L 和 1.3 mg/L，若超过 10%的自来水龙头取样水中铅和铜超过作用浓度，则需对供水系统采取附加措施。

（4）有机物指标

一级标准中的有机物指标为 53 项。当给水系统中使用丙烯酰胺和熏杀环（1-氯-2,3-环氧丙烷）时，应确保它们的使用剂量及单体浓度不超过下列规定：丙烯酰胺的含量为 0.05%，剂量为 1 mg/L（或与之相当）；熏杀环（1-氯-2,3-环氧丙烷）的含量为 0.01%，剂量为 20 mg/L（或与之相当）。

由于持久性有机污染物具有长期残留性、生物蓄积性、半挥发性和高毒性，一级标准对此做出了相关规定：多氯联苯的最大污染目标水平为 0 mg/L，最大污染浓度为 0.0005 mg/L；六氯苯的最大污染目标水平为 0 mg/L，最大污染浓度为 0.001 mg/L；异狄氏剂的最大污染目标水平和最大污染浓度均为 0.002 mg/L。内分泌干扰物质可影响负责机体自稳、生殖、发育和行为的天然激素的合成、分泌、结合、作用或消除，可干扰神经免疫及内分泌系统的正常调节，一级标准对其也做出了相关规定，这些内分泌干扰物质主要来自一些杀虫剂、除草剂、杀菌剂、防腐剂等。

（5）放射性核素指标

饮用水中的放射性核素会提高致癌风险，一级标准对 α 粒子、β 粒子和光子、镭-226 和镭-228、铀进行了规定。α 粒子的最大污染目标水平未定，最大污染浓度为 15 pCi/L（1 Ci=3.7×10^{10} Bq）；β 粒子和光子的最大污染目标水平未定，最大污染浓度为 4 pCi/L；镭-226 和镭-228 的最大污染目标水平未定，最大污染浓度为 5 pCi/L；铀的最大污染目标水平为 0 μg/L，最大污染浓度为 30 μg/L。

### 2. 二级饮用水标准

二级饮用水标准为非强制性标准，用于控制水中对外貌（如皮肤和牙齿变色）或感官（如嗅、味、色度）有影响的污染物浓度，共计 15 项指标。二级标准中包括铝、氯化物、色度、铜、氟化物、气味、pH、溶解性总固体浓度等。美国环保局为给水系统推荐二级饮用水标准，但是没有规定必须要遵守，各州可选择性采纳并作为强制性标准。

## 1.2.3 欧盟《饮用水水质指令》

欧盟《饮用水水质指令》于 1998 年底颁布实施，指标参数由 66 项减至 48 项（瓶装或桶装饮用水为 50 项）。其中，感官指标和一般化学指标 11 项、无机物指标 14 项、有机物指标 14 项（含农药指标 2 项）、消毒剂及其副产物 2 项、微生物指标 5 项、放射性指标 2 项。《饮用水水质指令》强调指标值的科学性与世界卫生组织发布的《饮用水水质准则》中规定的一致性，提出应以用户水龙头处水样满足水质标准为准。欧盟自 20 世纪 60～70 年代就认识到农药污染的危害性，逐步对剧毒农药的使用加以限制。现在，环境中剧毒农药残留量极少，因此在欧盟的《饮用水水质指令》中，剧毒农药类指标并没有占据非常重要的地位。以下是欧盟关于饮用水的各项指标。

### 1. 微生物学指标

微生物学指标有大肠杆菌、肠道球菌等，其限值如表 1-7 所示。

表 1-7　微生物学指标　　　　　　　　　　（单位：个/mL）

| 指标 | 指导值 |
| --- | --- |
| 大肠杆菌 | 0 |
| 肠道球菌 | 0 |

## 2. 化学物质指标

化学物质指标有 26 项，分别为丙烯酰胺、锑、砷、苯、苯并[α]芘、硼、溴酸盐、镉、铬、铜、氰化物、1,2-二氯乙烷、氯乙烯、环氧氯丙烷、氟化物、铅、汞、镍、硝酸盐、亚硝酸盐、农药、农药（总）、多环芳烃、硒、四氯乙烯和三氯乙烯、三卤甲烷（总），它们的浓度限值如表 1-8 所示。

## 3. 其他指标

其他指标中包括一些感官指标，如色度、浊度等，还有一些生物学指标，如产气荚膜梭菌等，它们的限值如表 1-9 所示。

表 1-8　化学物质指标　　　　　　　　　　（单位：μg/L）

| 指标 | 指导值 | 指标 | 指导值 |
|---|---|---|---|
| 丙烯酰胺 | 0.10 | 环氧氯丙烷 | 0.10 |
| 锑 | 5.0 | 氟化物 | 50 |
| 砷 | 10 | 铅 | 10 |
| 苯 | 1.0 | 汞 | 1.0 |
| 苯并[α]芘 | 0.010 | 镍 | 20 |
| 硼 | 1.0 | 硝酸盐 | 50 |
| 溴酸盐 | 10 | 亚硝酸盐 | 0.50 |
| 镉 | 5.0 | 农药 | 0.10 |
| 铬 | 50 | 农药（总） | 0.50 |
| 铜 | 2.0 | 多环芳烃 | 0.10 |
| 氰化物 | 50 | 硒 | 10 |
| 1,2-二氯乙烷 | 3.0 | 四氯乙烯和三氯乙烯 | 10 |
| 氯乙烯 | 0.50 | 三卤甲烷（总） | 100 |

表 1-9　其他指标

| 指标 | 指导值 | 单位 | 指标 | 指导值 | 单位 |
|---|---|---|---|---|---|
| 色度 | 用户可以接受且无异味 | | 氯化物 | 250 | mg/L |
| 浊度 | 用户可以接受且无异常 | | 硫酸盐 | 250 | mg/L |
| 嗅 | 用户可以接受且无异常 | | 钠 | 200 | mg/L |
| 味 | 用户可以接受且无异常 | | 耗氧量 | 5.0 | mg/L |
| 氢离子浓度 | 6.5～9.5 | | 氨 | 0.50 | mg/L |
| 电导率（20℃） | 2500 | μS/cm | TOC | 无异常变化 | |
| 铁 | 200 | μg/L | 产气荚膜梭菌 | 0 | 个/100mL |
| 锰 | 50 | μg/L | 细菌总数（22℃） | 无异常变化 | |
| 铝 | 2000 | μg/L | | | |

### 1.2.4 我国《生活饮用水卫生标准》

我国现行饮用水水质标准是由卫生部、国家标准化管理委员会于 2006 年 12 月 29 日批准发布的《生活饮用水卫生标准》（GB 5749—2006）。《生活饮用水卫生标准》结合我国国情而定，既体现国际先进水平的要求，又具有可操作性，适用于城乡各类集中式供水的生活饮用水，也适用于分散式供水的生活饮用水。《生活饮用水卫生标准》由原来的 35 项增加至 106 项，其中包括 42 项常规指标和 64 项非常规指标。

#### 1. 发展历程

我国饮用水标准的制定起步较晚，但逐步结合我国特点进行完善，各个时间段标准所规定的指数类型及限值如表 1-10 所示。1954 年，由卫生部拟定的中华人民共和国成立后最早的一部管理生活饮用水的技术法规共有 16 项指标，于 1955 年 5 月开始在北京、天津、上海等 12 座城市试行。1976 年由卫生部组织制定，经国家建设委员会和卫生部联合批准的我国第一个国家饮用水标准，共 23 项指标，定名为《生活饮用水卫生标准（试行）》（TJ 20—76）。1985 年卫生部对《生活饮用水卫生标准（试行）》进行修订，指标增加至 35 项，编号改为 GB 5749—85，于 1986 年 10 月起在全国开始实施。最新标准于 2022 年 3 月 15 日发布，将于 2023 年 4 月 1 日起全面执行。

**表 1-10 我国饮用水水质标准的修订**

| 项目 | 1950 年 | 1955 年 | 1959 年 | 1976 年 | 1985 年 | 2006 年 | 2022 年 |
|---|---|---|---|---|---|---|---|
| 感官及一般化学指标 | 11 | 9 | 10 | 12 | 15 | 20 | 21 |
| 毒理指标 | 2 | 4 | 4 | 8 | 15 | 74 | 65 |
| 微生物指标 | 3 | 3 | 3 | 3 | 3 | 6 | 5 |
| 放射性指标 | — | — | — | — | 2 | 2 | 2 |
| 消毒剂指标 | — | — | — | — | — | 4 | 4 |
| 指标总数 | 16 | 16 | 17 | 23 | 35 | 106 | 97 |

#### 2. 标准内容及限值

我国现行的《生活饮用水卫生标准》（GB 5749—2006）的指标共有 106 项，其中包括 42 项常规指标和 64 项非常规指标。42 项常规指标包括微生物指标、毒理指标、感官性状、一般化学指标、放射性指标和消毒剂指标等几个方面，其中毒理指标和一般化学指标较多。64 项非常规指标主要是对于毒理指标值的限制，除此之外还有 2 项微生物指标和 3 项化学指标。

### 3. 指标数目的变化

2006 年标准在尽可能与国际先进水平接轨的同时，充分考虑到要符合我国国情，标准中的指标和要求与全国经济和技术水平相适应，增加了对有机物、微生物和消毒剂方面的要求。毒理指标中有机化合物由 5 项增至 53 项，微生物指标增加 4 项。另外，由于氯胺、臭氧、二氧化氯等消毒剂的使用，新标准增加了对这些消毒剂余量及其副产物的要求。1985 年版水质标准 GB 5749—85 与 2006 年版水质标准 GB 5749—2006 对比见表 1-11。

表 1-11　《生活饮用水卫生标准》1985 年版和 2006 年版对比

| 项目 | GB 5749—85 | GB 5749—2006 | 指标增加数 |
| --- | --- | --- | --- |
| 感官性状和一般指标 | 9 | 9 | — |
| 无机非金属 | 5 | 10 | 5 |
| 金属 | 11 | 19 | 8 |
| 有机物 | 2 | 22 | 20 |
| 农药 | 2 | 20 | 18 |
| 消毒剂及其副产物 | 2 | 18 | 16 |
| 微生物 | 2 | 6 | 4 |
| 放射性 | 2 | 2 | — |
| 合计 | 35 | 106 | 71 |

## 1.2.5　我国饮用水卫生标准的特点

我国《生活饮用水卫生标准》（GB 5749—2006）是结合我国国情而制定的，基本上实现了饮用水标准与国际接轨，但在水质指标的内容、数目及限值上还存在一定差异。此次标准的修订，在我国城市供水水质现状和多年积累资料的基础上，吸取了国外水质标准的先进做法，比较符合我国目前的发展需要。以下将从与旧版的对比、与国外饮用水水质标准的对比两个方面来说明我国生活饮用水卫生标准的特点。

### 1. 与我国旧版《生活饮用水卫生标准》比较

我国 2006 年版《生活饮用水卫生标准》（GB 5749—2006）的指标共有 106 项，与旧版《生活饮用水卫生标准》（GB 5749—85）相比具有如下特点：

1）更加注重微生物的风险，对微生物的指标提出了更加严格的要求。

2）检测项目比之前更加全面，注重操作性。

3）我国《生活饮用水卫生标准》从我国国情和实际情况出发，不是一味地追求多指标，低限值。

4）指标分类更合理，将消毒剂指标从微生物类指标分离出来，将各项农药类指标作为非常规指标，划分更为细致，便于各地根据本地的实际情况进行选择监测和控制。

5）尽可能与国际先进国家或组织同类的标准接轨，加强了对消毒剂及其副产物和农药类有毒有害有机物的研究。

6）采用循序渐进的实施方法，留给供水企业一定的适应时间，使供水企业能够完成人员素质提高、管网更新、引进先进监测技术等要求。

## 2. 与国外饮用水卫生标准比较

世界卫生组织及美国在制定标准时注重对人类健康的影响，美国标准提出健康目标值，即最终目标，为非强制性的；同时又结合原水的现实情况、处理费用、处理技术、许可风险等设立强制性限值，修订与执行标准也更灵活（林波，2011）。

（1）微生物指标

有机物质存在的水体适合微生物的生长，水体中的致病性微生物一般并不是水中原有微生物，大部分从外界环境污染而来。对微生物指标的严格控制可以进一步降低人们饮水患病的风险，提高饮水安全性。各国及组织饮用水标准中微生物指标的比较结果详见表 1-12。

表 1-12 中国、美国、欧盟、日本、世界卫生组织饮用水标准中微生物指标的比较

| 项目 | 中国<br>（2006 年） | 美国<br>（2012 年） | 欧盟<br>（2015 年） | 日本<br>（2015 年） | 世界卫生组织<br>（第四版） |
|---|---|---|---|---|---|
| 总大肠菌群 | 不得检出 | 5%* | — | 不得检出 | 不得检出 |
| 耐热大肠菌群 | 不得检出 | — | — | — | 不得检出 |
| 大肠杆菌 | 不得检出 | — | 不得检出 | — | — |
| 肠球菌 | — | — | 不得检出 | — | — |
| 菌落总数/（CFU/mL） | 100 | — | — | 100 | — |
| 异养菌总数/（CFU/mL） | — | 500 | — | 2000（暂定） | — |
| 贾第鞭毛虫 | <1 个/10L | 99.9%去除或灭活 | — | — | — |
| 隐孢子虫 | <1 个/10L | 99%去除或灭活 | — | — | — |
| 病毒 | — | 99.99%去除或灭活 | — | — | — |
| 军团菌 | — | 无限值 | — | — | — |
| 浊度/NTU | — | 5 | — | — | — |

＊ 表示每月样品中总大肠菌群的检出率不超过 5%，若检出大肠菌群，则必须检测粪大肠菌群，且粪大肠菌群不得检出。

从表 1-12 可以看出，美国的微生物指标最多，高达 7 项。其中，当贾第鞭毛虫和病毒被灭活后，军团菌也得到有效控制，因此，虽然列出了军团菌这项指标，但是并未给出具体限值。中国的微生物指标有 6 项，日本有 3 项，欧盟和世界卫

生组织的微生物指标较少, 只有 2 项。值得注意的是, 美国和日本均引入了异养菌总数这一指标。异养菌本身不会影响人体健康, 但是它可以作为细菌消毒效率和管网清洁的指示标准。给水厂的水经消毒后进入管网, 异养菌可以在适宜条件下利用水中的营养元素和可生物同化有机碳进行繁殖, 造成二次污染。此外, 美国还把浊度列在微生物指标中, 这反映了美国对浊度的认识不仅仅局限在感官上, 更重视其作为细菌和病毒载体的属性。

(2) 消毒剂和消毒副产物指标

消毒是水处理工艺重要的一环, 处理后残余的消毒剂和消毒副产物成分复杂, 少量存在便对饮水健康产生重要的影响。因此, 消毒剂和消毒副产物指标也成为饮用水标准中必须严格控制的一类指标。各国及组织饮用水中消毒副产物指标规定见表 1-13。

表 1-13　中国、美国、欧盟、日本、世界卫生组织的饮用水标准中消毒副产物的比较

(单位: mg/L)

| 项目 | 中国<br>(2006 年) | 美国<br>(2012 年) | 欧盟<br>(2015 年) | 日本<br>(2015 年) | 世界卫生组织<br>(第四版) |
|---|---|---|---|---|---|
| 总三卤甲烷 | 该类化合物中各种化合物的实测浓度与其限值的比值之和不超过 1 | 0.08* | 0.1 | 0.1 | 该类化合物中各种化合物的实测浓度与其限值的比值之和不超过 1 |
| 溴酸盐 | 0.01 | 0.01 | 0.01 | 0.01 | 0.01 |
| 亚氯酸盐 | 0.7 | 1 | — | 0.6 | 0.7 |
| 氯酸盐 | 0.7 | — | — | 0.6 | 0.7 |
| 卤乙酸 | — | 0.062 | — | — | — |
| 甲醛 | 0.9 | — | — | 0.08 | — |
| 三溴甲烷 | 0.1 | 0.08 | — | 0.09 | 0.1 |
| 三氯甲烷 | 0.06 | 0.08 | — | 0.06 | 0.3 |
| 一氯二溴甲烷 | 0.1 | 0.08 | — | 0.1 | 0.1 |
| 一溴二氯甲烷 | 0.06 | 0.08 | — | 0.03 | 0.06 |
| 三氯乙酸 | 0.1 | 0.06 | — | 0.03 | 0.2 |
| 二氯乙酸 | 0.05 | 0.06 | — | 0.03 | 0.05 |
| 氯乙酸 | — | 0.06 | — | 0.02 | 0.02 |
| 二溴乙腈 | — | — | — | — | 0.07 |
| 二氯乙腈 | — | — | — | 0.01 (暂定) | 0.02 |
| 氯化氰 | 0.07 | — | — | — | — |
| 三氯乙醛 | 0.01 | — | — | 0.02 (暂定) | — |
| 2,4,6-三氯酚 | 0.2 | — | — | — | 0.2 |
| N-亚硝基二甲胺 | — | — | — | 0.0001 | 0.0001 |

* 表示 1998 年消毒与消毒副产物章程中要求指标, 但未以指标形式列入标准。

从限制指标的种类来看，日本最多，我国和世界卫生组织的种类数目比较接近。从指标的限值来看，日本也较为严格，我国较世界卫生组织在某些指标上稍微宽松，这可能与我国的地理位置、国情和人们的生活方式有关。

（3）有机毒理指标

我国《生活饮用水卫生标准》（GB 5749—2006）较此前实施的《生活饮用水卫生标准》（GB 5749—85），在有机毒理指标上显著增加，从 5 项增加至 53 项，包括 11 项消毒副产物，19 项农药以及其他 23 项苯系物、藻毒素、持久性有机污染物等。《美国饮用水水质标准》中除消毒副产物指标外，共有 56 项有机物指标，包括 27 项农药和 29 项其他有机物指标。欧盟的《饮用水水质指令》中除消毒副产物外，还包含 10 项有机物指标，在农药的标准上，给出了单体农药及农药总量两个指标。同时，目前对比的标准中，只有欧盟给出了四类多环芳烃总量的指标，限值较低，仅为 0.0001 μg/L。由此可见，欧盟的有机物标准项目较少，但是其对可能存在的物质做了总量限定，且限值非常低。日本的饮用水水质基准共有 14 项有机物指标，其中农药采用的是农药总量指标，并且同时给出了 120 种农药的限值。世界卫生组织的《饮用水水质准则》中有 51 项指标，其中农药 29 项。

通过对比发现，我国的有机毒理指标在数目上与美国及世界卫生组织标准保持相当，在限值上个别指标出现更严格或宽松的限定。但是，我国指标中农药的限定种类远不及美国、欧盟、日本标准中的种类，而且在选定的农药种类上也有差异，有些指标只有我国做了限定，这与各国的农药使用种类和残留情况相关。

（4）无机毒理指标

我国的无机毒理指标项目最多，指标的限值也比较严格，具体指标见表 1-14。值得注意的是硝酸盐和亚硝酸盐，大部分标准都是分别规定了硝酸盐和亚硝酸盐的限值，而美国和日本还限定了二者的总量，而且日本基准自 2015 年修订后，亚硝酸盐的含量要求不超过 0.04 mg/L。

表 1-14  中国、美国、欧盟、日本、世界卫生组织饮用水无机毒理指标的比较

（单位：mg/L）

| 项目 | 中国（2006 年） | 美国（2012 年） | 欧盟（2015 年） | 日本（2015 年） | 世界卫生组织（第四版） |
|------|------|------|------|------|------|
| 砷 | 0.01 | 0.01 | 0.01 | 0.01 | 0.01 |
| 镉 | 0.005 | 0.005 | 0.005 | 0.03 | 0.003 |
| 六价铬 | 0.05 | — | — | 0.05 | — |
| 总铬 | — | 0.1 | 0.05 | — | 0.05 |
| 铅 | 0.01 | 0.015 | 0.01 | 0.01 | 0.01 |
| 汞 | 0.001 | 0.002 | 0.001 | 0.0005 | 0.006 |
| 硒 | 0.01 | 0.05 | 0.01 | 0.01 | 0.04 |
| 氰化物 | 0.05 | 0.2 | 0.05 | 0.01 | — |

续表

| 项目 | 中国<br>（2006 年） | 美国<br>（2012 年） | 欧盟<br>（2015 年） | 日本<br>（2015 年） | 世界卫生组织<br>（第四版） |
|---|---|---|---|---|---|
| 氟化物 | 1.0 | 4.0 | 1.5 | 0.8 | 1.5 |
| 硝酸盐（以 N 计） | 10（20*） | 10 | 50 | — | 50 |
| 亚硝酸盐（以 N 计） | 1 | 1 | 0.5 | 0.04 | 3 |
| 硝酸盐和亚硝酸盐 | — | 10 | — | 10 | — |
| 锑 | 0.005 | 0.006 | 0.005 | 0.02 | 0.02 |
| 硼 | 0.5 | — | 0.001 | 1.0 | 2.4 |
| 镍 | 0.02 | — | 0.02 | 0.02 | 0.07 |
| 铍 | 0.002 | 0.004 | — | — | — |
| 银 | 0.05 | 0.1 | — | — | — |
| 铊 | 0.0001 | 0.002 | — | — | — |
| 钡 | 0.7 | 2 | — | — | 0.7 |
| 钼 | 0.07 | — | — | 0.07 | — |
| 铀 | — | — | — | — | 0.03 |

\* 表示地下水源中硝酸盐（以 N 计）的限值为 20 mg/L。

（5）感官及一般化学指标

我国《生活饮用水卫生标准》（GB 5749—2006）中共有 20 项感官和一般化学指标，与国外其他标准相比，指标数量最多。从限值上看，世界卫生组织准则的限值通常从影响人体健康的角度制定，因此，对除铜以外的感官和一般化学指标几乎没有限值。我国对氨氮指标的限值为 0.5 mg/L，其他国家和组织对这一指标未做规定。在嗅、味指标上，我国指标要求为“无异臭、异味”；美国二级饮用水标准中用嗅阈值表示，限值为 3；日本水质基准项目中规定为“无异臭、异味”，在水质管理目标值中显示嗅阈值要求在 3 以下。此外，各标准在溶解性总固体的限值上差异较大，我国采用 1000 mg/L，美国采用 500 mg/L，日本采用 500 mg/L，且水质管理目标值是 30～200 mg/L，这一值更接近人体所需的合理范围。值得注意的是，美国和日本分别把水的腐蚀性列入了水质标准中，美国要求无腐蚀性，日本要求朗格利亚指数目标值为–1，尽量接近零。控制腐蚀性有利于改善水厂设施以及输配水管道设施的卫生条件，延长使用寿命。从有利于水厂和管网正常运行的角度来看，水质标准中建议引入腐蚀性或者类似的指标。

## 1.3　基于供水和饮水方式的水质标准反思

饮用水水质标准制定的目的是规范出水，使特定阶段产生的生产水满足一定的要求。现有的水质标准以饮用水为基础，水质标准的改变有着一定的演替规律。

随着水质标准的发展和不断完善，新问题不断产生并逐渐得到重视。

## 1.3.1　水质执行标准的变迁

饮用水水质标准自 20 世纪 60 年代起，被逐步制定、修改和重视。世界卫生组织、美国、日本、欧盟等国家和组织彼此借鉴，进行饮用水水质标准的逐步完善。1914 年，美国颁布的《美国公共卫生署饮用水水质标准》是第一部真正具有现代意义的饮用水水质标准，该标准被广泛采用并不断完善。1974 年，美国国会通过了《安全饮用水法》（SDWA），对以往法规进行整理和数据分析，建立了美国国家初级饮用水法规，关注点逐渐向对人体健康产生风险的指标靠拢。2004 年世界卫生组织发布的《饮用水水质准则》（第三版）除了检测项目增多外，更注意感官性状不佳可能引发消费者不满的指标。

我国水质执行标准起步较晚，前期以参考国外水质标准为基础。其发展可以概括为三个阶段（图 1-2）。第一阶段为起步阶段，标准发展较为缓慢，1950 年《上海市自来水水质标准》是中华人民共和国成立后最早的一部地方性饮用水水质标准，一直到 1976 年《生活饮用水卫生标准（试行）》（TJ 20—76）水质指标达到 23 项，数量上没有明显增加，且多为感官及一般化学指标。第二阶段为发展阶段，由 1985 年修订的《生活饮用水卫生标准》（GB 5749—85）开始，到 2001 年制定的《生活饮用水水质卫生规范》，从以前的 35 项指标增至 96 项，最为突出的变化是毒理及微生物指标增加较多，政府开始对水中的有毒有害物质进行控制，并且开始控制饮用水中放射性物质。第三阶段是我国水质执行标准的完善阶段，对供水水质提出了更为严格的要求，2006 年的《生活饮用水卫生标准》（GB 5749—2006）中新增了更多的毒理指标和感官性状指标，在新标准的常规检测指标中，出水浊度要求不得高于 1NTU、硬度不得超出 450 mg/L（以 $CaCO_3$ 计），硬度过高易形成水垢。水垢不仅会在观感上给人们带来恶感，还会增加饮水健康与安全上的风险。这些指标在规范化与严格化的同时，还体现了新阶段饮用水标准对饮用水质量与人类健康的愈发重视。

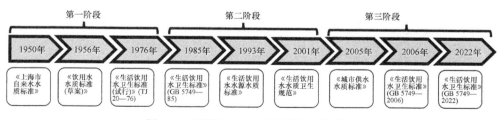

图 1-2　我国饮用水水质标准阶段发展图

纵观水质标准的变迁发展，标准对人体健康程度的影响越发重视，不断增加更多的检测指标，已有的检测项目更加严格。然而标准只适用于生水标准，目前还没有关于开水饮用的相关出水指标，对于水垢等还没有比较明确的标准。

## 1.3.2　物权矛盾问题

进入小区物业管理区域内的供水设施至居民家庭水龙头之间的管道、水池、设备等，通常被称为供水安全保障的"最后一公里"，直接关系居民饮用水安全（林明利，2020）。要实现"最后一公里"的供水保障安全，必须解决好水龙头水质执行标准上存在的物权矛盾问题。

在法律规定上，龙头水的产权主体和管理主体并不统一。根据我国《物权法》，"最后一公里"供水设施产权归业主共有，业主可以自行管理，也可以委托物业服务企业或其他管理人管理，然而业主用户普遍缺乏物权意识，现实中难以履行对"最后一公里"供水设施管理的权利。而最新的《物业管理条例》第五十一条规定："供水、供电、供气、供热、通信、有线电视等单位，应当依法承担物业管理区域内相关管线和设施设备维修、养护的责任"，即二次供水设施的维护主体应该是供水企业（庞子渊，2014）。

物权矛盾的法律规定不完善直接导致一系列后续问题，最终造成出水水质变差，产生水锈和水垢，增加饮用水安全健康风险。目前，大部分小区供水设施由开发商建设，物业公司管理；小部分由单位、房管所或业主自管；一些没有物业公司的老旧小区没人管，存在诸多矛盾和问题。这种状况导致我国城市供水系统分段式管理，经常出现管理混乱、无人负责，水质变差却无人问津的问题。供水系统管理分割、"最后一公里"监管乏力等也容易导致各方主体相互推诿，从而激发或加剧矛盾。

彻底解决供水安全保障"最后一公里"问题，基本思路是在明确物权统一的同时提升出水水质，严格按照《生活饮用水卫生标准》控制硬度等检测指标，既要明确监管的责任分工，又要确保居民龙头出水是无垢的放心水、安全水。当用户看到水垢后，会产生对饮用水处理效果的怀疑，更加大了管理监管的难度。二次供水设施管理主体应当加强二次供水的日常管理，建立水质管理制度和检测档案；定期进行水质常规检测，保障供水安全。

## 1.3.3　水垢问题的反思

随着国内生活水平的提高，国民对生活品质有了更高的追求，尤其是饮用水质量。因此，饮用水水质与用户满意度成为供水行业关注的热点问题。城镇饮用水供水管道基本实现由水源地直接到用户龙头的连接，同时仍有部分村镇直接把地下水作为生活饮用水。无论是供水管网更加完善的城镇还是水处理条件并不完备的村镇，都存在烧开水后结垢和管道结垢的现象（图1-3）。水垢的生成主要是生水中存在的暂时硬度所引起的，烧水过程中随着温度的升高，碳酸钙和碳酸镁结晶的颗粒在烧水器底部和侧壁沉积形成水垢层（卢金锁等，2019）。

图 1-3　烧水器具残留的水垢

目前还没有将水垢纳入饮用水水质标准所限定的指标之中。水垢常规情况下在水煮沸后才会出现，目前饮用水标准对大多数国家来说都是生水标准，未考虑水垢问题。例如，德国对饮用水水质要求标准极高，基本思想是所有居民在任何地方都能获得干净的饮用水，德国无饮用热水、开水的习惯，要求打开龙头就可以喝到安全、健康的水。同时，我国主要参考世界卫生组织《饮用水水质准则》、《美国饮用水水质准则》、欧盟《饮用水水质指令》等发达国家和组织的相关标准对饮用水标准进行制定和修改。而关于直饮水评价标准，目前我国还没有强制执行的直饮水国家标准。

居民对水垢的感官厌恶和对供水到龙头水饮用水的不信任，让大多数家庭选择额外的小型家用净水设备来提升饮用水水质。目前，由于净水设备缺乏国家标准，市场不规范，尽管可以滤出相对纯净的饮用水，但受机器性能、质量、时间等诸多因素的影响，滤出的饮用水也并不能保证都是"健康水"。而且，大部分净水器出水产生的软水同时也会造成钙镁离子流失。如果在水厂处理的前端工艺中通过投加药剂，提升管网之后的龙头出水水质，煮沸后不产生水垢现象，则可以保障供水安全和高品质出水。

水垢不仅在感官上让人产生恶感，还会对人的生活和身体健康产生一定的影响和危害。目前可以知道水垢对人体健康的直接影响为水垢碎片释放出钙镁离子和$CO_2$，前者是结石形成的必要物质，后者则会引起胃肠功能紊乱，出现暂时性腹胀、排气多等问题（侯俭，2009）。另外，我国居民膳食结构以植物性食物为主，烧开水过程中导致水钙耗损大，进而导致我国居民钙、镁摄入严重不足。目前许多有关水垢危害及风险的研究仍在进行，水垢的形成机理及去除技术具有广阔的发展前景。

# 1.4　国内饮用开水传统下的水垢问题

## 1.4.1　国内饮用开水的历史

众所皆知，并非各地均有喝开水的习惯。而在中国，喝开水行为历史悠久。考古学家在距今 2 万年前的陶器残渣片、陶器底部分别发现了残留的水垢及熏烟痕迹。由此可知，在国内，饮用开水的历史约与陶器历史相当。自此以后，饮用开水的习惯慢慢地传承下来（谌旭彬，2018）。其中，古代居民饮用开水主要的发展历程见表 1-15。

表 1-15　古代居民饮用开水的主要发展历程

| 时期 | 饮用开水的体现 |
| --- | --- |
| 公元前 5 世纪 | 《黄帝内经》记载："病至而治之汤液" |
| 战国时期 | 《孟子·告子上》记载："冬日则饮汤，夏日则饮水" |
| 汉朝 | 已有喝开水的习惯 |
| 唐朝 | 喝茶发展成了一种高级社交活动 |
| 明朝 | 饮茶的习惯从煎饮改为开水冲饮，喝开水泡茶开始流行 |

然而，喝开水的习惯并未全面普及，重要原因之一是烧开水将带来大量柴火的消耗。古代小农经济社会环境时，柴火资源稀缺，使用场景单一，即日常饮食。而古代阶级分化严重，喝开水成本极高，仅达官贵族具备喝开水的条件，而平民百姓则会因为高昂的燃料成本望而却步。

1894 年、1932 年时，政府开始提倡饮用开水，但是因为种种原因并未成功普及。直到 1949 年，政府开始大规模建设锅炉房，从此，中国开始进入全民喝开水时代。

中华人民共和国成立后，政府开始全面加强"喝热水""喝开水"的宣传和推广。中央爱国卫生运动委员会一再号召"要反复教育群众喝开水和消毒过的水，不喝生水"；各种官方编纂的《农村卫生院课本》也一致要求卫生员应当积极宣传喝开水的好处，带动群众养成喝开水的好习惯。仅在资源短缺的情况下，人们会偶尔喝凉水。改革开放后，随着社会生产力逐步提升，喝开水目标更容易达成，越来越多的人将这种饮水方式当作习惯。

随着人们生活水平的提高和饮用水处理技术的发展，管网供水已经基本处于无害化。但人们对高品质饮用水和高品质生活方式的追求从未停止，人们对自身保养的意识更加强烈，更加科学地了解到喝开水的好处，开水也逐渐成为人们日常生活不可替代的一部分。

## 1.4.2　饮用开水的好处

人们在日常生活中饮用开水最多，它清淡无味，对人体生理机理却起着至关重要的作用，主要表现在以下几个方面。

1）增强人体的抵抗力：烧开后再冷却至20～25℃的凉白开对细胞的通透性较好，水透过细胞膜之后可以增加血液中血红蛋白的含量，从而增强人体的免疫力。

2）消除疲劳：开水在煮沸的过程中杀死水中大量的细菌，进入人体后可以立即参与新陈代谢，体内乳酸脱氢酶的活性升高，肌肉组织中的乳酸充分代谢，使人尽快恢复体力，消除疲劳。

3）为机体提供营养物质：开水中含有丰富的矿物质，如钙、镁、铁、铜、铬、锰等元素，这些元素的适当摄入对人体健康有益。

4）预防癌症及防止疾病：水具有加速肠胃蠕动的作用，可以减少一些废物在肠胃的滞留时间。多喝开水，不仅能稀释血液、降低血液黏稠度、促进血液循环，而且可以有效地降低心脑血管疾病的发生率。

5）解渴及增强呼吸功能：口渴时，饮用碳酸饮料是很多人习惯的饮水方式，然而却并不能减少口渴感，若饮用相同量的开水，能够有效地起到解渴的作用。喝白开水能缓解呼吸道黏膜的紧张状态，促进痰液咳出，对伤风感冒引起的咳嗽十分有效。

6）提高发质质量，改善皮肤状态：饮用开水会激发根末端神经，有助于保持头发的自然活力与健康，并且多喝热水能够使皮肤变得光滑，进而有效地改善皮肤的状态。

7）促进机体排毒：开水对于排除身体毒素具有极佳的作用。饮用开水时，人体开始升温出汗，有效地提高身体排出毒素的效率，从而使毒素排出，清理体内的垃圾。

我国饮用水处理虽然在大多数地区都有很好的普及，但是在一些较为偏远的农村地区，给水管网铺设不到，有效的净水工艺也难以应用，直接将水烧开则是最经济简单的净水方式，但其产生的水垢问题也为人们带来了困扰。

## 1.4.3　国内水垢问题的普遍性及其相关联的水质指标

### 1.　国内水垢问题的普遍性

水垢在日常生活中较为常见，浴室镜子、浴缸、马桶上的水渍，水壶、锅具等底部积累的黄白色硬垢等都是水垢。水垢的存在，让人怀疑水质是否达标。

水垢现象在我国较为普遍，我国水体硬度总体偏高，水中钙、镁离子浓度过高，特别是北方部分地区，水体的平均硬度甚至超过了极硬水标准。若长时间饮用硬水，水中的钙镁离子会与硫酸根结合，容易使人出现暂时的肠胃不适、腹胀、腹泻等症状。硬水中的钙离子易与食物中的草酸等发生反应，形成草酸钙、磷酸钙等沉淀，导致肾结石发病率增加。相关研究表明当水中硬度>170 mg/L 时，开水结垢现象明显，存在可见漂浮物，严重影响饮用水的感官性状。此类饮用水烧开后浊度变大，会出现结垢现象。

我国南北跨度大，水质地区差异明显，不同时间对水体进行测定，其结果都有可能存在一定程度的差异，这对我国的工业锅炉设备设计和组装提出了非常高的要求。当锅炉设备在加热未经处理的水质时，很可能出现水垢，从而影响锅炉的高效运行，长此以往，甚至有可能导致锅炉损坏（薛福举，2019）。

水垢的导热系数极低，集聚后会造成电加热器的加热效率下降。由于热量不能及时传递给水，造成加热系统表面温度过高，容易产生爆管危险。此外，结垢层导热系数差，容易造成加热效率的大幅度下降，加剧能源消耗，造成浪费。随着电加热器的热胀冷缩，垢层不断脱落，堆积在内胆的底部，导致细菌滋生。水垢在这种环境中的长时间积累会造成水中有害物质的超标，其中军团菌污染的问题值得关注。军团菌可长时间藏匿于水垢中，在法国的报道中，每年有上千人死于军团菌病。有研究表明，成年人通过皮肤吸收大约 60%对人体有害的物质，通过口腔吸入的约为 27%；儿童洗澡过程中皮肤吸收在 88%左右，口腔吸入在 12%左右。沐浴水质由于水垢导致的恶化，对人体健康的危害不容忽视。

### 2. 与水垢相关的国内外饮用水标准

根据烧水水垢的产生过程，可以看出与水垢相关的水质参数有 $Ca^{2+}$、$Mg^{2+}$、总硬度、总碱度、溶解性总固体（TDS）和浊度等。对于钙、镁离子，世界卫生组织、欧盟、美国及我国均没有指导标准，只有以欧盟《饮用水水质指令》为基础的法国在其标准中指出，当钙离子浓度>100 mg/L 时，要采取特别措施以控制水质，水中镁离子浓度的上限为 50 mg/L；对于溶解性总固体，我国与世界卫生组织（TDS ≤1000 mg/L）、法国（TDS<1500 mg/L）基本相似，只规定上限为 1000 mg/L，美国的上限较低（500 mg/L），日本的指导标准值为 30～200 mg/L；而对于总硬度，我国规定的上限为 450mg/L，与世界卫生组织推荐值接近，法国规定不低于 2.5 法国度，其余国内外各种标准中均没有提及（卢金锁等，2019）。

浊度是国内外水质标准中严格控制的感官性参数，国外直饮生水可以直接感受到标准中的规定浊度，国内饮用开水感受到的是烧开后水中浊度，即标准外的浊度。尽管我国现行的《生活饮用水卫生标准》与世界卫生组织和欧盟水质标准基本相同，但烧开水的习惯使得满足标准的饮用水的饮用感受仍存在差异。

## 1.4.4 水垢危害及用户对水垢问题的质疑

地下水是我国居民主要的饮用水来源之一，也是人类社会不可或缺的重要水源。但是地下水水体中常常含有水垢，水垢的主要成分为碳酸钙、碳酸镁。水垢通常以晶体状态存在，质地坚硬，一旦形成很难去除。一方面，水垢会影响人们的使用观感；另一方面，水垢影响烧水器具的正常使用，长期积累难以去除（华家，2017）。

### 1. 水垢的危害

（1）水垢对人体健康的危害

水垢作为饮用水常见的附带产物，对健康有重要的影响。水垢对人体健康的危害表现在以下几个方面。

1）水垢不溶于水是相对的，水加热后便有部分沉淀会溶解，将会把形成沉淀的重金属离子重新带入水中，使水中的重金属离子含量超标，危害人体健康。水垢碎片能够释放出钙、镁离子和 $CO_2$，钙、镁离子是结石形成的必要物质，$CO_2$ 则会引起胃肠功能紊乱，使人出现暂时性腹胀、排气多等症状。

2）据化学分析，水垢中存在大量的重金属。长期摄入会引起人体的重金属中毒，其中一些重金属的摄入会使人体器官发生癌变。

3）长期摄入水垢也容易造成肠胃消化和吸收功能紊乱及便秘，提高胃炎及各类结石的发病率，牙垢、牙周炎经常由水垢引起。

4）我国居民膳食结构以植物性食物为主。烧开水过程中导致的钙、镁离子耗损大，导致我国居民钙、镁摄入严重不足。

（2）水垢对容器设备的影响

烧水器具烧水过后极易生成水垢，附着在容器设备的水垢影响着容器设备的使用寿命和用途。水垢对容器设备的影响表现在以下几个方面。

1）水垢通常胶结于容器或管道表面，水垢导热性很差，会导致受热面传热情况恶化，从而浪费燃料和电力。家庭用水时，如果热水器已经结满水垢则会影响烧水功率，下降约30%，即会更费电。

2）水垢胶结时，常常会附着大量重金属离子，如果用该容器盛装饮用水，会有重金属离子过多溶于饮用水的风险。

3）水垢如果胶结于热水器或锅炉内壁，还会由于水垢热胀冷缩和受力不均，极大地增加热水器和锅炉爆裂甚至爆炸的危险性。

4）对于循环水而言，一方面会降低处理效果，另一方面会造成管道堵塞、破坏换热设备，使得设备或管道使用寿命大大缩短，增加投资成本。

### 2. 用户对水垢问题的质疑

饮用水水垢问题在供水企业和用户之间产生了严重分歧。高水垢地区用户普遍质疑饮用水的水质安全性，而供水企业通常以供水水质达标为由而未采取有效措施。限于研究条件和基础的不统一，虽然国内外与饮用水水垢的相关健康风险的动物实验研究和流行病学调查成果较多，但是相关研究成果的结论不一致，目前鲜有对饮用水水垢健康风险的直接研究。现有的以世界卫生组织等主张的水垢水无健康风险的宣传不能使用户释疑。

国内居民习惯饮用开水，烧开水后形成水垢，用户可直接观察到以沉淀、悬浮和漂浮等不同状态存在的水垢物质，开水饮用感官性状差，带来饮用开水是否存在健康风险、是否会因此导致结石等疾病的疑问。

供水企业采取一定措施解决水质的硬度超标问题，间接地减少了饮用水水垢。当原水硬度超过现行《生活饮用水卫生标准》（GB 5749—2022）规定的限值时，会采取离子交换、膜处理和不同原水勾兑方式降低硬度，虽然在一定程度上减少了水垢的产生，但用户依旧不满意。具体表现为怀疑水垢是否依旧在供水管道中大量出现，引起管道阻塞、能耗增加等问题。

《生活饮用水卫生标准》（GB 5749—2022）规定的水质标准与居民用水水质需求的差异是产生分歧的主要原因。烧开饮用是国内居民主要饮水方式，而《生活饮用水卫生标准》是以国际上饮用生水标准衍生而来的，未结合我国居民的饮水习惯。一些居民没有足够多的相关经验和知识，难免会对其产生怀疑：烧开的水含有水垢，是不是不能饮用此类水？会不会对家人的身体健康产生一定的影响？会不会诱发一些疾病？

因此，在分析烧开水水垢成因的基础上，探讨因人们的习惯性差异而引起的饮用水质及感官的差异，结合国内膳食结构、营养需求以及《生活饮用水卫生标准》等规范，运用先进的水处理技术处理水垢，使龙头出水更优质、更经济。

# 参 考 文 献

谌旭彬. 2018. 中国人喝热水的历史. 学习之友, (6): 2.

龚静怡. 2005. 水安全的研究进展及中国水安全问题. 江苏水利, (1): 28-29.

侯俭. 2009. 水垢中的有害金属元素危害健康. 金属世界, (2): 70.

华家. 2017. 酸碱平衡曝气法去除地下水水垢工艺试验研究. 西安: 西安建筑科技大学.

李圭白, 杨艳玲. 2007. 超滤——第三代城市饮用水净化工艺的核心技术. 供水技术, (1): 1-3.

林波. 2011. 我国饮用水水质标准与国际主要水质标准对比分析. 甘肃科技纵横, 40(2): 68-70.

林辉, 刘建平. 2000. 氯消毒饮水的毒性及其流行病学研究进展. 中国消毒学杂志, 17(2): 89-93.

林明利. 2020. 我国城市"最后一公里"饮用水安全保障问题与对策建议. 净水技术, 39(2): 1-5.

刘文君, 王小, 王占生. 2017. 饮用水水质标准的发展: 从卫生、安全到健康的理念. 给水排水, 53(10): 1-3, 61.

柳直. 2020. 中共旅大经济重建研究(1945—1950). 济南: 山东大学.

卢金锁, 陈诚, 李雄, 等. 2019. 饮用水水垢问题辨析. 中国给水排水, 35(8): 15-19.

庞子渊. 2014. 我国城市饮用水安全保障法律制度研究. 重庆: 重庆大学.

王琳琳, 陆阳. 2019. 生活饮用水卫生标准和纯净水标准浅析及思考. 食品界, (4): 1.

王滢. 2002. 水资源的可持续利用. 科技广场, (12): 2.

卫生部. 2006. 生活饮用水卫生标准. 经济管理文摘, (11): 3.

薛福举. 2019. 饮用水水垢自动化去除技术及曝气特性研究. 西安: 西安建筑科技大学.

曾光明, 黄瑾辉. 2003. 三大饮用水水质标准指标体系及特点比较. 中国给水排水, (7): 30-32.

张宁吓. 2010. 我国饮用水水质标准发展及与国际标准的对比. 山西建筑, 36(34): 2.

张振伟, 鄂学礼. 2012. 世界卫生组织《饮水水质准则》研究进展. 环境与健康杂志, 29(3): 275-277.

朱刚刚. 2014. 基于支持向量机的城市湖泊水质评价研究. 长沙: 湖南大学.

American Water Works Association, Edzwald J. 2011. Water Quality & Treatment: a Handbook on Drinking Water. 6th ed. New York: McGraw-Hill Education.

Bellar T A, Lichtenberg J J. 1974. Determining volatile organics at microgram-per-litre levels by gas chromatography. Journal-American Water Works Association, 66: 739-744.

Rook J J. 1974. Formation of haloforms during chlorination of natural waters. Water Treatment and Examination, 23: 234-243.

WHO. 2004. Guidelines for Drinking-water Quality. 3rd ed. Geneva: World Health Organization.

# 第 2 章　烧水水垢与居民健康的关联

饮用水水垢是水中钙、镁离子与碱度两种因子共同作用的结果，它会随着水温的降低而析出，并逐渐聚集成长，形成不同粒径的水垢颗粒，最终以沉淀、悬浮和漂浮等不同状态存在于水中，即为居民所看到的底部沉淀和水面类似"油状"漂浮物。目前国内外与饮用水水垢相关硬度健康风险的研究主要集中于动物实验研究和流行病学调查，动物实验以动物喂养生水而获得，流行病学是基于调查饮用生水的用户获得。这些研究可反映研究对象与体内多种细胞、血液、蛋白、酶类和激素的作用情况，评价方式主要包括血液生化指标和组织学分析等。大多数研究成果证明饮用水总硬度对身体健康有益，饮用水中含有丰富的矿物质元素，并且呈溶解性离子状态，其生物利用度远高于固体食物。对于膳食中矿物质缺乏的人群，可通过饮用水补充所需矿物质，尤其是钙、镁。但也有部分研究成果表明总硬度对身体健康有副作用，能引发炎症反应，导致机体受损，造成肺部炎症、遗传毒性、肝毒性和神经毒性等。

## 2.1　水垢与健康关联的由来与历史

### 2.1.1　水垢的形成

水中的"矿物盐沉淀"，俗称"水垢"，其主要成分为 $CaCO_3$ 和 $Mg(OH)_2$。水垢主要来源于含有 $Ca^{2+}$、$Mg^{2+}$、$CO_3^{2-}$、$HCO_3^-$、$SO_4^{2-}$ 等离子的自然水体中。水中的矿物质在受热情况下生成 $CaCO_3$、$MgCO_3$、$CaSO_4$ 等沉淀，便会形成水垢。

水垢是具有反常溶解度的难溶或微溶盐，易在器壁尤其是金属表面析出产生沉积。其形成过程为：微细结晶在过饱和溶液中处于溶解–结晶的亚稳定状态，结晶在器壁处聚集黏附并有序长大，结成水垢。水垢的形成主要取决于盐类是否过饱和及其结晶的生长过程，与成垢离子、水质情况、器壁形态等密切相关。系统中的成垢离子越饱和、水的硬度越高，结垢倾向越严重；粗糙的金属表面或杂质对结晶过程也有催化作用，会促进水垢生成。大部分水垢外观呈白色或灰白色，质硬且致密，以碳酸盐、硫酸盐、磷酸钙盐和硅酸盐的钙镁盐为主，其中最典型的是碳酸钙垢，此外工业锅炉中还可能产生铁垢和铜垢等。

水垢的形成主要有两个因素：一是物理因素。在硬水质地区，pH的变化会引起水垢的形成，pH越低，水中的酸性越强，所能溶解的矿物质成分也就越多；反之，水中溶解性矿物质成分也就越少。随着pH升高，矿物质成分在水中溶解的能力减弱，就会形成水垢沉淀下来（成分以$CaCO_3$为主）。二是化学因素。水垢的化学组成比较复杂，是由许多化合物混合组成的，通常用高价氧化物表示。水垢中的物质主要以氧化物和盐类形式存在，可以分成两大类：酸性氧化物和碱性氧化物。酸性氧化物包括$SO_3$、$CO_2$、$SiO_2$和$P_2O_5$等，碱性氧化物包括$Na_2O$、$CaO$、$MgO$、$CuO$等，而酸性氧化物和碱性氧化物发生反应生成盐便会形成水垢沉淀。

水垢根据其形成原因和成形状态大致可分为硬垢和软垢。当水中含有碳酸盐胶体、细菌和有机物等杂质时，这些黏性物质会与碳酸盐发生作用，在高温煮沸条件下形成和容器壁黏附在一起的硬垢；当胶体、细菌和有机物等黏性物质被去除后（如超滤滤除），即使水中钙、镁离子和碳酸根离子浓度很高，也只会形成洁白而松散的碳酸盐软垢。

## 2.1.2　水垢与健康的关系

根据梵文艺术和埃及碑文的相关记载，早在史前时期，人类就开始寻求纯水。20世纪前，水介烈性细菌性传染病的大流行使得人类开始关注饮用水安全问题。在1908年推广使用加氯消毒以后，饮用水处理取得了重大的进展，进而也推动了饮用水标准的制定。

近年来，有部分研究表明，人们所患的很多疾病都与饮用水有关，特别是结石类疾病的发病率非常高，水体硬度过高是直接原因之一。有些原水硬度较高，经过传统的净水处理后，水中硬度仍然没有降低，以致煮沸后生成水垢，这些水垢在人体内沉积，可能会形成人体不易代谢的结石。

但是也有学者称，水垢是含有钙、镁离子的水经加热后形成的白色沉淀物，而钙、镁是人体必需的微量元素。人体胃液中含有胃酸，会溶解消化水中的水碱，即便有些不易消化的物质最终也会被排出体外。不仅如此，胃酸除了能够溶解水碱之外，还能吸收钙、镁离子，作为人体的有益补充。所以，水垢对我们的身体并无害处，更不会造成人体结石。

经常喝含有水垢的水会不会导致人体患结石病暂时还没有定论，但水垢中含有重金属、灰尘、病菌、虫卵尸体等污染物，严重地影响人体健康。分析表明，水垢中重金属含量约为：铅12 μg/g、砷21 μg/g、汞44 μg/g、镉3.4 μg/g、铁24 μg/g。经医疗实践证明，长期摄入此类水会引起人体的重金属中毒，而且不少重金属还会引起人体器官癌变。水垢中还暗藏着更多的隐患，如采用含有水垢的水洗脸、洗澡，会在皮肤表层形成钙镁皂，使污垢不易洗净，堵塞皮肤腺开口形成栓塞，影响正常代谢，使皮肤过早萎缩老化。

### 1. 水垢中的军团菌对人体的危害

自来水中含有矿物质，这类物质在水中处于静止状态时，会沉淀形成水垢。自来水在水管中静止的时间越长，管道内沉淀的污垢也就越多。水垢极易滋生细菌，军团菌就是其中之一。军团菌（*Legionella*）是一种广泛存在于自然界中的机会致病菌，能引起以发热和呼吸道症状为主的军团病（Legionnaires' disease，LD），其中最为多见和严重的临床症状是肺部感染，伴有全身多系统损害的军团菌肺炎。

1976 年 10 月在美国费城召开的一场退伍军人会议，有 221 名参会者感染了一种被当时媒体称作神秘病菌的病毒，其症状为高烧、发热、头痛、恶心，半数人神志不清、精神错乱。2/3 的感染者住院治疗，大部分获得痊愈，有 34 人死亡。面对如此可怕的疾病，美国疾病控制与预防中心（CDC）组织了一批专家经半年时间研究，耗资 200 多万美元，最终发现致病原因是杆状嗜肺菌，而此次疾病暴发是由医院热水系统污染引起的。1977 年 1 月美国公开了这一重要研究，并将这种致病菌称为"军团菌"，由此引起的疾病叫"军团病"。

军团病是由自然界的水体及土壤中的军团菌侵入人体所致的。军团菌是常见的细菌，但营养要求比较特殊，在水温较低、营养较贫乏的环境水体中，军团菌一般不易繁殖，浓度较低，无致病危险。虽然军团菌生活在水中，但是人们不会由于饮用了含有军团菌的水而感染疾病，军团菌感染的主要途径是呼吸道感染。军团菌的菌体微小，人在正常呼吸时，会将空气中含有军团菌的气溶胶同时吸入呼吸道内，致使军团菌有机会侵染肺泡组织和巨噬细胞，引发炎症，导致军团病。气溶胶是军团菌传播、传染的重要载体，而供水系统可通过水龙头、淋浴、人工喷泉、烧水等方式形成气溶胶，是生活中军团菌气溶胶形成的主要原因。

军团病已成为危害人类健康的一种重要疾病，其对人类健康的威胁已经达到不容忽视的程度。因此，在日常生活中应定期排空热水储存装置并进行清洗，以免积聚水垢、氧化物、铁锈、锈皮及淤泥。

### 2. 水垢中的重金属对人体的危害

水垢通常胶结于容器或管道表面，也常常会附着大量重金属离子，如果用该容器盛装饮用水，会有水中重金属离子含量过多的风险。

水垢中对人体危害最严重的重金属是铅，铅主要会引起婴幼儿的注意缺陷与多动障碍、生长发育迟缓和中老年肾脏损伤、脑损伤、贫血、神经损伤、老年痴呆、癌症等问题。长期饮用铅超标的水，会引起孕妇流产和胎儿畸形，还可以直接作用于男性生殖系统，从而影响男性性功能，导致精子质量发生改变。英国科学研究表明，铅可以缩短人的寿命，如果人类饮食中铅的含量为零，那么人的寿命将超过 140 岁。

水垢中的汞对环境也有极大的危害。汞及其化合物的毒性很大，水垢中的汞由消化道进入人体后，会被迅速吸收并随血液转移到人体各处，从而引起全身性汞中毒。汞进入人体后，90%沉积在脑组织中，10%在脏器中。沉积在肝脏中的汞超标，可能造成肝硬化。沉积在肾中的汞超标，就会造成尿毒症。在脑组织中的汞超标，可以造成痴呆，甚至导致帕金森病。无机汞进入人体后可以转化成有机汞，其毒性更大。

1956 年日本水俣湾出现的轰动世界的"水俣病"就是水中汞含量超标造成的。表现为轻者口齿不清、步履蹒跚、面部痴呆、手足麻痹、感觉障碍、视觉丧失、震颤、手足变形；重者精神失常，或酣睡，或兴奋，身体弯弓高叫，直至死亡。"水俣病"被称为世界八大公害事件之一。1991 年，日本环境省公布的中毒病人仍有 2248 人，其中 1004 人死亡。

虽然水垢中的重金属含量并不高，但若长期误食水垢，导致重金属在人体内累积，也会对人体造成严重的危害。

## 2.2    饮用水硬度与健康的动物实验研究

目前城市饮用水的来源大致有三类：经处理后的自来水、天然矿泉水及二次供水过程中净水设备处理后的饮用水（目前有活性炭吸附、微滤、蒸馏、反渗透处理及复合处理等），这三类饮用水最大的区别即硬度不同（熊习昆等，2004）。

究竟饮用何种硬度的水更好？不同水质的饮用水生产商都各执一词。20 世纪 70 年代开始，许多学者、专家对饮用水硬度和人体健康的关联进行探究，发现并不是水的硬度越低越好，美国、加拿大等国的有关研究部门对 6 个硬水地区和 6 个软水地区的居民进行配对研究，发现常年饮用硬度为 5 度（度通常指德国度，1 德国度=10 mg CaO/L）以下软水的人群较饮用硬水的人群血胆固醇含量、心率和血压均显著增加，心血管死亡率高达 10.1%以上。这种现象同样也见于瑞典、英国和荷兰（石岩峰，2012）。

在日本几乎所有的水都是硬度低于 25 度的软水，而日本脑血管患病的死亡率处于最高水平，大多数是中风性出血。这与软水的酸性较高有关，酸度高可腐蚀水管，从而释放出有毒元素镉。饮用硬水比软水者之心脑血管疾病罹患率要低，软水地区居民中风及心肌缺氧的死亡率随饮用水中硬度增加而减少，这说明水中硬度与循环系统疾病存在强烈的负相关关系（石岩峰，2012）。

近年来，国内许多调查研究机构也对饮用水硬度与人体健康影响进行了细致研究，结果同样显示，饮用水硬度与冠状心脏疾病死亡率、脑血管疾病患病率和直肠癌罹患风险呈负相关，也就是说，饮用水中硬度越高，其罹患率有越低的趋势。

饮用水中的硬度并非一定是人体患病的唯一原因，遗传、生活习惯等诸多方面都有可能对人体健康产生影响。医学教育网进行动物实验和跟踪调查的结果表示，长时间饮用硬水对泌尿系统结石的形成可能有促进作用。虽然缺乏临床医学上的直接证据，但是确实存在患病风险。同时高硬度也影响饮用水的适饮性，可能无法满足人们对饮用水的口感要求。硬度较高地区水质主要受当地地质条件的影响，其总硬度、溶解性总固体或其他无机盐类浓度可能偏高，如此会造成饮用水适饮性不佳，一旦将水煮开，必然产生许多沉淀物及水垢等物质。

为探究饮用水硬度与健康之间的关系，国内外进行了很多相关的动物实验研究，其中饮用水硬度对心血管、骨骼、心肾指标等的影响被不断重视和探究。

## 2.2.1　饮用水硬度对心血管的影响

医学研究团队进行了大量的动物实验来探究饮用水硬度与心血管疾病之间的关系，以证明饮用水中矿物质对机体健康的影响。

自 1998 年起，第三军医大学某研究团队开始关注长期饮用软水对健康的影响。选取健康成年雌性大鼠（Wistar）进行实验，将大鼠饲喂一周后，按随机对数表分为 3 组：自来水组、纯净水组、加镁组（饮用添加 0.5 g/L $MgSO_4 \cdot 7H_2O$ 的纯净水），饲养 5 个月后进行血液生物化学指标测定。实验结果发现，纯净水组大鼠血清 $Mg^{2+}$ 和 NO 浓度较自来水组和加镁组显著降低，总胆固醇（TC）、甘油三酯（TG）、丙二醛（MDA）、低密度脂蛋白胆固醇（LDLC）和内皮素-1（ET-1）含量显著增高，具体指标详见表 2-1。

表 2-1　各组大鼠血脂、丙二醛和内皮素-1 含量的比较（单位：mmol/L）

| 指标 | 自来水组 | 纯净水组 | 加镁组 |
| --- | --- | --- | --- |
| 总胆固醇 | 4.16±0.23 | 5.23±0.12 | 4.12±0.66 |
| 甘油三酯 | 2.98±0.44 | 5.53±0.35 | 2.84±0.96 |
| 丙二醛 | 10.5±1.6 | 61.5±5.8 | 9.6±1.2 |
| 低密度脂蛋白胆固醇 | 1.13±0.67 | 2.95±0.66 | 2.01±0.38 |
| 内皮素-1 | 111±14 | 134±21 | 107±26 |

镁是细胞内重要的阳离子，对于很多酶系统（特别是与氧化磷酸化有关的酶系统）的生物活性极为重要。同时，镁作为多种酶的辅助因子，能催化激活卵磷脂胆固醇酰基转移酶（lecithin cholesterol acyltransferase，LCAT），参与乙酰辅酶A 的形成，从而促进脂质代谢。本实验中纯净水组大鼠血镁浓度较其他两组显著降低，血脂显著增高；补镁后可以显著提高大鼠血镁浓度，降低血脂，说明在脂质代谢过程中，镁离子确实起到了至关重要的作用。镁有抗脂质过氧化的作用，缺镁导致脂质过氧化作用增强，缺镁动物对氧化应激较正常动物敏感。补镁后，镁能减少缺血后再灌注心肌乳酸脱氢酶的漏出，维持超氧化物歧化酶和谷胱甘肽过氧化物酶的活性，减少丙二醛的生成，起到保护血管的作用。纯净水组大鼠体

内丙二醛和内皮素-1 含量显著增高，而丙二醛是生物体内自由基作用于脂质发生过氧化反应的终产物，会引起蛋白质、核酸等生命大分子的交联聚合，且具有细胞毒性，丙二醛的显著升高表明长期饮用纯净水或低硬度水易诱发心血管系统损害（张照英和舒为群，2003）。

研究团队又选择代谢较为敏感的新西兰兔作为实验对象，以低矿物质水作为软水代表，与自来水形成对照组（Holowatz and Kenney，2007）。动物实验结果显示，高脂饲料背景下低矿物质水组兔子心脏、肝脏及主动脉弓组织中精氨酸酶活性均显著低于自来水组。高脂饲料饲养背景下，长期单纯饮用低矿物质水对高血脂所致兔子精氨酸酶活性的升高有减弱作用，较单纯饮用自来水组有明显差异，而普通饲料与饮用水两因素间未见交互效应，各实验组不同脏器精氨酸酶活力详见表 2-2。

表 2-2　各实验组不同脏器精氨酸酶活力表　　　（单位：μg/L）

| 组别 | 肝脏 | 心脏 | 主动脉弓 |
| --- | --- | --- | --- |
| 自来水+普通饲料组 | 6.91±0.27 | 6.09±0.52 | 6.07±0.42 |
| 低矿物质水+普通饲料组 | 7.19±0.45 | 6.30±0.51 | 6.18±0.28 |
| 自来水+高脂饲料组 | 8.80±0.32 | 8.30±0.48 | 8.14±0.24 |
| 低矿物质水+高脂饲料组 | 8.06±0.22 | 6.87±0.38 | 7.29±0.25 |

同时，高脂饲料背景下低矿物质水组新西兰兔的心脏、肝脏及主动脉弓组织中一氧化氮合酶（NOS）活性较自来水组显著增高。高脂饲料背景下，长期单纯饮用低矿物质水兔子对高血脂所致一氧化氮合酶（NOS）活性的降低有减弱作用，较单纯饮用自来水组有明显差异，而普通饲料与饮用水两因素间未见交互效应，各实验组不同脏器 NOS 活力详见表 2-3。

表 2-3　各实验组不同脏器 NOS 活力表　　　（单位：μg/L）

| 组别 | 肝脏 | 心脏 | 主动脉弓 |
| --- | --- | --- | --- |
| 自来水+普通饲料组 | 3.04±0.26 | 2.73±0.23 | 3.00±0.24 |
| 低矿物质水+普通饲料组 | 3.10±0.43 | 2.82±0.24 | 3.01±0.14 |
| 自来水+高脂饲料组 | 1.90±0.14 | 1.60±017 | 2.04±0.13 |
| 低矿物质水+高脂饲料组 | 2.35±0.22 | 2.04±0.13 | 2.48±0.34 |

氨酸酶可与一氧化氮合酶竞争精氨酸，从而影响精氨酸/NO 通路中 NO 的合成。当机体 NO 合成减少时，将会增加内皮细胞对内皮素-1（ET-1）的分泌和对脂蛋白、单核细胞、巨噬细胞的通透性，使中膜损害诱发炎症反应，引起内皮细胞功能异常，最终导致动脉粥样硬化（AS）的产生（Chin-Dusting et al.，2007）。近年来不少研究发现 AS 是引起心血管疾病的重要原因之一，而最早检测到的病理

生理改变是 NO 减少及相关的生物活性分子缺乏引起的内皮功能障碍（Durante et al.，2010）。

在高脂饲料导致的动脉粥样硬化模型中，低矿物质水组与自来水组比较，其组织中精氨酸酶 mRNA 表达均显著降低。新西兰兔长期饮用低矿物质水后，在机体血脂代谢紊乱和氧化应激失衡上产生了一定程度的减缓作用。鉴于精氨酸酶在心血管系统疾病中具有重要参与作用，因此，长期饮用低矿物质水可能会对心血管系统的健康产生一定影响（商蓉郁，2011）。

## 2.2.2　饮用水硬度对骨骼的影响

矿物质（无机盐）作为人体所需的六大营养素之一，是人体代谢中的必要物质，在生物细胞内一般只占鲜重的 1%～1.5%。而饮用水作为机体补充矿物质元素的一种重要途径，其水中所含矿物元素的含量与健康密切相关。国内外研究表明，饮用水中矿物质含量不足和比例改变都会引起机体矿物质缺失。鉴于矿物质含量对骨骼的影响较大，因此探究饮用水硬度对机体矿物质的影响就显得尤为重要。

由于生殖和激素变化，女性一生中对骨矿物质流失更敏感，国内某团队为研究不同水质饮用水对骨骼的影响，选用对骨骼代谢敏感的雌性大鼠作为实验对象，观察并比较多代连续饮用自来水、天然水、矿物质水、纯净水后对大鼠的骨矿物质量、骨代谢和骨生物力学性能的影响（安丽红等，2006），四种饮用水均符合《生活饮用水卫生标准》（GB 5749—2022）要求，矿物元素含量比较见表 2-4。

表 2-4　四种饮用水水中主要矿物元素含量检测结果 　（单位：mg/L）

| 组别 | 溶解性总固体 | 总硬度 | 钙 | 镁 | 钠 | 钾 |
|---|---|---|---|---|---|---|
| T 组（自来水） | 229 | 200.3 | 52.9 | 12.7 | 12.4 | 2.5 |
| N 组（天然水） | 87.2 | 69.6 | 10.6 | 9.4 | 9.0 | 3.8 |
| M 组（矿物质水） | 10.9 | 2.3 | 0.02 | 0.4 | 0.1 | 3.4 |
| P 组（纯净水） | 1.2 | 0.8 | 0.04 | 0.02 | 0.1 | <0.5 |

实验结束时，采集腹主动脉血并分离血清，测定骨代谢指标；并取股骨进行骨密度和生物力学检测，取胫骨和门齿检测其中的钙、镁、磷含量，检测结果详见表 2-5～表 2-8。

钙盐、碳酸盐是机体含量最多的无机盐，大约 90% 的钙、85% 的磷以及一半以上的镁存于骨骼和牙齿中。骨骼起着储藏钙和调节血钙水平的作用，是机体钙的储备库。骨骼中的磷能调节体液及钙的平衡，促进骨基质的合成和骨矿沉积。镁是骨骼中的重要阳离子，具有维持和促进骨骼生长的作用。骨矿物质含量结果提示水中钙、镁元素的含量对骨骼和牙齿的矿化有很大的影响，长期饮用低矿物

表 2-5 多代连续饮用四种饮用水的 F2 代雌鼠骨矿物质含量比较（单位：mg/g）

| 组别 | 胫骨钙 | 牙齿钙 | 胫骨镁 | 牙齿镁 | 胫骨磷 | 牙齿磷 |
|---|---|---|---|---|---|---|
| T 组（自来水） | 185.92±14.88 | 206.75±15.09 | 3.65±0.80 | 7.51±2.42 | 105.07±13.49 | 127.76±10.04 |
| N 组（天然水） | 174.43±9.50[aa,c] | 184.40±24.36[aa,c] | 3.15±0.43[a] | 5.33±1.78[a] | 112.26±18.06 | 132.18±12.08 |
| M 组（矿物质水） | 181.32±8.59 | 205.77±27.37 | 3.32±0.41 | 7.60±2.04 | 101.52±43.37 | 129.60±13.04 |
| P 组（纯净水） | 161.29±12.37[aa,bb,cc] | 196.77±40.67 | 3.18±0.60 | 5.60±2.24[aa] | 99.73±5.03 | 125.94±13.76 |
| P 值 | 0.000 | 0.000 | 0.045 | 0.000 | 0.380 | 0.359 |

a：与 T 组比较，$P<0.05$；aa：与 T 组比较，$P<0.01$；bb：与 N 组比较，$P<0.01$；c：与 M 组比较，$P<0.05$；cc：与 M 组比较，$P<0.01$。下同。

注：F2 代指杂合子自交 2 代。

表 2-6 多代连续饮用四种饮用水的雌鼠骨代谢生化指标比较

| 组别 | BGP/（ng/L） | PICP/（ng/L） | BALP/（μg/L） | ICTP/（ng/L） |
|---|---|---|---|---|
| T 组（$n=25$） | 725.31±67.17 | 229.58±16.36 | 11.05±0.86 | 1187.44±83.36 |
| N 组（$n=19$） | 789.63±54.42[a,c,d] | 200.94±12.39[aa,cc] | 11.34±0.82 | 1051.17±69.16[a] |
| M 组（$n=20$） | 715.12±68.27 | 235.70±10.82 | 10.94±0.84 | 1173.57±77.09 |
| P 组（$n=28$） | 739.91±90.43 | 191.78±16.23[aa,cc] | 11.40±0.69 | 1261.86±328.88[bb] |
| P 值 | 0.010 | 0.000 | 0.162 | 0.000 |

d：与 P 组比较，$P<0.05$。

注：BGP 表示骨钙素；PICP 表示 Ⅰ型前胶原羧基端前肽；BALP 表示骨碱性磷酸酶；ICTP 表示 Ⅰ型胶原交联羧基末端肽。

表 2-7 多代连续饮用四种饮用水的雌鼠股骨结构力学比较

| 分组 | 最大载荷/kN | 弹性载荷/kN | 最大挠度/mm | 弹性挠度/mm |
|---|---|---|---|---|
| T 组（$n=26$） | 0.189±0.016 | 0.186±0.043 | 1.755±0.380 | 1.601±0.340 |
| N 组（$n=17$） | 0.172±0.031 | 0.173±0.027 | 1.323±0.256[aa] | 1.133±0.236[aa] |
| M 组（$n=24$） | 0.193±0.056 | 0.196±0.054 | 1.337±0.303[aa] | 1.246±0.306[a] |
| P 组（$n=17$） | 0.208±0.056 | 0.186±0.066 | 1.366±0.366[aa] | 1.113±0.542 |
| P 值 | 0.157 | 0.625 | 0.000 | 0.003 |

表 2-8 多代连续饮用四种饮用水的雌鼠股骨材料力学比较

| 分组 | 杨氏模量/MPa | 最大应力/MPa | 最大应变/（mm/mm） | 断裂应变/（mm/mm） |
|---|---|---|---|---|
| T 组（$n=26$） | 848.17±160.13 | 1925.63±258.00 | 4.50±0.97 | 3.22±1.353 |
| N 组（$n=17$） | 1117.87±29.83[a] | 2161.82±476.31 | 3.41±0.65[aa] | 1.79±1.15[aa] |
| M 组（$n=24$） | 971.25±261.06 | 1956.29±497.19 | 3.43±0.78[aa] | 1.94±0.84[aa] |
| P 组（$n=17$） | 1101.72±343.33 | 2012.25±452.02 | 3.50±0.94[aa] | 2.37±1.13 |
| P 值 | 0.002 | 0.367 | 0.000 | 0.000 |

质含量的纯净水和天然水可导致机体环境中钙、镁元素的缺乏，从而使骨骼和牙齿中钙、镁的沉积减少，含量下降（邵增务和夏志道，2009）。

骨是代谢活跃的组织，其结构和功能取决于成骨细胞和破骨细胞活动的偶联。成骨细胞和破骨细胞在正常的骨组织代谢中功能相反，保持着骨形成与骨吸收之间的动态平衡。当两者出现分化或功能异常时，其动态平衡被破坏，骨形成指标和骨吸收指标发生改变，骨代谢出现异常（孙斌峰等，2011）。该实验中，饮用纯净水的大鼠的 BALP 含量与饮用自来水的大鼠相比有升高的趋势，提示长期饮用纯净水有可能会出现机体钙吸收不足的现象。

骨生物力学特性的检测可以直接反映骨组织的抗骨折能力，对骨质量进行准确评估以及对骨折危险度准确预测具有重要意义。检测发现自来水组最大挠度和弹性挠度均大于其余三组。自来水组大鼠骨骼抵抗外力和变形的能力较矿物质水组、天然水组和纯净水组强，骨基质胶原蛋白含量可能比矿物质水组、天然水组和纯净水组高，骨骼的脆性较其他三组小。自来水组大鼠的最大应变、断裂应变均大于天然水组、矿物质水组和纯净水组，大鼠骨骼的韧性比其他三组好，对抗外力的屈服性较强。

通过对比大鼠骨骼生长发育的各项指标，发现四种水中饮用自来水对骨骼发育较为有利，长期饮用低硬度水可能会干扰骨骼的矿化，影响骨代谢和生化特性，从而削弱骨骼的生物力学特性。

## 2.2.3 饮用水硬度对心肾相关指标的影响

长期饮用低矿化度的水会造成机体电解质紊乱和酸碱失衡，表现出低钠、低钾、低镁和低钙血症，长期饮用脱盐海水的海湾国家近年来电解质紊乱和消化道肿瘤患者增加，都表明低矿物质水可能会对机体矿物质和电解质水平产生干扰，从而增加某些疾病的发生风险。

第三军医大学相关研究团队选用大鼠（Wistar）作为实验对象，自出生前 2 周至出生后 20 周分别给予纯净水及自来水。实验结束时观察大鼠的体重、心肾器官重量、血液学指标等相关临床生物化学指标以及心肾脏器的组织病理学，不同组别的相关指标详见表 2-9。

表 2-9 饮用两种饮用水的大鼠血浆中与心、肾相关的临床化学指标比较

| 指标 | 雄性 | | 雌性 | |
|---|---|---|---|---|
| | 纯净水 | 自来水 | 纯净水 | 自来水 |
| 血糖/（mmol/L） | 6.79±0.61 | 6.63±1.50 | 6.24±0.74 | 7.28±2.73 |
| 总蛋白/（g/L） | 90.95±3.87 | 91.26±5.28 | 91.14±4.59 | 85.40±6.91 |
| 球蛋白/（g/L） | 49.17±2.56 | 49.77±3.21 | 48.14±3.48 | 45.68±1.78 |
| 甘油三酯/（μmol/L） | 1.34±0.36 | 1.23±0.55 | 1.61±0.51[*] | 0.96±0.24 |
| 胆固醇/（μmol/L） | 2.50±0.37 | 2.51±0.32 | 2.29±0.18[*] | 1.98±0.32 |

续表

| 指标 | 雄性 | | 雌性 | |
|------|------|------|------|------|
| | 纯净水 | 自来水 | 纯净水 | 自来水 |
| 谷草转氨酶/（IU/L） | 165.38±20.35 | 201.38±52.07 | 202.53±3.79 | 198.63±49.20 |
| 丙氨酸氨基转移酶/（IU/L） | 61.88±7.16 | 73.50±14.61 | 65.75±10.24 | 60.63±13.70 |
| 总胆红素/（μmol/L） | 10.24±4.19 | 11.38±5.60 | 13.03±4.35 | 10.72±3.48 |
| 肌苷/（μmol/L） | 47.43±2.53** | 61.18±5.55 | 48.06±7.51 | 56.01±23.87 |
| 尿酸/（μmol/L） | 129.75±26.39* | 227.50±92.11 | 196.38±45.56 | 193.12±106.70 |
| 尿素氮/（mmol/L） | 5.97±0.65** | 7.86±0.68 | 7.02±0.55* | 9.03±1.99 |
| 磷/（mmol/L） | 2.61±0.27* | 3.25±0.66 | 2.38±0.42 | 1.89±0.69 |

\* 表示 $P < 0.05$；\*\* 表示 $P < 0.01$。

使用光镜观察心肾的病理组织学改变，在饮用自来水的大鼠心脏中未发现有显著性病理改变。但在饮用纯净水的部分雄性及雌性大鼠发现有心肌嗜酸性变化以及局灶性的炎性细胞浸润，部分雄性还观察到心肌纤维波形变化（图 2-1 和图 2-2）。图 2-1 中可见到心脏的心肌细胞嗜酸性增强以及纤维波形改变（HE 染色，×100），图 2-2 中可见到心肌细胞间质炎性浸润（HE 染色，×100）。

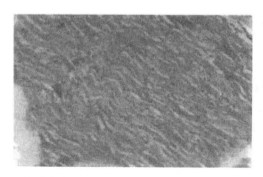

图 2-1　饮用纯净水的大鼠（雄性）的心肌细胞嗜酸性变化

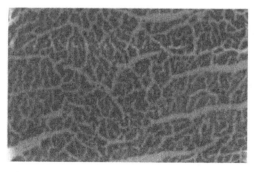

图 2-2　饮用纯净水的大鼠（雄性）的心肌细胞间质炎性浸润

两组大鼠的肾脏均发现有肾小球充血、间质炎性细胞浸润等病变。但仅在纯净水组发现有典型的肾小管透明管型改变（图 2-3），表明这种病理改变是与处理因素有关系的，即这种改变与饮用水的硬度有关。

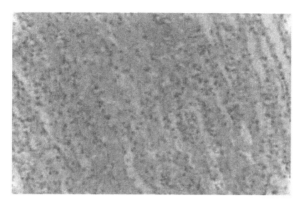

图 2-3　饮用纯净水的大鼠可见到肾小管透明管型（HE 染色，×100）

长期饮用低硬度饮用水会对心肾功能造成一定的负面影响。与同性别饮用自来水的大鼠相比，饮用纯净水的大鼠雄性平均体重明显增加，雌性个体血中甘油三酯及胆固醇水平明显增加；同时，雄性血中肌酐和尿素氮明显下降，血尿酸和磷水平下降，雌性血磷水平明显下降。另外，在纯净水组发现大鼠心肌细胞病变及肾小管透明管型改变（舒为群等，2002）。

无论硬水或是软水对人体健康都有一定的影响，但低硬度的矿物质水和纯净水作为受众面更大的饮用水产品，其对健康的危害更加不容忽视。由于全球心血管疾病的发病率日益增高，且发病人群趋于年轻化，而人群比较普遍选择低矿物质水，因此未来还需要加强人群流行病学的观察，同时强化实验室研究，从而准确、深入地解析不同硬度饮用水对健康的危害程度，以便及早进行风险预测及防控。同时，也应加快饮用水依赖元素的相关研究，加快制定适合我国国情、建立在科学研究基础上的纯净水矿化标准（舒为群等，2017）。

"药补不如食补，食补不如水补，水是百药之王"，水是人类赖以生存的六大营养素中最重要的一种，水中的矿物质对人体健康至关重要。虽然低硬度水对机体的伤害仅表现在统计学意义上，但其长期对机体健康的影响仍不容忽视。因此，选用何种水质作为日常饮用就显得尤为重要。依据世界卫生组织制定的饮用水标准，国内有关专家在总结各方面资料的基础上提出了"健康水"的概念，一般认为健康水应具备如下 7 个条件：①无毒、无害、无异味；②适当的硬度；③适量的人体所需矿物质；④适当的 pH（7.0～8.0）；⑤适当的氧及二氧化碳溶解量；⑥小分子机团；⑦水的营养生理功能强。

# 2.3 饮用水硬度与健康的流行病学调查研究

一般而言，饮用水水质标准主要分为物理性标准、化学性标准、细菌性标准。其中，化学性标准又可细分为影响健康物质（如重金属、农药、挥发性有机物等）、可能影响健康物质、影响适饮性物质等，而影响适饮性物质中则列出了铁、锰、锌、铜、硫酸盐、阴离子表面活性剂、酚类、氨氮、氯盐、总硬度、溶解性总固体等指标。这些指标超标不仅影响饮用水的口感，同时也对人类健康存在隐患。近年来，随着人民生活质量的提高，对饮用水品质的关注也越来越多。有研究表明，饮用水中含有丰富的矿物质元素，与心血管疾病、骨质疏松和尿路结石等疾病有一定的关联。国内外采用了流行病学调查和大鼠及其他动物实验两种方法（占比超过了 70%）研究了其中的关联性。进一步分析发现，动物实验均以动物喂养生水获得，国外流行病学的调查也基于饮用生水的用户获得，以饮用开水为研究对象的成果较少。目前对于饮用水中总硬度与健康关系的研究以溶解态钙、镁离子为主，而关于饮用水水垢的健康风险鲜有研究。

## 2.3.1 饮用水硬度对心血管疾病的影响

日本 Kobayashi（1957）和美国 Schreder 关于饮用水的硬度与发病率、死亡率之间相互关系的研究引起了广泛的注意，随后进行的许多其他研究表明，某些水质因素与病理学（特别是各种心血管疾病）之间存在统计学相关关系。

据世界卫生组织预测，到 2030 年每年将会有 2.3 亿人死于心血管疾病。《中国心血管健康与疾病报告 2019》中强调，我国心血管病患病率处于持续上升阶段，推算心血管病现患人数约 3.3 亿，其中脑卒中 1300 万、冠心病 1100 万、肺源性心脏病 500 万、心力衰竭 890 万、风湿性心脏病 250 万、先天性心脏病 200 万、下肢动脉疾病 4530 万、高血压 2.45 亿。心血管疾病严重影响人类的生活质量，威胁人类的生命安全，给医疗卫生事业和经济发展都带来了沉重负担。

1957 年科学家首次证实水质有可能对心血管疾病有一定的影响，而且水的酸度与中风死亡率之间存在关联。科学家将心血管疾病分类后，对水的硬度与各种心血管疾病（如冠心病、脑卒中）之间的关联强度进行研究，发现水的硬度与冠心病等心血管疾病呈负相关关系。1969～1973 年，英国学者对大不列颠岛 253 个城市、35～74 岁的男性和女性进行了心血管疾病地理分布差异的调查研究，发现水质硬度从 10 mg/L 上升到 170 mg/L 时，居民的心血管疾病死亡率稳定下降。水质硬度为 25 mg/L 的地区，当地居民心血管疾病死亡率比硬度为 170 mg/L 的地区要高 10%～15%，但水质硬度超过 170 mg/L 后，心血管疾病死亡率没有进一步降低。

随后，Comstock（1979）首次按照地理区域对 1978 年前关于水与心血管疾病的研究进行了总结，发现硬水较软水，饮用者患心血管病死亡率的相关危险度（RR）较低，且男性和女性存在差异。2004 年学者们对 1979～2003 年的研究进行了系统梳理，其中包括 19 项描述性研究、7 项病例对照研究和 2 项队列研究，结论是没有足够证据证明水硬度或钙浓度与心血管疾病发病率或病死率之间存在相关性；而水中镁浓度较低则会增加心血管疾病发生的风险，提高水的镁浓度有可能是心血管疾病的保护因素。Rasic-Milutinovic 等（2012），对荷兰 35～74 岁的 67555 名男性和 25450 女性急性心肌梗死患者进行调查发现，水中镁浓度每增加 1 mg/L，急性心肌梗死发生率下降约 2%（0.28%～3.91%）。

在病例对照研究中，将急性心肌梗死致死人群与其他病因致死人群比较，发现饮用水中钙浓度较低的情况下，急性心肌梗死致死率的优势比（odd ratio，OR）值更高。对心血管疾病的住院患者及健康对照人群的饮用水硬度进行调查，结果发现 2010 年心血管疾病患病人数下降与水中较高的钙浓度（>72 mg/L）存在相关性，在 2011 年的调查研究中同样发现此相关性的存在。在 2010 年的调查研究中发现，所调查浓度范围内镁浓度（>31 mg/L）与心血管疾病患病率呈负相关，在 2011 年的研究中同样发现此相关性。

在队列研究中，国外通过问卷调查人群饮用水硬度并随访 25 年，发现水硬度与心血管疾病发病率的 $R^2$ 为 0.96（0.91～1.01），与冠心病发病率和致死率的 $R^2$ 分别为 0.99（0.94～1.04）和 0.96（0.90～1.02）。调查人群膳食及生活习惯，按照水硬度分类，进行随访后发现水硬度与缺血性心脏病、中风之间并无显著关系。将受试对象分为饮用硬水组和饮用软水组后，发现软水组心血管疾病患病率是 21.3%，硬水组心血管疾病患病率是 13.7%，心血管疾病患病率与饮用软水具有相关性。

除此之外，饮用水中镁浓度与心血管疾病、冠心病的死亡率具有负相关关系。水中镁浓度每增加 6 mg/L，可使先天性心脏病的发生率下降 10%（Jiang et al.，2016），饮用含镁浓度大于 9.8 mg/L 的水可使男性与女性的急性心肌梗死死亡率分别下降 19% 与 25%（舒为群等，2017）。全国饮用水硬度与健康专题科研协作组对 37 个城镇 40 岁以上人群心血管疾病死亡率与饮用水硬度进行了回归分析，结果显示，男、女性冠心病、高心病（高血压心脏病）死亡率和男性的脑血管病死亡率均与水的总硬度呈正相关关系。

## 2.3.2　饮用水硬度对骨质疏松的影响

水中钙含量对儿童骨骼的发育以及中老年人骨钙维持具有重要意义，若长期饮用缺钙水会使甲状腺分泌过量的甲状腺激素，引发溶骨增多，导致骨质疏松。
骨质疏松症是一种以骨矿量低下，骨组织结构破坏为特征，导致骨质量降低、脆性增加、在无明显外力的作用下易发生骨折的全身性疾病。骨质疏松症的发病有多种原因，从膳食营养方面来看，大多数研究集中在女性绝经后补钙对预防骨质疏松症的作用上，而在骨峰值前期补钙对预防骨质疏松症的作用方面研究较少。充足的钙摄入不仅是决定骨峰值最重要的营养因素，而且有助于降低各种原因引起的骨量丢失。1994 年 6 月召开的国际健康会议中提出了最佳钙摄入量是女性绝经前为 1000 mg/d，绝经后为 1500 mg/d。其他研究表明，饮食中的钙含量与髋骨骨折呈明显的负相关性，即饮食中钙含量越高，髋骨骨折的危险性越小。

有研究将 152 名每日钙摄入量低于 700 mg 的绝经期女性随机分为两组，每天分别饮用 1 L 含钙量为 596 mg/L 和 10 mg/L 的矿泉水和纯净水。结果发现，6 个月后，相比于饮用低钙水（10 mg/L）的人群，饮用高钙水（596 mg/L）的人群其血清骨重塑指标甲状旁腺素和血清 I 型胶原显著下降，表明老年性骨质丢失得到显著抑制（Meunier et al.，2005）。此外，还有研究发现雌鼠饮用高浓度 TDS（229 mg/L）水时，其骨骼应变能力、骨骼钙镁含量、血清 1,25-二羟基维生素 D 等指标均显著高于低浓度 TDS 处理组（1.2 mg/L、10.9 mg/L、87.9 mg/L）。以上结果均表明低浓度的矿物质水会造成骨骼发育不良（Qiu et al.，2015）。

### 2.3.3　饮用水硬度对尿路结石的影响

泌尿系结石是严重危害人类健康的疾病之一，在世界范围内其发病率不断上升，逐渐引起人们的关注。泌尿系结石是一种常见病和多发病，全球 5%～15%的人群一生中会罹患此病，世界上不同国家和地区之间的泌尿系结石发病率在 3%～14%，欧洲每年泌尿系结石发病率为 1‰～4‰。我国泌尿系结石的人群患病率为 1%～15%，其中每年新发病率为 1.5‰～2‰。泌尿系结石的成分有多种，临床上常见的结石成分有草酸钙、磷酸钙、胱氨酸、尿酸等，其中绝大部分结石是混合型，但以草酸钙为主要成分的结石所占比例最高（王施广等，2016）。

泌尿系结石发病率有明显的地区性差异，这种差异受某种外界因素特别是饮用水水质的影响。例如，对广东省清远市清新区龙颈镇的 3 个村进行流行病学调查并抽取水样进行水质分析，在被调查的 185 人中，肾结石患者有 33 人（17.84%）。家族史对肾结石发生的影响差异有统计学意义（$P<0.05$）。虽然，肾结石患病率在性别和年龄方面的差异无统计学意义，但有男性高于女性，30～50 岁为高发人群的趋势。饮用山泉水者肾结石的患病率（4.88%）明显低于饮用井水者（21.53%）。将山泉水和井水的水质进行比较发现，井水中铁、锌、钙、镁的含量比山泉水高，且井水中的钙和镁含量比山泉水高 16.91 和 12.04 倍，山泉水与井水的镁钙比值也不同，且患病率越小，镁钙比值则越大（陈冠林等，2013）。饮用水中镁钙比值小于 0.1，尿石症的患病率在 2%以上；而比值大于 0.35 的患病率低于 1%，表明镁

钙比值与肾结石的发病率有密切的关系。若饮用水中镁钙比值较高，可降低尿石发病率（王琦等，2005）。

### 2.3.4　饮用水硬度对人体健康其他方面的影响

非长期饮用高硬度水的人偶尔饮用硬度高的水会造成腹泻和胃肠功能紊乱，即所谓的"水土不服"。对于皮肤敏感者，用高硬度水沐浴后身体也会感到不舒适，因为硬水不能让皮肤长时间保持湿润，也不能更有效地清理毛孔中的垃圾。长期饮用高硬度水易造成自身钙过量，从而对身体健康产生负面影响。例如，肠道中过多的钙会抑制 $Fe^{2+}$、$Zn^{2+}$ 等的吸收，引起缺铁和缺锌，进而导致免疫力下降、贫血和疲乏等症状。血液中钙浓度过高，会使钙沉积在内脏或组织，若沉积在眼角膜周边会影响视力，沉积在血管壁会加重血管硬化，沉积在心脏瓣膜会影响心脏功能。对婴幼儿而言，易导致骨骼过早钙化，使前囟门和骨骺提早闭合。前者形成小头畸形，影响婴幼儿智力发育，而后者限制长骨发育、影响身高，同时骨中钙成分过多会使骨质变脆，易引起骨折。镁在人体内积累过量可能引起高镁血症，改变神经肌肉组织兴奋性，阻断神经冲动的正常传递，引起骨骼无力、呼吸肌麻痹、尿潴留等症状，还可导致中枢抑制、心脏传导紊乱和心律失常等（赵莉等，2019）。

当低硬度的饮用水被急性大量饮用时，可直接引起肠黏膜的渗透性休克、细胞内外水分及电解质的失衡，同时还易引发运动员的低钠性水中毒以及婴幼儿的代谢性酸中毒等。长期饮用则会直接或者间接导致机体对有益矿物质（镁、硅、锂等在水中溶解状态良好的微量元素）的低吸收甚至零吸收。

多数研究证明饮用钙、镁对身体有益，但研究结果不完全一致，且国内外存在差异，而鲜见对国内居民饮用水水垢健康风险的研究。以碳酸钙为主要成分的钙片服用周期不应该超过两周，尽管饮用水中水垢含量低，但长期饮用累加碳酸钙量大，其长期饮用可能对人体健康有风险。也有学者认为，水垢会随饮用水进入体内，在胃酸的作用下一部分会被分解为溶解性离子状态。因此，对于饮用水水垢对健康的影响，仍需进一步探索。

## 2.4　水垢硬度和健康的关联性及差异性分析

### 2.4.1　水垢硬度和健康的关联性

我国居民膳食中供给的营养元素与机体的需求差异较大，钙、镁等矿物元素每日摄入量严重不足。图 2-4 为中国营养学会发布的《中国居民膳食指南》与上海市居民实际摄入量,我国居民肉类以及油脂类煎炸食物摄入比例较高,而谷类、豆类和果蔬类等富含维生素和矿物质的食物比例较少,奶及奶制品、大豆及其制品摄入量严重不足,导致机体长期缺钙、镁等矿物元素(舒为群,2018)。

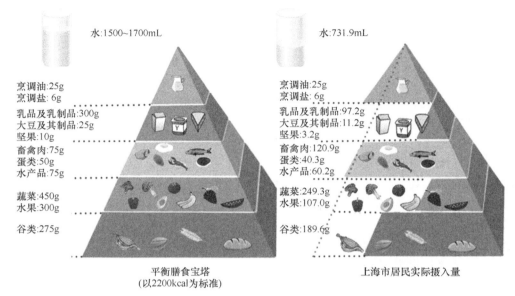

水:1500~1700mL

烹调油:25g
烹调盐:6g
乳品及乳制品:300g
大豆及其制品:25g
坚果:10g
畜禽肉:75g
蛋类:50g
水产品:75g
蔬菜:450g
水果:300g
谷类:275g

平衡膳食宝塔
(以2200kcal为标准)

水:731.9mL

烹调油:25g
烹调盐:6g
乳品及乳制品:97.2g
大豆及其制品:11.2g
坚果:3.2g
畜禽肉:120.9g
蛋类:40.3g
水产品:60.2g
蔬菜:249.3g
水果:107.0g
谷类:189.6g

上海市居民实际摄入量

图 2-4 《中国居民膳食指南》推荐值与上海市居民实际摄入量

我国居民的钙摄入量普遍不足。根据 2015 年《中国乳业发展现状》报道,发达国家每年人均乳品消费量为 234 kg,世界平均水平为 105 kg,而我国仅为 33 kg(我国居民每日从乳品中摄入的钙量只有 108.5 mg,而成年人的每日钙生理推荐量是不低于 800 mg)。此外,我国居民有烧开水习惯,导致饮用水中溶解性离子钙、镁含量由于水垢的形成而大量减少。

饮用水中含有丰富的矿物质元素,并且呈溶解性离子状态,其生物利用度远高于固体食物。对于膳食中矿物质缺乏的人群,饮用水将是矿物质补充的重要途径。尤其是我国居民膳食中最缺乏的钙、镁,通过饮水提供的量可高达每日摄入量的 20%(刘文君等,2017)。

饮用水可以适当补充膳食中缺乏的钙、镁。舒为群(2018)教授研究团队收集了全国 85 个地区自来水和水源水以及 75 种瓶装水的钙、镁数据,并根据其对人体的贡献率进行分析。结果显示,自来水和水源水对钙的贡献率中位数为 8.2%,最大可以贡献 29.6%;瓶装水的贡献率中位数为 9.7%,某些瓶装水最大可以贡献 106.5%。自来水和水源水对镁的贡献率中位数为 5.2%,最大可以贡献 58.8%;瓶装水贡献率中位数为 5.7%,某些瓶装水最大贡献率可达 50%。

因此，保证饮用水中矿物质元素含量充足、种类齐全、比例适当，尤其是确保水中钙、镁离子不流失，对于维护机体健康具有重要意义。美国马丁·福克斯博士所著《长寿需要健康的水》一书中直接指出健康水的标准是：含有一定的硬度（理想是 170 mg/L 左右），有一定量的溶解性总固体（理想是 300 mg/L 左右）和 pH 偏碱性（在 7.0 以上）。

## 2.4.2　水垢硬度和健康的差异性

硬度并非水的特殊成分，而是复杂易变的阴离子和阳离子的络合物。有些研究认为，硬水中主要存在的钙镁等阳离子是预防疾病的主要因子。钙、镁及硬度之间通常有密切的联系，然而也有少数研究将这两种元素分别看待。当钙和镁分别与心血管疾病发病率相关时，英国学者认为钙的关系较大，而美国学者认为钙和镁的关系都较大。

当前研究解释了钙和镁在防止心血管疾病发病方面的机制。实验时在饮食中适当增加钙，在血液循环和心脏等器官中发现胆固醇水平有所降低，表明水的硬度与心血管疾病可能存在联系。据悉，镁可使类脂化合物免于沉着在动脉中，同时可能具有抗凝血剂的特性，能抑制血凝块形成而免于发生心血管疾病。此外，有证据证实，与软水地区比较，硬水地区居民中某些组织内钙和镁离子浓度较高。

相比于硬水，软水更具侵蚀性，因此软水中发现的某些微量金属元素浓度高于硬水。目前研究学者已经发现几种金属可能与软水和心血管疾病的增加有关，认为镉、铅、铜和锌可能涉及心血管疾病的诱发。这些重金属常常存在于卫生设备的材料中，并可溶解于软水中。镉能积累在人的肾中，并引起肾损伤，而且可能影响血压，较低剂量的镉会引起大鼠的高血压，但是缺乏水中的镉与人体心脏疾病有联系的直接证据。此外，家庭中使用铅管并饮用软水的人，体内血铅水平较高，不过血铅水平升高与心血管疾病之间的相互关系仍需进一步探究。研究表明，从软水中摄入铜和锌的量与心血管疾病发病率成反比，然而从其他研究得到了与此截然不同的结果。另外一些资料表明，此种差异可能是由于没有测定关键性的离子形式和所有来源的可疑金属摄入比，特别是锌与铜、镉与锌的比例，以及各种其他代谢变异性。

当然，以上调查结果显示了其在统计学上的相关性，但饮用水中的硬度并非一定是引发疾病的唯一原因，这与遗传、生活习惯等诸多方面都有可能存在关联。饮用水中钙镁离子对人体健康的影响不容忽视，水垢问题在某种意义上限制了人体对钙镁离子的摄入，探究水垢成因与去除技术成为水安全健康保障的关键突破口。

# 参 考 文 献

安丽红, 张春玲, 刘国庆, 等. 2006. 饮水钙、镁含量对去卵巢大鼠骨质量的影响. 环境与职业医学, 23(2): 141-143.

陈冠林, 邓晓婷, 高永清. 2013. 饮用水水质及饮水量与肾结石的相关性研究. 重庆医学, 42(4): 426-428.

刘文君, 王小, 舒为群, 等. 2017. 人体所需必要元素与饮水健康. 给水排水, 43(10): 9-12.

商蓉郁. 2011. 低矿物质水对高脂血症及精氨酸酶影响的实验研究. 重庆: 第三军医大学.

邵增务, 夏志道. 2009. 骨骼疾病的临床与生化. 北京: 人民卫生出版社.

石岩峰. 2012. 浅论饮用水中硬度对人体健康的影响. 农业与技术, 32(2): 193.

舒为群. 2018. 健康饮水中国人平衡膳食的重要组成. 给水排水, 54(8): 1-3.

舒为群, 黄玉晶, 曾惠, 等. 2017. 中国居民饮用水中钙镁及其相关指标适宜保留水平的探讨. 给水排水, 43(10): 13-18.

舒为群, 李国平, 赵清, 等. 2002. 长期饮用纯净水对大鼠心肾相关指标的影响. 中国公共卫生, 18(6): 706-708.

孙斌峰, 董燚, 吕建元, 等. 2011. 补肾密骨片对去卵巢骨质疏松大鼠胫骨生物力学的影响. 安徽中医药大学学报, 32(2): 55-57.

王琦, 李荫田, 叶成通, 等. 2005. 饮用水与上尿路结石的关系. 大连医科大学学报, 27(3): 189-190.

王施广, 王娟, 王振, 等. 2016. 泌尿系结石的流行病学研究进展. 现代生物医学进展, 16(3): 597-600.

熊习昆, 谢晓萍, 蔡玫, 等. 2004. 饮用不同水质水与健康关系的动物实验研究. 环境与职业医学, 21(2): 141-144.

张照英, 舒为群. 2003. 长期饮用纯净水对血脂、钙镁离子、丙二醛、一氧化氮和血浆内皮素含量的影响. 中国动脉硬化杂志, 11(4): 367-368.

赵莉, 周篇篇, 刘波, 等. 2019. 饮用水硬度对口感及人体健康的影响. 城镇供水, 6(5): 45-50.

Chin-Dusting J, Willems L, Kaye D M. 2007. L-arginine transporters in cardiovascular disease: a novel therapeutic target. Pharmacology & Therapeutics, 116(3): 428-436.

Comstock G W. 1979. Water hardness and cardiovascular diseases. Am J Epidemiol, 110(4): 375-400.

Durante W, Johnson F K, Johnson R A. 2010. Arginase: a critical regulator of nitric oxide synthesis and vascular function. Clinical & Experimental Pharmacology & Physiology, 34(9): 906-911.

Holowatz L A, Kenney W L. 2007. Up-regulation of arginase activity contributes to attenuated reflex cutaneous vasodilatation in hypertensive humans. The Journal of Physiology, 581(2): 863-872.

Jiang L, He P, Chen J, et al. 2016. Magnesium levels in drinking water and coronary heart disease mortality risk: a meta-analysis. Nutrients, 8(1): 5.

Kobayashi J. 1957. On geographical relationship between the chemical nature of river water and death-rate from apoplexy. Berichte des Ohara Instituts für landwirtschaftliche Biologie, Okayama Universität, 11(1): 12-21.

Meunier P J, Jenvrin C, Munoz F, et al. 2005. Consumption of a high calcium mineral water lowers biochemical indices of bone remodeling in postmenopausal women with low calcium intake. Osteoporosis International, 16(10): 1203-1209.

Qiu Z, Tan Y, Zeng H, et al. 2015. Multi-generational drinking of bottled low mineral water impairs bone quality in female rats. PloS One, 10(3): e0121995.

Rasic-Milutinovic Z, Perunicic-Pekovic G, Jovanovic D, et al. 2012. Association of blood pressure and metabolic syndrome components with magnesium levels in drinking water in some Serbian municipalities. Journal of Water & Health, 10(1): 161.

# 第3章 水垢产生原理、形态及指标检测

水垢是供水行业及用户普遍关注的问题，水垢易形成于供水设施及饮水器壁上，对用户生活及工业生产造成不良影响。针对烧水水垢与管道设备结垢作为生活中水垢产生的主要方式，本章对两种产垢方式的成因进行解读，对结垢原理进行详细论述。

水垢的形成究竟是何种过程？又会有哪些因素对结垢产生影响？本章将会进一步从微观角度探索水垢形成过程中形态的变化以及影响因素，并介绍现有的水垢检测方法，根据现有研究提出几种水垢不同途径的控制方法。

## 3.1 水垢产生的原理、过程及影响因素

### 3.1.1 烧水水垢产生原理

水垢一般呈白色或黄白色，又称"水锈"，是指天然水中的杂质不断积累而形成的结晶体，主要成分有碳酸钙、碳酸镁、硫酸钙、硫酸镁、氯化钙、氯化镁等（黄传昊，2019）。水垢的生成主要是生水中存在的暂时硬度（碳酸盐硬度）所引起的（华家，2017）。生水中由溶解性 $CO_2$ 形成的 $HCO_3^-$ 与钙镁离子平衡，水中 $CO_3^{2-}$ 较少，未达到两者的溶度积。随着饮用水烧开过程中温度升高，$HCO_3^-$ 分解产生游离态 $CO_2$ 和 $CO_3^{2-}$，其中游离态 $CO_2$ 因受热溶解度降低，从水中释放出来，破坏原来水中碳酸平衡，使得反应式（3-1）不断向右进行：

$$2HCO_3^- \rightleftharpoons CO_3^{2-} + CO_2\uparrow + H_2O \qquad (3-1)$$

烧水过程中由于 $[Ca^{2+}]$ 浓度不变，水中 $[CO_3^{2-}]$ 浓度却不断增加，温度越高碳酸钙溶度积（$K_{sp}$）越小，逐渐出现 $[Ca^{2+}][CO_3^{2-}] > K_{sp}$，碳酸钙和氢氧化镁逐渐结晶，反应过程如式（3-2）和式（3-3）所示，这个过程使得 $HCO_3^-$ 分解产生的 $CO_3^{2-}$ 减少再次促使反应式（3-1）向右进行。碳酸钙和碳酸镁结晶形成微细颗粒使水体浑浊，密度小的颗粒上浮，密度大的颗粒下沉，并在底部和侧壁沉积形成数厘米厚的水垢层。

$$CO_3^{2-} + Ca^{2+} = CaCO_3\downarrow \qquad (3-2)$$
$$CO_3^{2-} + Mg^{2+} = MgCO_3\downarrow \qquad (3-3)$$

### 3.1.2 管道和设备结垢原理

水在输移过程中结垢主要受以下五个原因的影响（陆韬等，2013）：①水中悬

浮物的沉淀；②水中碳酸钙（镁）沉淀形成的水垢；③金属管道内壁被水腐蚀形成的结垢；④水中铁盐含量过高所引起的管道堵塞；⑤管道内的生物性堵塞。

### 1. 水中悬浮物的沉淀

水中悬浮物的沉淀属于物理沉降，是形成管内结垢最简单的过程。尽管多数输配水管道所输送的自来水中悬浮物含量很少，但是仍然有沉淀物形成（李正印等，2008）。在用水低峰时，部分管道中水流速度极慢，甚至呈停滞状态，为水中悬浮物自然沉降创造了条件。研究表明（Wirtz and Dague，1998），当出厂水浊度长期保持在 0.5 NTU 以下时，输配水管道中悬浮物沉淀较少。

### 2. 水中碳酸钙（镁）沉淀形成的水垢

几乎所有的天然水中都含有 $HCO_3^-$ 和钙镁离子，$HCO_3^-$ 在离解为 $CO_2$ 和 $CO_3^{2-}$ 后，钙镁离子和 $CO_3^{2-}$ 化合形成难溶于水的碳酸钙（镁）沉淀（刘静，2004）：

$$Ca(HCO_3)_2 \longrightarrow CaCO_3 + CO_2\uparrow + H_2O \tag{3-4}$$

$$Mg(HCO_3)_2 \longrightarrow MgCO_3 + CO_2\uparrow + H_2O \tag{3-5}$$

碳酸氢盐溶液是一个平衡的体系，当其他条件稳定时，$CO_2$ 的排出导致平衡向右进行，并使碳酸钙（镁）浓度增大，当浓度大于溶解度时，碳酸钙（镁）开始沉淀，直到形成新的动态平衡。由于出厂水中不可避免地存在着 $HCO_3^-$ 和钙镁离子，以上平衡向右进行的结果使得管网水浊度上升和总硬度下降，沉淀的碳酸钙（镁）就是水垢的主要组成成分。

### 3. 金属管道内壁被水腐蚀形成的结垢

金属给水管道内壁长期与水接触是导致内壁腐蚀结垢的根本原因。一般而言，水中含有溶解物、悬浮物以及微生物（藻类、细菌）等，当水体与大气接触时，水体发生物理、化学、微生物特性的变化，导致输水金属管道内壁腐蚀结垢。即使是经过常规净化处理后的水体，也含有一定量的溶解物、悬浮物和细菌。水中悬浮物、微生物、杂质很容易在金属管内壁表面黏附，随时间的增长而最终形成膜状泡锈垢。同时金属化学性质相对活泼，且金属管道自身含有杂质，金属和杂质之间存在电位差，在水的电解液介质内，形成了微腐蚀电池（王欣玮，2012），从而导致金属腐蚀。

### 4. 水中铁盐含量过高所引起的管道堵塞

给水水源一般含有铁盐，《生活饮用水卫生标准》（GB 5749—2022）中规定铁的最大允许浓度不超过 0.3 mg/L，当铁的含量过大时，应进行除铁处理，否则在管网中容易形成大量沉淀（徐立新，2001）。水中的铁常以重碳酸铁、碳酸铁等形式存在，以重碳酸铁的形式存在时最不稳定，易分解出 $CO_2$，而生成的碳酸铁经水解生成氢氧化亚铁，经水中溶解氧的氧化作用，转为红褐色絮状沉淀的氢氧化铁，它主要沉淀在管内底部，当管内水流速度较大时，上述沉淀就难以形成；反之，当水流速度较小时，就会促进管内沉淀物的形成（牛璋彬等，2007）。

### 5. 管道内的生物性堵塞

铁细菌是一种化能自养型的营养菌类，在有机物含量极少的清洁水中，它能将亚铁化合物氧化成高价铁化合物，从而获得能量生存。铁细菌附着在管内壁上后，在生长过程中吸收亚铁盐，排出氢氧化铁，因而形成凸起物。由于铁细菌在生长期间能排出超过本身体积很多倍数的氢氧化铁，所以有时能使水管过水截面严重堵塞，并且这些凸起物是沿着管内壁四周生成的，极易形成环向瘤状沉积物。此外，硫酸盐还原菌是一种腐蚀性很强的厌氧细菌（刘家阳等，2016），它常存在于管内壁上，在无氧的情况下，它在金属管道电化学腐蚀过程中在阴极起极化剂作用，能把硫酸盐还原成硫化合物，加快管道的腐蚀结垢速度。

以上五个过程往往同时发生，形成不同形态的结垢与沉淀，如环向瘤状沉积物、底部连续沉积物、底部与环向瘤状混合沉积物、不均匀连续沉积物、底部瘤状沉积物等。管内结垢层的厚度和管道管龄有关，随着时间的推移，结垢层逐年增厚，管道输配水有效面积减小，直接影响管道的输配水能力，而这些结垢层又是细菌繁殖的场所，直接威胁着水质安全。通过分析结垢层的形成机理可见，保证出厂水低浊度、低钙镁铁离子含量、偏弱碱性，使用有防腐衬里的管材，合理调度保证输配水管内的水流速度，能够有效防止结垢层的形成，从而达到安全、优质供水的目的。

## 3.1.3 水垢形成过程

水垢结垢过程是由两个过程相互竞争来完成的（王丽霞，2015）：第一个过程是沉积过程，包括水垢从主流液体向表面输送的过程和水垢成长过程；第二个过程是包括沉淀物质形成粒状、粒子簇或片层状后，由于流动剪应力或温差应力的作用从表面脱落的过程。对于垢层的宏观特性而言，这两个过程竞争的结果就是产生了各种结垢形态，如图 3-1 所示。

碳酸钙从过饱和到以沉淀形式析出这段时间称为起始阶段，起始阶段也是水垢的潜伏期。起始阶段的晶体是以晶核形式出现的，成核的前提是溶液必须达到过饱和状态。当溶液的溶质没有达到过饱和度时，几乎没有晶核出现；当过饱和度达到一定极限时，会出现大量的晶核。析晶是在晶核出现之后才开始的，没有晶核就不会有晶体析出。在前期阶段，随着时间的延长，晶核会越来越大，从而

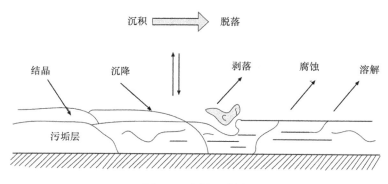

图 3-1　水垢形成图

导致多个晶核相互结合，覆盖整个材料表面，但是只有薄薄一层，此时水垢的热阻非常小，当达到一定时间之后，水垢的热阻就会急速增加，从而检测到热阻值大小，此时诱导期结束。

起始阶段形成的晶核随着时间的推移会不断吸收周围的离子或者其他晶核，晶核不断增大的阶段就称为晶体生长阶段。在整个生长阶段，其生长速度与溶液的浓度、材料表面特性以及循环水的温度等有关（袁蛟，2018）。

水垢在生长阶段不断地黏附在器壁上，黏附过程中晶核不断地碰撞、运动，此过程为布朗运动，其运动无规律、无方向性。当粒子不断地结合之后，粒子的惯性会决定粒子的运动，顺水流方向的粒子会继续向前运动，运动与水流方向不重合的粒子就会在惯性力的作用下向管道内壁运动。靠近管壁的粒子，会有部分吸附在管壁上，形成水垢层，附着率取决于粒子的尺寸和形状以及管壁的表面状况等因素。由于晶体生长时各个晶面的生长速率不同，水垢的黏附最终会导致宏观形态的多样化。

在生长阶段，水垢还不是很稳定，在热力学上称为亚稳定状态。处于亚稳定状态的垢层，经过一段时间后就会变成稳定状态。稳定状态的水垢溶解度要比处于亚稳定状态的溶解度小，随着水垢的不断析出，溶液中的 $CaCO_3$ 浓度逐渐降低，离子反应方程式（3-4）就会向着生成 $CaCO_3$ 的方向进行，沉淀物就会越来越多。晶体的内部结构也会发生相应的变化，水垢不断地沉积，管壁上的垢层越来越稳固，生成的水垢不易脱落，从而形成坚硬密实的水垢层。

### 3.1.4　结垢程度影响因素

#### 1. 离子浓度对结垢程度的影响

常见的水垢就是碳酸钙垢，所以水中 $CO_3^{2-}$ 的浓度和 $Ca^{2+}$ 的浓度会直接影响碳酸钙垢的形成。而 $CO_3^{2-}$ 的浓度会直接影响溶液的 pH，所以 pH 也对水垢的形成会产生影响。

当溶液中的 $CO_3^{2-}$ 和 $Ca^{2+}$ 浓度含量较高时，会改变式（3-2）的平衡条件，只要是条件变化就会打破这种平衡，促使反应向右进行，形成碳酸钙的趋势就越来越明显，从而形成水垢。在其他条件不变的情况下，成核速率主要是由过饱和溶液与饱和溶液的浓度比值决定的，有学者在其他条件不变的情况下研究了溶液中成垢离子的浓度对碳酸钙成垢速率的影响。研究表明，在较低的过饱和度条件下，随着溶液中的成垢离子过饱和度的提高，碳酸钙垢的成垢速率加快；当过饱和度达到一定值时，成垢速率基本不变。所以溶液中 $CO_3^{2-}$ 和 $Ca^{2+}$ 的浓度对水垢的形成过程具有很大的影响。

### 2. 温度对结垢程度的影响

温度通过改变易结垢盐类的溶解度对结垢产生影响，绝大部分盐类的溶解度均随温度的升高而降低（除 $CaSO_4$ 溶解度有极大值）。盐类垢中以碳酸盐为主，当温度升高时，$Ca(HCO_3)_2$ 分解，产生 $CaCO_3$ 结垢，温度升高，平衡向右移动，有利于 $CaCO_3$ 的析出，如式（3-4）所示。对于 $CaSO_4$、$BaSO_4$ 等类型垢，主要是因为介质中离子结合而生成难溶解沉淀，这些反应随着温度升高，沉淀结垢更严重。

温度也会影响细菌的繁殖速度和管道电化学反应的速率。各类细菌对温度的要求不同，大部分细菌的适宜温度为 $20\sim40℃$，随着管道输送介质温度的变化，细菌的繁殖率也会变化，对管道的腐蚀也就随之而变，从而影响腐蚀垢的生成速率。同样，温度也会引起电化学反应速率的变化，从而影响生成腐蚀垢的速率。

### 3. 水压（压力）对结垢程度的影响

压力对 $CaSO_4$、$BaSO_4$、$CaCO_3$ 等结垢具有一定的影响。$CaCO_3$ 结垢有气体参加反应，压力对其影响较大。管道输送过程中，压力降低，促进了结垢速率上升。

### 4. 流速对结垢程度的影响

水垢增长率随着流体速度加快而减小，虽然流速加快会增加水垢沉积率，但所引起的剥蚀率的增大更显著，因而造成总的增长率减小。流速降低时，介质中携带的固体颗粒和微生物排泄物沉积概率增大，管道结垢的概率也明显加大，特别是在结构突变的部位。流速的突变也可以解释为压力的变化，如果流速突然加大，引起局部脱气，使得 $CO_2$ 分压降低，式（3-1）平衡向右移动，引起 $CaCO_3$ 结垢。

### 5. pH 对结垢程度的影响

实践证明，提高溶液的 pH，碳酸盐溶解将迅速结晶，使渐进污垢热阻增大，水垢形成的诱导期缩短，促进水垢的生长。但 pH 太低，会加大腐蚀，生成腐蚀垢。介质 pH 的确定，需要同时考虑这两方面的因素来选择，推荐范围为 6.5~8.0。

## 3.2 水垢相关指标检测方法及设备

### 3.2.1 水垢相关指标检测方法

#### 1. 水中总硬度的检测方法

水的总硬度是指水中所含的钙镁总量，通常以 $Ca(CO)_3$ 计，总硬度以及钙镁离子浓度测量的常用方法有化学分析法、仪器分析法、原子吸收光谱（AAS）法、电感耦合等离子体原子发射光谱（ICP-AES）法、离子色谱法、自动电位滴定法、电极法。

（1）化学分析法

乙二胺四乙酸（EDTA）络合滴定法是一种普遍使用的测定水硬度的化学分析方法。它是在一定条件下，以铬黑 T 为指示剂，pH=10 的 $NH_3 \cdot H_2O\text{-}NH_4Cl$（氨氯化铵）为缓冲溶液，EDTA 与钙、镁离子形成稳定的配合物，从而测定水中钙、镁总量。

但是该方法易产生指示剂加入量、指示终点与计量点、人工操作者对终点颜色的判断等误差。在分析样品时，如果水样的总碱度很高，滴定至终点后，蓝色很快又返回至紫红色，此现象由钙、镁盐类的悬浮性颗粒所致，影响测定结果。在这种条件下，可将水样用盐酸酸化、煮沸，除去碱度。冷却后用氢氧化钠溶液中和，再加入缓冲溶液和指示剂滴定，终点会更加敏锐。由于指示剂铬黑 T 易被氧化，加铬黑 T 后应尽快完成滴定，但临终点时最好每隔 2~3 s 滴加一滴并充分振摇。可在缓冲溶液中适量加入等当量 EDTA 镁盐，使终点明显。滴定时水样的温度应以 20~30℃为宜（卢秀芳和潘炎霞，2018）。

（2）仪器分析法

分光光度法是基于朗伯-比耳定律对元素进行定性定量分析的一种方法，通过吸光度值定量地确定元素离子的浓度值。该法应用于水硬度的测定（伊文涛等，2007），具有灵敏度较高、操作简便快速的优点，但是选择合适的显色剂是该方法的关键。于桦等（1999）系统研究了酸性铬蓝 K（ACBK）与钙镁同时作用的显色体系，在 pH=10.2 的氨-氯化铵缓冲介质中，$Ca^{2+}$ 和 $Mg^{2+}$ 均可与 ACBK 显色剂形成 1:1 的配合物。在 468 nm 波长处，$Ca^{2+}$ 和 $Mg^{2+}$ 的总含量在（0~3）×10 mol/L 浓度范围内符合朗伯-比耳定律。将铬黑 T 作为显色剂用于自来水和锅炉水的硬度测定时，其检测结果显示自来水相对标准偏差（RSD）为 1.2%，锅炉水 RSD 为 2.2%。而以二甲酚橙为显色剂，采用双波长分光光度法同时对环境水样中的钙、镁进行分析时，方法重现性好，即使钙、镁含量相差悬殊也不受限制。

（3）原子吸收光谱法

自 1955 年原子吸收光谱法作为一种分析方法以来，得到了迅速发展和普及。由于其对元素的测定具有快速、灵敏和选择性好等优点，成为分析化学领域应用最为广泛的定量分析方法之一，是测量气态自由原子对特征谱线的共振吸收强度的一种仪器分析方法。

（4）电感耦合等离子体发射光谱法

电感耦合等离子体发射光谱（ICP-AES）法，自从 20 世纪 60 年代等离子体光源发展以来，得到了普遍应用。ICP-AES 法可进行水溶液或有机溶液及溶解的固体元素分析，大约可同时检测试样中 72 种元素（包括 P、B、Si、As 等非金属元素）。具有连续单元素操作、连续多元素操作的特点。

（5）离子色谱法

离子色谱法是分析离子的一种液相色谱方法。离子色谱法于 1977 年开始在水处理领域应用，已经解决了许多高纯水样品中的实际测定难题。用离子色谱法测定水中硬度能有效避免有机物干扰，并且不用考虑镁离子的影响，在镁含量过低时仍可直接测定。此法具有用量少、简便、快速、准确的特点。

（6）自动电位滴定法

自动电位滴定法是根据滴定曲线自动确定终点，化学计量点与终点的误差非常小，准确度高，避免了化学分析滴定的误差，自动电位滴定法因无须指示剂，故对有色试样、浑浊和无合适指示剂的试样均可滴定。该方法具有快速、简单的特点，结果准确可靠，重现性好，适用于检测水中总硬度。

（7）电极法

离子选择性电极是一种对某种特定的离子具有选择性的指示电极。该类电极有一层特殊的电极膜，电极膜对特定的离子具有选择性响应，电极膜的点位与待测离子含量之间的关系符合能斯特公式。此法具有选择性好、平衡时间短、设备简单、操作方便等特点。

目前国内外主要通过盐酸标准溶液滴定法、EDTA 滴定法和煮沸法确定暂时硬度，评价水垢情况。盐酸标准溶液滴定法测定水样的暂时硬度准确度较高（刘星和王炜，2012），但当水样中含有钾和钠的碳酸盐及碳酸氢盐时，需进行校正，测定及计算过程较烦琐。EDTA 滴定法是测量暂时硬度最常用的方法，优点是反应灵敏稳定、易于计算、误差小，缺点是须加入氨缓冲溶液调节 pH，以铬黑 T 做指示剂，要在温水浴下进行，否则影响指示剂变色（刘娟和暴勇超，2010）。该方法较为烦琐，且操作过程中存在不可避免的人为误差。煮沸法则是测定加热煮沸前后的总硬度，其差即为暂时硬度（水垢），原理简单，但过程较为耗时（胡涛，2019）。

### 2. 水中溶解性总固体含量的检测方法

除了硬度之外，溶解性总固体含量也是生活饮用水监测中必测的指标之一，它可以反映被测水样中无机离子和部分有机物的含量。水中含过多溶解性总固体时，饮用者就会有苦咸的口感并感受到胃肠刺激。除对人体有不良影响外，溶解性总固体较高时还会损坏配水管道或使锅炉产生水垢。

目前常用的溶解性总固体测量方法是重量法（李继革和王国卿，2003），其适用范围是测定循环冷却水、天然水、工业污水中的溶解性固体。检测过程为：取过滤后的水样，在指定温度下烘干，所得固体残留物即为溶解性总固体，实际上也包括水中可过滤的而又不易挥发的物质在内。

### 3. 水中浊度的检测方法

浊度是指溶液对光线通过时所产生的阻碍程度，它包括悬浮物对光的散射和溶质分子对光的吸收（张逸夫，2018）。水的浊度不仅与水中悬浮物质的含量有关，而且与它们的大小、形状及折射系数等有关，可以采用比浊法或散射光法进行测定。我国一般采用比浊法测定，将水样和高岭土配制的浊度标准溶液进行比较，并规定 1 L 蒸馏水中含有 1 mg 二氧化硅为一个浊度单位。不同的测定方法或采用的标准物不同，所得到的浊度测定值可能不一致。浊度的高低一般不能直接说明水质的污染程度，但由人类生活和工业生活污水造成的浊度增高，表明水质变坏。

## 3.2.2　水垢检测设备

现阶段快速检测总硬度的设备主要是便携式水硬度测试仪器，该检测仪通常采用进口超高亮发光二极管光源和检测器，具有检测性能强、测量准确等优点。溶解性总固体通常采用溶解性总固体水质笔直接测量。浊度测量则通过便携式浊度仪进行快速检测。然而，现阶段尚无能快速检测出暂时硬度的设备。

水垢的生成主要是水中的碳酸平衡被破坏，而温度和压强都可以破坏碳酸平衡，导致水垢生成。因此，$CO_2$ 溶解度必定在负压条件下与水在标准大气压下煮沸时一致，通过建立水垢与浊度差之间的函数关系式，依据函数关系式可以构建出一种能够快速检测暂时硬度的设备。

图 3-2 给出一种检测地下水暂时硬度的装置，包括依次连接设置的样品瓶、降压单元、压力探头、显示屏和控制面板，降压单元包括微型真空泵和抽气管，

抽气管一端与样品瓶 1 的第一接口螺纹连接（图 3-3），连接管另一端与微型真空泵连接，利用微型真空泵对样品瓶内进行抽真空降低压强。样品瓶瓶口的下侧壁设有第二接口，第二接口与压力探头螺纹连接。

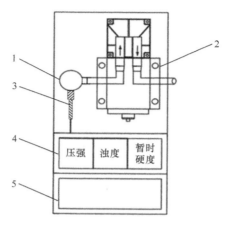

图 3-2　设备图
1. 样品瓶；2. 降压单元；3. 压力探头；4. 显示屏；5. 控制面板

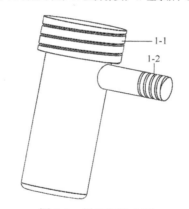

图 3-3　样品瓶放大图
1-1. 第一接口；1-2. 第二接口

　　图 3-3 为样品瓶放大图，样品瓶为底部直径 3 cm、高度 7 cm 的圆柱体，瓶身由透明玻璃制成，顶部瓶盖采用聚四氟乙烯材料制成。真空泵型号为 Z512-8005，大小为 110 mm×50 mm×70 mm 的微型真空泵，真空度可以达到 80 kPa，抽气速率 ≥15 L/min，能够迅速将样品瓶内的压强抽到设定值，气体具有良好的向上扩散性。压力探头可以测出装置瓶内的压强，并且能智能化控制微型真空泵的运行。当压力探头测出瓶中的压力达到所设定值的时候，就会反馈给开关，停止微型真空泵的运行，然后显示屏上显示浊度差值和暂时硬度。材质为 304 不锈钢，直径

为 1 cm。显示屏长为 100 cm，宽为 40 cm，显示屏显示浊度、压强和暂时硬度的数值。控制面板长为 100 cm，宽为 40 cm，控制面板进行压力、时间和温度等常规数据的控制，可以实现开机、关机、重读上一次值的功能。

图 3-4 为水垢快速检测设备检测流程，当输入设定压强后开始运行，设备自动判断是否达到设定压强，达到就结束运行，反之继续，直到达到设定压强后结束运行。

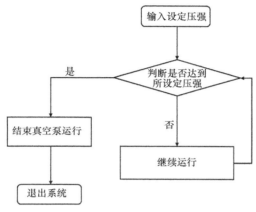

图 3-4　水垢快速检测设备检测流程

## 3.3　水垢的形态及其影响因素

### 3.3.1　常见的水垢形态

碳酸钙是最常见的水垢形式，主要有三种晶型：方解石、文石和球霞石。方解石是 $CaCO_3$ 晶体热力学最稳定的晶型，文石处于亚稳态，而球霞石是最不稳定的晶型。碳酸钙有六种常见的形态，如图 3-5 所示，分别是立方体、球形、盘状、玫瑰形、针状和纺锤形，其中立方体为方解石，球形、盘状、针状和玫瑰形为文石，而纺锤形为球霞石。

### 3.3.2　温度对水垢形态的影响

溶液温度变化能够影响溶液中成垢物质的溶度积和成垢微粒（$Ca^{2+}$、$CO_2$ 和 $CaCO_3$）热运动的剧烈程度。晶体生长包括界面反应和扩散过程，温度低时，结晶过程主要是界面反应，当温度升高时，扩散就成为主导作用。因此，在不同的温度条件下，晶体的各个晶面族的生长速率比例也发生相应的变化，导致不同的晶体形态。从溶液的过饱和度角度分析，温度对溶质的溶解起着重要的作用，它

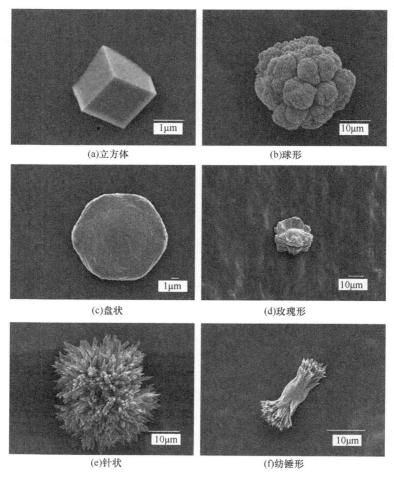

图 3-5　水垢的不同形态

直接影响溶液的过饱和度，进而影响材料表面所形成水垢晶体的晶型、尺寸以及晶型所占的比例。

温度升高主要使溶液中碳酸钙的过饱和度上升，导致溶液中离子扩散系数升高，传质系数增大，换热表面析晶污垢的沉积速率随之增大。同时，随着溶液温度升高，溶液中均相成核速率和溶液-换热表面界面异相成核速率均大幅增加，会有更多晶体微粒从溶液中析出，导致更多的颗粒污垢沉积在表面。而溶液中的碳酸钙晶核更容易获得晶体微粒而长大，消耗溶液中大量晶体微粒从而导致界面晶体微粒浓度降低，抑制表面晶核的生长。

不同温度下碳酸氢钙溶液水热分解得到的碳酸钙样品的 X 射线衍射（XRD）图谱结果如图 3-6 所示，可以看出样品由方解石和球霰石组成，而球霰石是主要成分。随着温度的升高，球霞石比例降低，这与以往研究报道的结果一致。Hu 和 Deng（2003）发现在环境压力下，大约 60℃是球霞石形成的最佳温度，随温度上升，球霞石的含量降低。但是，在水热条件下人们得到了不同的结果，de Montes-Hernan 等（2008）发现，水热温度为 30℃、90℃和 120℃时，均只有方解石相的水垢形成。而有研究观察到在水热合成碳酸钙时，60～190℃时只有方解石生成，但当有己二酸存在，温度从 80℃升高到 190℃时，球霞石和方解石的混晶中球霞石含量增加。从以上资料可以看出，晶相与反应温度间的关系是非常复杂的，这可能是因为温度的变化会引起反应环境的多种物理、化学参量的变化。

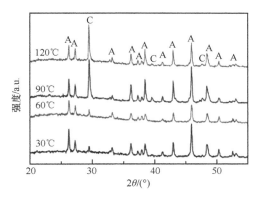

图 3-6　不同温度下碳酸氢钙溶液水热分解得到的碳酸钙样品的 XRD 图谱
A. 球霞石；C. 方解石

不同温度下碳酸氢钙溶液水热分解得到的碳酸钙样品的扫描电镜照片如图 3-7 所示，从图中可以看出，温度从 60℃升到 120℃，碳酸钙形貌从花束状依次演化为丛生状、针状，其中还有少量的立方体或菱形微粒。

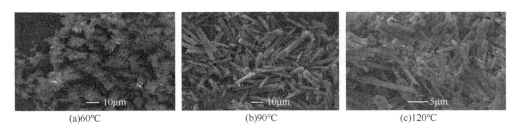

(a)60℃　　　　　　　　(b)90℃　　　　　　　　(c)120℃

图 3-7　不同温度下碳酸氢钙溶液水热分解得到的碳酸钙样品的扫描电镜照片

众所周知，晶体生长速率与温度密切相关。一般情况下，晶体生长速率随温度的升高而增大。上述晶体形貌随温度的演变可能展现了晶体从小到大的一个生长过程，首先在晶核形成后成长为花束状，进一步成长为丛生状，最后成熟成为针状或棒状。

### 3.3.3　pH 对水垢形态的影响

在相同溶液温度、$CaCO_3$ 浓度等条件下，pH 升高时，溶液中电解质平衡发生变化。$CaCO_3$ 大量转变为 $Ca(OH)_2$，溶液中 $CO_2$ 及 $OH^-$ 浓度增加较多，而溶液中 $HCO_3^-$ 浓度降低较少，使得溶液过饱和度增大，从而析晶水垢增多。同时，pH 升高还会使溶液中的杂质粒子的活性增大，使溶液中碳酸钙的成核速率增大。

研究学者选取了 304 不锈钢、316 不锈钢、黄铜和紫铜四种不同的换热材料进行分析（史雪菲，2013），发现每种换热材料上的水垢形态都有所不同。在相同的工况下，随着 pH 升高，四种换热材料表面的结垢量减少，诱导期缩短。pH 升高使溶液中碳酸钙晶粒中尺寸较大的柳叶状和针状文石比例下降，甚至消失，而尺寸较小的方解石大幅上升，成为主要晶型。对于 304 不锈钢和 316 不锈钢，表面较大晶体的数量和尺寸均减少，较大尺寸的柳叶状和针状文石比例下降，而尺寸较小的方解石比例升高；对于黄铜和紫铜，表面小晶粒随 pH 升高而增多，但由于尺寸很小，对结垢量的增大作用不足以弥补较大晶体减少对结垢量的减少作用。

### 3.3.4　器壁材料对水垢形态的影响

器壁材料表面具有粗糙度、抗腐蚀性、接触角、表面自由能以及界面能等物理化学特性，这些特殊性质会影响器壁材料表面上的结垢情况，对水垢的形态有重要的影响。造成这种影响的主要原因是原子或分子处于材料表面时会受到不平衡力场的作用，使材料表面的分子或原子浓度或密度增加，体相的浓度或者密度降低，该现象为固体表面的吸附作用（张仲彬，2009）。

根据吸附理论对吸附方式进行分类，主要有物理吸附、化学吸附、共吸附、吸收和形成化合物五种吸附方式。物理吸附是原子或分子通过范德瓦尔斯力与固体表面结合；化学吸附是原子或分子通过化学键与固体表面结合；共吸附是指固体表面上同时吸附两种气体成分；吸收是指原子或分子进入固体表面的内部而非停留在固体表面；形成化合物是指原子或分子与固体表面发生反应，在吸附物质和固体表面之间形成如氧化层之类的化合物。一般认为水垢在固体表面沉积是物理吸附、化学吸附和形成化合物三种吸附方式共同作用的结果。上述三种吸附方式并不是相互独立的，而是协同作用的。一般在固体材料表面最先形成的是物理吸附，然后转化为化学吸附，最后形成复杂的形成化合物吸附。而且在三种吸附方式中，吸附的原子或分子与固体材料表面作用力是依次增强的。

器壁材料的表面特性对水垢形态的影响主要表现在水垢晶型、形貌、尺寸以及附着位置的差异。

### 1. 表面特性对水垢晶型的影响

方解石、文石、球霞石是碳酸钙的主要无水结晶形态，这三种碳酸钙晶体的热稳定性依次降低。现有研究指出，高表面能可以抑制晶体从球霞石向方解石的转化过程（Xiao et al.，2010）。表面自由能通过影响异相成核的自由能限值，导致不同板材上晶体形貌发生变化。高表面自由能的器壁材料能够缩短水垢的结晶诱导期，从而使表面水垢形貌发生变化，最终影响器壁材料宏观水垢的晶型。在高表面自由能的条件下，器壁表面形成更多的文石，而低表面自由能条件下则形成更多的方解石。

### 2. 表面特性对水垢形貌的影响

杨传芳和徐敦顺（1994）对材料表面碳酸钙沉积形态的研究发现，惰性材料表面多以无定性晶体为主，即以球霞石的状态存在。由于铝表面存在惰性的氧化膜，生成的晶体不仅有细小的结晶颗粒，还有较大的团状聚集体，可以认为材料会对晶体的形貌产生影响。Keysar 等（1994）研究发现表面粗糙度越大，低碳钢管表面晶体的成核速率越快，同时在换热面上形成细小、紧密、少孔结构的方解石晶体，晶体的表面附着强度和粗糙度也增大，容易提供更多的成核位点，导致板材表面后期能够形成尺寸较大的水垢，并且发生相互黏附连接，最终成为大尺寸晶簇，并完全覆盖表面，产生水垢层。

### 3. 表面特性对水垢尺寸的影响

以往研究通过对不锈钢表面析晶污垢的晶体尺寸分析发现，单个晶体尺寸均遵循前期较大、中期较小、后期长大且连接成层的规律，认为前期形成的晶核会限制中期晶核的生长。Palanisamy 和 Subramanian（2016）研究析晶污垢在黄铜表面的生长过程时发现水垢是分层堆积的，初始沉积层颗粒相对较小，约为 5 μm，顶层颗粒尺寸最大。1974 年，美国国会通过了《安全饮用水法》（SDWA）对碳酸钙析晶污垢在不锈钢圆管上的生长规律进行研究，将同一位置不同时刻的水垢形态进行对比，发现单个晶体尺寸逐步增大并均匀覆盖表面。

从上述分析可以看出，不同材料表面水垢颗粒尺寸的变化趋势几乎相同，材料表面颗粒尺寸的大小与颗粒的聚集状态有关，表面特性可以通过影响颗粒的聚集状态从而改变水垢的颗粒尺寸大小。

### 4. 表面特性对水垢附着位置的影响

器壁材料表面特性对水垢附着位置也具有显著影响。盛健等（2013）研究析晶污垢在不锈钢表面生长过程，发现表面粗糙区或表面自由能较高区域晶体密集生长并不断扩大。Keysar 等（1994）发现析晶污垢晶体更加倾向于在粗糙的波峰处成核，在谷底处存在气泡，随着时间的延长，污垢晶体逐渐将表面粗糙处填平。程延海等（2009）采用扫描电镜和能谱分析对污垢与基底之间的结合面进行分析，观察到在污垢层与基底之间总是夹杂着氧化铁层，说明污垢总是与氧化铁紧密结合，并在氧化铁基础上逐步发展长大。

板材的表面粗糙度较大，容易提供更多的成核位点，导致板材表面后期能够形成尺寸较大的水垢，并且发生相互黏附连接，最终成为大尺寸晶簇，产生能够覆盖板材表面的水垢层；接触角越大会导致前期水垢的附着质量越大，从而影响后期附着质量；表面自由能则影响异相成核的自由能限值，导致不同板材上晶体形貌发生变化，高表面自由能能够缩短水垢的结晶诱导期，从而使得表面水垢形貌发生变化。

## 3.4　水垢的控制方法

### 3.4.1　管道水垢的控制方法

管道水垢的形成极易对管道运行产生危害，目前常用的管道水垢控制技术主要有磁场防垢法和化学除垢法。

#### 1. 磁场防垢法

（1）永磁场防垢技术

永磁场防垢技术是利用强磁性材料制成永磁除垢器，永磁除垢器能够产生磁场，使用时将永磁除垢器安装在管道上容易结垢的部位，使水受到磁场作用被磁化，磁化的水体中沉淀的无机盐电离度会增大，从而阻止无机盐成垢。

（2）高频电磁场防垢技术

高频电磁场防垢技术是向水中加入高频电磁场，在高频电磁场的作用下，水中的离子会发生极化现象，晶体发生畸变，从而不易结晶。同时，在高频电磁场的振荡作用下，大颗粒的晶体会被振碎，从而起到防垢效果。

（3）变频电磁场防垢技术

变频电磁场防垢技术是将变频电磁防垢装置的输出导线缠绕在需要防垢的部位，利用直流脉冲和交流磁场对水进行处理，使水发生各种物理、化学反应，从而实现防垢、除垢、杀菌、防腐的目的。

#### 2. 化学除垢法

化学除垢法是采用化学阻垢剂进行阻垢，其阻垢原理主要有分散作用、增溶作用、静电斥力作用和晶体畸变作用。分散作用是加入阻垢剂分解出离子与成垢晶体发生碰撞，阻止晶体的成长；增溶作用是通过增加溶盐的溶解度，使阻垢剂颗粒和成垢离子形成螯合环，阻止垢的形成；静电斥力作用是通过增加垢离子间的静电斥力，达到阻止垢形成的目的；晶体畸变作用是将阻垢剂颗粒掺杂在垢晶体的结构中，破坏晶体的结构，使晶格发生畸变，从而阻止垢晶体进一步长大。

## 3.4.2　饮用水水垢的控制方法

目前，国内外主要通过降低硬度的方法解决饮用水水垢。常用的饮用水水垢控制方法主要有化学药剂软化法、离子交换法、膜分离软化法和酸碱平衡曝气法等。化学药剂软化法通过投加 $CaO$、$Na_2CO_3$、$NaHCO_3$ 和 $NaOH$ 等化学药剂生成 $CaCO_3$ 和 $Mg(OH)_2$ 沉淀，实现水中硬度去除和水软化的目的；离子交换法利用阳离子交换树脂对水中 $Ca^{2+}$、$Mg^{2+}$ 等阳离子进行交换，从而降低水硬度，实现水的软化；膜分离软化法利用半透膜将高硬度水中的 $Ca^{2+}$、$Mg^{2+}$ 等离子快速去除，实现水硬度降低和水的软化。但是，上述饮用水水垢控制方法都无法保留原水中的钙镁离子，造成钙镁离子流失。近年来，研究学者提出了酸碱平衡曝气法，能够在原位保留水中钙镁离子的条件下实现水垢的有效控制，是目前应用前景较为广泛的一种水垢控制方法。

### 1. 化学药剂软化法

化学药剂软化法是利用溶度积原理，向水中添加化学药剂与水中的 $Ca^{2+}$、$Mg^{2+}$ 反应生成 $CaCO_3$ 和 $Mg(OH)_2$ 沉淀，从而达到抑制水垢形成的目的。常用的化学药剂有 $CaO$、$Na_2CO_3$、$NaHCO_3$ 和 $NaOH$ 等。化学药剂软化法具有药剂来源广泛、价格低、操作简单等优点，因此被广泛应用于水垢去除的各种水处理工程中。

### 2. 离子交换法

离子交换法是已有 50 多年历史的一种水处理软化技术，其主要利用离子交换剂上的阳离子与水中的 $Ca^{2+}$、$Mg^{2+}$ 离子之间具有不同交换能力，去除水中溶解盐。当进水通过离子交换剂时，水中 $Ca^{2+}$、$Mg^{2+}$ 等阳离子对交换剂上的 $H^+$、$Na^+$ 进行替换，从而达到水软化目的。此软化法处理效率高，出水水质稳定，但存在再生操作烦琐且需处理再生废液等缺点。

### 3. 膜分离软化法

膜分离软化法是目前应用较广泛的水软化方法，通常可以分为微滤、超滤、纳滤、反渗透及电渗析等。实际工程中，纳滤、反渗透和电渗析通常会联合使用，应用于高硬度水的软化。

### 4. 酸碱平衡曝气法

化学药剂软化法、离子交换法、膜分离软化法适用于处理总硬度超标的原水。但是，目前一些地区原水水质总硬度不超标，而水垢现象较为严重，即暂时硬度较高的现象。而且上述三种方法存在运行成本较高、建造费用较高、运行管理复杂等缺点，对于经济不发达地区来说难以推广。

基于上述情况，从结垢原理出发，研究学者创新性地提出了酸碱平衡曝气法。酸碱平衡曝气法基于去除碳酸氢根原理，通过投加酸性阻垢剂（阻垢剂可根据具体水质选择），使碳酸氢根转化为 $CO_2$ 和水，减少其与钙镁离子结合生成碳酸钙和氢氧化镁的可能性。与此同时，由于采用酸性阻垢剂，出水的 pH 偏低，同时该反应会产生大量的 $CO_2$。因此，采用 $CO_2$ 脱除法中的曝气脱除法提高出水 pH，从而实现水垢控制和水质安全保障目的。此外，考虑离子平衡机理，$CO_2$ 的脱除有利于式（3-1）向右进行，可提升阻垢剂的效果。值得注意的是，酸碱平衡曝气法可以在高效经济解决饮用水水垢问题的同时有效保留钙镁离子，这对于居民饮水健康具有重要意义。

# 参 考 文 献

程延海, 邹勇, 程林, 等. 2009. 表面改性对换热面抗垢性能的影响. 工程热物理学报, (9): 3.

胡涛. 2019. 不同水样暂时硬度检测方法的适用性研究. 河南建材, (3): 2.

华家. 2017. 酸碱平衡曝气法去除地下水水垢工艺试验研究. 西安: 西安建筑科技大学.

黄传昊. 2019. 酸碱平衡曝气工艺在小型水垢去除设备中的应用研究及优化. 西安: 西安建筑科技大学.

李继革, 王国卿. 2003. 水中可溶性总固体的快速测定法. 山东化工, 32(3): 2.

李正印, 刘志攀, 何智勇. 2008. 供水系统中水垢形成机理探讨. 广东化工, 35(9): 3.

刘家阳, 张月辉, 贾宏新. 2016. 凝胶渗透色谱净化-超高效液相色谱-串联质谱法同时检测玉米粉中 10 种真菌毒素. 中国食品卫生杂志, 28(6): 6.

刘静. 2004. 济南市二次供水系统水质防护现状与对策. 西安: 西安建筑科技大学.

刘娟, 暴勇超. 2010. 水体暂时硬度测定的 EDTA 滴定法. 职业与健康, 26(16): 2.

刘星, 王炜. 2012. 水中暂时硬度检测方法适用性研究. 广州化工, 40(24): 3.

卢秀芳, 潘炎霞. 2018. 浅谈地下水的污染及其水质检测. 民营科技, (10): 1.

陆韬, 刘燕, 李佳, 等. 2013. 我国供水管网漏损现状及控制措施研究. 复旦学报(自然科学版), (6): 5.

牛璋彬, 王洋, 张晓健, 等. 2007. 给水管网中铁释放现象的影响因素研究. 环境科学, 28(10): 5.

盛健, 张华, 赵萍, 等. 2013. 不锈钢304和316表面 $CaCO_3$ 析晶污垢生长特性. 制冷学报, (1): 5.

史雪菲. 2013. 四种换热材料表面碳酸钙析晶垢微观形貌实验研究. 上海: 上海理工大学.

王丽霞. 2015. 换热设备水垢的电化学去除技术研究. 哈尔滨: 哈尔滨工程大学.

王欣玮. 2012. 海淀北部新区供水管网水质二次污染原因与防治措施. 北京水务, (4): 3.

徐立新. 2001. 建筑给水系统水质污染控制研究. 重庆: 重庆大学.

杨传芳, 徐敦顾. 1994. 表面材质及 $Mg^{2+}$ 对 $CaCO_3$ 结垢的影响. 高校化学工程学报, 8(4): 5.

伊文涛, 闫春燕, 李法强, 等. 2007. 微量钙的测定方法研究进展. 理化检验: 化学分册, 43(1): 5.

于桦, 姚一建, 陈慧敏, 等. 1999. 分光光度法测定水中钙镁总量. 西北轻工业学院学报, (4): 56-60.

袁蛟. 2018. 电化学法水处理性能的实验研究. 武汉: 武汉工程大学.

张逸夫. 2018. 供水管道生物指标变化的光谱信号影响研究. 杭州: 浙江大学.

张仲彬. 2009. 换热表面污垢特性的研究. 保定: 华北电力大学.

de Montes-Hernan Z G, de Fernan Z-Martinez A, Charlet L, et al. 2008. Textural properties of synthetic nano-calcite produced by hydrothermal carbonation of calcium hydroxide. Journal of Crystal Growth, 310(11): 2946-2953.

Hu Z, Deng Y. 2003. Supersaturation control in aragonite synthesis using sparingly soluble calcium sulfate as reactants. Journal of Colloid & Interface Science, 266(2): 359-365.

Keysar S, Semiat R, Hasson D, et al. 1994. Effect of surface roughness on the morphology of calcite crystallizing on mild steel. Journal of Colloid & Interface Science, 162(2): 311-319.

Palanisamy K, Subramanian V K. 2016. $CaCO_3$ scale deposition on copper metal surface: effect of morphology, size and area of contact under the influence of EDTA. Powder Technology, 294: 221-225.

Wirtz R A, Dague R R. 1998. Discharge of nitrogen to water: absolute amounts and proportional to the volume of production. Water Environment Research, (7): 152-158.

Xiao J, Wang Z, Tang Y, et al. 2010. Biomimetic mineralization of $CaCO_3$ on a phospholipid monolayer: from an amorphous calcium carbonate precursor to calcite via vaterite. Langmuir: the ACS Journal of Surfaces & Colloids, 26(7): 4977-4983.

# 第4章 传统软化工艺原理与技术

针对饮用水水垢问题，传统软化工艺主要采用降低硬度的方法。本章综述了石灰软化法、离子交换软化法、纳滤软化工艺、反渗透软化工艺、电渗析软化工艺以及复配药剂软化法等几种国内外的传统软化工艺，详细介绍了几种软化工艺的原理、现有的研究进展以及国内外的具体应用实例。

结合国内外传统软化工艺与应用实例分析，揭示了各类传统软化工艺在水垢处理方面的特点。可以看出，大多数工艺以降低水中的钙镁离子为目的来控制水垢，其出水的矿物营养元素难以得到保留。当原水中的钙镁离子含量达标，但仍出现水垢问题时，既能解决烧水水垢问题又能同时保留水中原生钙镁离子的新型软化工艺值得我们进一步探索。

## 4.1 石灰软化法

### 4.1.1 工艺原理

石灰软化法是一种基于化学沉淀原理的软化工艺，向原水中投加一定量的石灰、纯碱，在适当的条件下，使之和钙镁离子作用发生反应，生成 $CaCO_3$ 和 $Mg(OH)_2$ 等沉淀物，从而达到去除水中硬度的目的（张亚峰等，2017）。石灰软化法具有石灰来源广泛、投加技术成熟、价格低等优点，是目前最常用的软化工艺，特别适合原水的碳酸盐硬度指标较高、非碳酸盐硬度指标较低且不要求深度软化的情况。

石灰投加到原水中，生成 $Mg(OH)_2$ 和 $CaCO_3$ 等沉淀物，在沉降过程中可一定程度上发挥混凝剂的作用，从而使各种杂质在反应池中絮凝，并在沉淀池的沉降和滤池的过滤中得到去除。同时，投加适当种类和数量的助凝剂，可不同程度地提升混凝效果。但是，加入石灰后可能导致出厂水的 pH 较高，对工艺选择和运行优化产生影响。现有研究综合分析了 pH 对饮用水处理以及传输过程的影响，指出需在实践中参考原水本身的水质特点以及出水的总体要求，利用水体 pH 影响工艺处理效果的相关机理，结合试验验证，合理调配pH，尽量以最低消耗获取最佳处理效果。同时，若出水 pH 不符合饮用水水质标准，可采用酸中和方式进行调节。不少水源原水中（尤其是地下水水源）不但硬度超标，而且铁、锰和溶解性总固体等其他指标也常常不能达到标准，利用石灰软化法强化混凝可以降低上述物质的含量。

## 4.1.2　工艺研究现状与趋势

石灰软化法的药剂来源广、价格低、操作简单，因此被广泛应用于水垢控制的各种水处理工程中。陈良才等（2007）研究了石灰软化法处理高硬度含氟地下水的可行性，确定了不同出水水质目标对应的 CaO、NaCO$_3$ 和混凝剂等药剂的投加量、反应和沉淀时间等参数。莫文婷等（2013）利用石灰软化法降低地下水硬度的研究中发现，当石灰的投加量为 180 mg/L 时，硬度的去除率达到了 50.05%，水样沸后浊度约为 0.2 NTU，基本无肉眼可见水垢物质。巩菲丽等（2014）利用石灰-纯碱软化法处理浓盐水中硬度，发现在同时投加 500 mg/L 的 Ca(OH)$_2$ 和 650 mg/L 的 Na$_2$CO$_3$ 的情况下，总硬度与钙离子的去除率分别为 55.4% 和 85.7%。杨云龙等（2007）针对某水厂硬度、浊度去除效果不理想的问题，研究了不同混凝剂与助凝剂同石灰联用对低浊水硬度和浊度去除的影响，发现采用 Ca(OH)$_2$ 加 AlCl$_3$ •6H$_2$O 的效果较优。当采用硬度较大的水源作为循环冷却水的补充水时，预处理广泛采用石灰纯碱软化法，其在除硬的同时还能够有效减少溶解性总固体的含量，适合于原水中非碳酸盐硬度较高的水处理。石灰-纯碱软化法经济性较佳，硬度去除率理想，不过自身仍存在不少瑕疵，包括投药量较大、化学沉淀量较大、需要一定空间储存药剂等，而且在药剂投加过程中保持稳定和准确，才能保障工艺处理效果与维持运行成本，若投药量出现问题，会直接导致出水水质浮动，影响水厂的运行管理。在这种形势下，石灰自动投加系统逐渐应用到实际工程中，相应的国家化工行业标准《石灰乳液自动配制成套装置》（HG/T 4177—2011）也得以制定和颁布。苏培河和柯庆才（2005）介绍了一种水厂石灰自动投加系统，该系统采取重力自动投加，出水水质稳定性好。廖群等（2003）介绍了一种基于模糊控制的水厂石灰自动投加系统，该系统具有自动投加、pH 闭环控制、控制参数诊断、集中报警等功能。黄晓东和戴文辉（2009）解决了自来水厂传统石灰投加污染严重、工人劳动强度大、工作环境恶劣等问题，介绍了新型散装石灰投加系统工艺及其工艺参数计算方法。乔庆云（2003）对江苏油田某生活居住区地下饮用水的硬度处理进行了研究，该工程项目采用石灰软化处理工艺，改善了水质条件，处理后水质达到用水要求。

## 4.1.3　应用实例

### 1. 地下水工程实例：江苏油田某生活区净水站示范工程

江苏油田某生活区居民常年饮用地下水，水质清澈透明，总硬度虽未超过相应标准，但相对较高，加热沸腾后产生较多残渣，供水管网和盛水器具结垢现象严重，严重影响管线、阀门、水表和家用热水器等设备的正常使用，其水质分析如表 4-1 所示。

表 4-1　江苏油田某生活区原水水质分析表

| 项目 | 数值 |
|---|---|
| 总硬度（以 $CaCO_3$ 计）/（mg/L） | 350～400 |
| 钙硬度/（mg/L） | 85～97 |
| 镁硬度/（mg/L） | 35～40 |
| 总碱度/（mg/L） | 450～580 |
| pH | 7.2～7.5 |

为改善水质条件，保证居民身体健康，提高生活质量，在对原水水质经过分析和技术经济比较之后，采用石灰软化工艺对原水进行软化处理，建立软化净水站示范工程。该工程采用 $CaCO_3$ 晶体回流，适当延长化学反应时间，加强反应过程，同时选择硫酸铝作混凝剂，聚丙烯酰胺（PAM）作助凝剂，从而达到降低原水硬度、稳定 pH 的目的，净水站工艺流程如图 4-1 所示。

图 4-1　净水站工艺流程

根据理论计算得出纯石灰用量，并采用商品石灰粉进行试验。该工程将石灰粉配成质量分数约为 10%的石灰乳，投加到原水中，经静态混合器混合，当水的pH 达到 9.5 左右时可产生良好的化学反应。采用压力式竖流隔板和斜管沉淀池，反应时间为 10 min，这一过程主要利用回流的 $CaCO_3$ 晶体，以保证足够的反应时间，实现碳酸氢盐向碳酸盐的转变，且使镁离子充分反应产生 $Mg(OH)_2$，沉淀去除部分大颗粒 $CaCO_3$ 晶体及石灰中的灰渣，减轻澄清池的排泥负担。

工程建成后进行生产运行调试，发现只要控制好石灰投加量，处理后出水平均总碱度≤175 mg/L，平均总硬度≤220 mg/L，pH 在 7.5～8.5，完全符合饮用水水质要求。处理后水质情况如表 4-2 所示（乔庆云，2003）。

表 4-2　处理后水质情况

| 测定项目 | 2001 年 6 月 | | | 2001 年 8 月 | | | 2001 年 10 月 | | |
|---|---|---|---|---|---|---|---|---|---|
| | 总碱度/（mg/L） | 总硬度/（mg/L） | pH | 总碱度/（mg/L） | 总硬度/（mg/L） | pH | 总碱度/（mg/L） | 总硬度/（mg/L） | pH |
| 原水水质 | 351 | 490 | 7.3 | 359 | 480 | 7.4 | 347 | 515 | 7.6 |
| 滤池出水水质 | 154 | 215 | 8.1 | 168 | 204 | 7.9 | 158 | 210 | 7.9 |

## 2. 地表水处理工程实例：金沙江某水厂低浊水除硬度工程实例

金沙江某水厂位于云南省水富市与四川省宜宾市交界的金沙江下游河段上，处理规模约为 2 万 m³/d，远期规模为 4 万 m³/d，其工艺流程如图 4-2 所示。该工程约一半出水经絮凝沉淀处理后，直接供给发电站，另一半出水经沉淀过滤后作为生活饮用水。

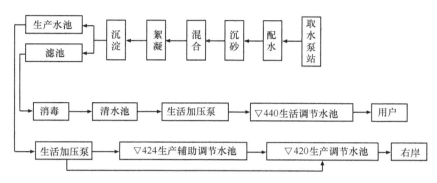

图 4-2　某水厂工艺流程图

该水厂从截流后 2013 年 7 月至 2014 年 7 月一年来的相关水质情况如表 4-3 所示（其中各月数据均为月平均值，月内各项指标一般变化均较小）。经过连续运行发现，当加药量为石灰 94.53 mg/L、纯碱 40 mg/L、混凝剂 8.81 mg/L 时，处理后总硬度与浊度分别为 61.098 mg/L（$CaCO_3$ 计）（去除率为 55.0%）与 5.74 NTU，符合目标水质要求。此时 pH 为 10.57，高于国标规定值（6.5～8.5），故需在后续加入酸化步骤（张浩程，2015）。

表 4-3　某水厂原水与生活用水水质情况表

| 时间 | 原水 | | | | | 生活出水 | | | | |
|---|---|---|---|---|---|---|---|---|---|---|
| | 总硬度/(mg/L) | 总碱度/(mg/L) | 浊度/NTU | pH | 高锰酸盐指数/(mg/L) | 总硬度/(mg/L) | 总碱度/(mg/L) | 浊度/NTU | pH | 高锰酸盐指数/(mg/L) |
| 2013 年 7 月 | 133 | 101 | 32.14 | 8.18 | 1.82 | 133 | 100 | 0.56 | 8.09 | 1.06 |
| 2013 年 8 月 | 120 | 97 | 27.58 | 8.25 | 1.82 | 122 | 96 | 0.66 | 8.15 | 1.03 |
| 2013 年 9 月 | 122 | 100 | 24.33 | 8.22 | 1.67 | 128 | 100 | 0.77 | 8.16 | 1.06 |
| 2013 年 10 月 | 126 | 98 | 10.65 | 8.29 | 1.32 | 125 | 97 | 0.58 | 8.14 | 0.70 |
| 2013 年 11 月 | 132 | 102 | 7.75 | 8.27 | 1.24 | 135 | 101 | 0.62 | 7.88 | 0.71 |
| 2013 年 12 月 | 129 | 114 | 11.14 | 8.33 | 1.36 | 129 | 111 | 0.66 | 8.22 | 0.80 |
| 2014 年 1 月 | 138 | 109 | 6.05 | 8.25 | 0.89 | 138 | 107 | 0.57 | 8.20 | 0.74 |
| 2014 年 2 月 | 150 | 118 | 3.61 | 8.34 | 1.02 | 143 | 115 | 0.25 | 8.28 | 0.79 |

续表

| 时间 | 原水 | | | | | 生活出水 | | | | |
|------|------|------|------|----|----|----------|------|------|----|----|
| | 总硬度/(mg/L) | 总碱度/(mg/L) | 浊度/NTU | pH | 高锰酸盐指数/(mg/L) | 总硬度/(mg/L) | 总碱度/(mg/L) | 浊度/NTU | pH | 高锰酸盐指数/(mg/L) |
| 2014年3月 | 152 | 116 | 5.52 | 8.37 | 1.27 | 151 | 116 | 0.27 | 8.25 | 0.89 |
| 2014年4月 | 146 | 120 | 7.58 | 8.41 | 1.14 | 145 | 117 | 0.27 | 8.24 | 0.82 |
| 2014年5月 | 152 | 122 | 3.15 | 8.34 | 0.92 | 149 | 120 | 0.34 | 8.17 | 0.73 |
| 2014年6月 | 144 | 127 | 4.85 | 8.29 | 0.80 | 142 | 123 | 0.16 | 8.16 | 0.77 |
| 2014年7月 | 140 | 117 | 19.83 | 8.27 | 1.10 | 140 | 114 | 0.26 | 8.16 | 0.82 |

# 4.2 离子交换软化法

## 4.2.1 工艺原理

离子交换软化法是一种较成熟的水处理软化技术，是将待处理水连续通过阳离子交换体，使离子交换剂中的 $Na^+$、$H^+$ 与 $Ca^{2+}$、$Mg^{2+}$ 进行交换，$Na^+$、$H^+$ 被 $Ca^{2+}$、$Mg^{2+}$ 所取代，从而达到软化效果。常用离子交换剂有磺化煤和阳离子交换树脂等。钠离子交换软化工艺虽然能去除水的硬度，但不能降低水的碱度和含盐量，所以只适用于含盐量和碱度不高的原水。当原水碱度较高时，可采用氢离子交换软化法，原水中的碱性物质可与氢离子交换器出水中的强酸发生中和反应，达到水质脱碱和软化的效果。离子交换系统在运行过程中，需要经常对离子交换树脂进行反洗和再生，来恢复树脂的吸附能力，这会消耗大量的盐和软化水，而反洗水中由于含有高浓度的盐，若无法利用随意排放，会造成资源浪费，还存在水体污染风险。离子交换软化法软化硬水虽然解决了 $Ca^{2+}$、$Mg^{2+}$ 等离子带来的硬度问题，但是无法得到较为理想的饮用水，水中钠离子浓度升高，不适于血压较高人群饮用。同时，离子交换软化法也会产生一定的腐蚀性，其副产物会改变水的化学性质。

离子交换软化法只适用于硬度小于 500 mg/L 的水处理工程，如果采用离子交换软化法处理高含盐水，会产生再生频繁、酸碱消耗量大、运行周期短、运行费用高等问题。

## 4.2.2 工艺研究现状与趋势

董丽华和宋广波（2011）对离子交换软化法对硬度的处理作用进行了系统阐述，并总结了钠离子交换法在山东省自来水公司的成功应用经验。李红艳等

（2010）通过试验验证得出，原水的硬度会对氢离子交换树脂的软化效果产生影响。Apell 和 Boyer（2010）对使用离子交换软化法处理可溶性有机物和硬度进行研究，结果表明，阴离子和阳离子交换树脂可以在一个单一的完全混合反应器中同时去除溶解性有机物和硬度，并且总硬度的去除率能达到 55%，溶解性有机碳（DOC）的去除率能达到 70%。由于钠离子和氯离子都被用作移动抗衡离子，合并的阴离子和阳离子交换可以有效地利用盐水再生溶液。Flodman 和 Dvorak（2012）研究了减少钠离子交换树脂中盐用量和废盐水的回用对水软化过程中硬度泄漏产生的影响，发现两种方法均能减少食盐废水的排放量，并且不会增加软化过程中的硬度泄漏，但会降低树脂的处理能力。Kocaoba 和 Akcin（2008）研究了不同的离子交换树脂对污水中三价铬进行去除和回收的效果，发现安伯来特 IRC76 和 718 两种弱酸性树脂比 IR120 强酸性树脂对三价铬的去除和回收有更好的效果。Venkatesan 和 Wankat（2011）为改善反渗透（RO）技术在海水淡化过程中膜结垢的现象，使用离子交换树脂软化工艺对海水进行预处理，以减小海水淡化过程的处理成本。Entezari 和 Tahmasbi（2009）把强酸阳离子交换树脂与超声波结合应用于降低水的硬度，并取得较好的处理效果。许根福等（2006）研究发现密实移动床吸附塔搭载大孔弱酸阳离子树脂对油田废水的软化处理有更好的效果，具有明显的经济和社会效益。

钠离子树脂的再生是离子交换软化法中的重要阶段，由于再生剂的实际使用量大于理论值，大量的再生剂没有得到充分利用（李彦生等，1998），由此产生的食盐废水往往直接排放（车春波，2010），高盐、高硬度废水的排放不仅浪费资源，还会对水体、土壤造成大量污染（郭春梅和陈进富，2008）。如何控制再生剂的用量和处理反洗含盐废水是离子交换软化法未来发展中必须考虑的问题。马道祥等（2004）对离子交换树脂再生盐水回用工艺进行了实验研究。现场实验表明：采用复配药剂处理含盐废水，可以实现含盐废水的回用。目前该处理工艺已在某些油田应用，取得了良好的运行效果。

### 4.2.3　应用实例

#### 1. 地下水处理工程实例：成都市某区四座水厂（站）

成都市某区市政给水水源均为地下水，区内供水主要靠四个地下水供水厂（站）。该区地下水的暂时硬度较高，而温度对暂时硬度结垢影响较大，对水煮沸加热可去除大部分暂时硬度，同时在加热设备上留下钙垢。区内居民对水的结垢现象存在较大的意见，饮水问题已经严重影响了当地居民的日常生活，并严重制约了该区域房地产行业的发展。

四座水厂（站）均采用同一处理工艺：地下水经深井泵加压经过一次跌落曝气，进行锰砂过滤，滤后水经过二氧化氯消毒进入清水池存储，最后通过加压泵送至用户。该区地下水水质良好，总硬度稍高，但仍在《生活饮用水卫生标准》（GB 5749—2022）规定的限制值内，具体数值见表 4-4。

表 4-4　地下水水质参数表

| 项目 | 1#水厂 | 2#水厂 | 3#水厂 | 4#水厂 |
|---|---|---|---|---|
| 最高硬度/（mg/L） | 330 | 363 | 385 | 365 |
| 年平均硬度/（mg/L） | 289 | 321 | 330 | 320 |
| 处理规模/（$10^4$ m³/d） | 3 | 1.5 | 1.5 | 3 |

在清水池消毒之前的产水总管上引出支管进入软化水车间，经过软化处理后的软化水靠余压进入厂区清水池，与未经软化的自来水混合，控制总硬度指标在 150 mg/L（以 $CaCO_3$ 计）以内，混合后的产品水经厂区加压泵送至管网。水厂工艺流程如图 4-3 所示。

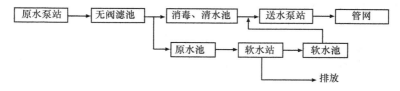

图 4-3　水厂工艺流程

该工程离子交换软化工艺流程为：滤池出水→原水池→泵→自清洗过滤器→全自动钠离子交换器→软水池→清水池。再生流程为：饱和盐液池→泵→自动盐过滤器→计量箱→喷射器→全自动钠离子交换器。该工程离子交换软化系统产水水质稳定，出水水质符合国家行业的有关要求。自 2010 年 7 月投入运行后，供水水质明显改善，外供饮水硬度均可控制在 180 mg/L 以下。饮用水口感显著改善，家用及工业用设备结垢现象得到有效缓解（张智瑞等，2013）。

## 2. 地表水处理工程实例：金青顶矿区矿井水改造工程

由于金青顶矿区原水源无法稳定供水，该矿区于 2006 年决定将岩隙水净化后作为生活用水。用水期间发现水在加热后有水垢产生，通过原水水质分析和技术经济比较之后选择使用离子交换软化法降低水硬度。

该系统是由树脂罐、盐罐、控制器组成的一体化设备，采用美国 FLECK 全自动控制器，将软水器的运行及再生的每一个步骤实现全自动可控，实现程序控制运行，自动再生，并采用虹吸原理吸盐、自动注水化盐，配比浓度。

系统安装投入使用两个月后，经当地市疾病预防控制中心定期对软化后的水质进行检测，发现水质指标良好稳定，软化后的饮用水硬度由 376.2 mg/L 降到 158 mg/L，浊度小于 1 NTU，pH 为 7.2，生活饮用水水质明显改善（张闯等，2009）。

## 4.3　纳滤软化工艺

随着社会经济的快速发展，人们对饮用水的水质要求越来越高，纳滤软化工艺逐渐受到重视。纳滤是一种介于反渗透和超滤之间的压力驱动膜处理过程，具有操作压力低、浓缩水排放少、出水水质优、操作简单、自动化程度高、占地面积小等优点。尽管纳滤软化工艺的建造费用和运行费用比石灰软化等工艺要高，但纳滤软化工艺能够生产更为优质和稳定的饮用水，且受原水水质影响较小，因此具有十分广阔的应用前景。

### 4.3.1　工艺原理

纳滤膜是具有荷电的纳米微孔结构，离子在带电微孔内进行扩散和对流传递时受到立体阻碍和静电排斥两方面的作用。纳滤膜对不同价态离子具有选择透过特性，利用这种特性实现水的软化。相对单价离子（$K^+$、$Na^+$、$Cl^-$）而言，二价离子（$Ca^{2+}$、$Mg^{2+}$、$SO_4^{2-}$）的离子价数高、扩散系数小，因此，纳滤膜对二价离子有很大的截留率，而一价离子大部分可透过纳滤膜，达到软化而并非完全脱盐的目的（张显球等，2006）。由于膜内氨基和羧基两种正负基团对低浓度的盐类有很高的去除效果，纳滤膜法可在较低的压力（0.5～1 MPa）下实现较高的水通量。纳滤膜的总盐类去除率在 50%～70%，对 $Ca^{2+}$、$Mg^{2+}$ 和 $SO_4^{2-}$ 的去除率特别高，而对单价离子，如 $K^+$、$Na^+$、$Cl^-$ 等去除率则相对较低，通常纳滤处理后的水中能够保留人体所需的钠、钾等盐分。

### 4.3.2　工艺研究现状与趋势

纳滤软化工艺在美国水厂已普遍使用，佛罗里达州近 10 年来新的软化水厂都采用纳滤软化来代替常规的石灰软化和离子交换软化。此外，纳滤软化工艺对色度、总有机碳、三卤甲烷的前体物（THMFP）能有效去除，适用于处理一些硬度较高且含有高色度和高天然有机物含量的原水。虽然纳滤工艺具有诸多优势，但纳滤膜技术目前还存在一些问题，如膜的抗污染性和耐酸碱性低、膜系统造价高等。

纳滤进水水质要求严格，通常要经过预沉淀、粗滤、精滤等多道预处理工艺。由于纳滤去除大部分的硬度，出水会对管网产生一定的腐蚀。经纳滤膜处理后，需重视后续处理，进行氯消毒，去除二氧化氯、硫化氢等气体，从而控制腐蚀。

### 4.3.3 应用实例

#### 1. 山东长岛南隍城纳滤示范工程

南隍城岛位于山东省烟台市长岛海洋生态文明综合试验区最北端，常住人口960人，加上外来务工人员，约2500人。岛上居民生活用水主要来自苦咸水淡化。随着岛民及外来旅游人员增加，现有水处理设备不能满足用水需求。国内首套工业化膜软化系统——144 $m^3/d$ 纳滤制备饮用水示范工程，由杭州水处理技术研究开发中心设计，于1997年4月在山东长岛南隍城建成投产。使用新技术的目的在于对高硬度海岛水进行纳滤膜软化除硬，以解决该地区长期淡水供应不足的问题（张国亮和陈益棠，2000）。

（1）原水水质

长岛南隍城岛水厂的水源为海岛井水，原水水质见表4-5。该水源水质中总硬度为1393 mg/L（以 $CaCO_3$ 计），远超国家《生活饮用水卫生标准》（GB 5749—2022）所规定的450 mg/L（以 $CaCO_3$ 计），属于特硬水。该水不仅口感极差，而且岛上居民长期饮用会对身体健康造成严重损害，使肾结石发病率升高。所以，原水必须经过软化处理才能作为生活饮用水。

表4-5　长岛南隍城岛水厂进水水质

| 指标 | 溶解性总固体/（mg/L） | 总硬度/（mg/L） | 总碱度/（mg/L） | $Ca^{2+}$/（mg/L） | $Mg^{2+}$/（mg/L） | $SO_4^{2-}$/（mg/L） | $Na^+$/（mg/L） |
|---|---|---|---|---|---|---|---|
| 数值 | 2365 | 1393 | 136 | 402 | 94 | 368 | 330 |

（2）工艺流程

长岛南隍城岛水厂纳滤工艺流程见图4-4，系统由预处理和除盐淡化两部分组成。预处理工艺包括预沉降、多介质过滤、粗滤、精滤；除盐淡化工艺为纳滤膜淡化（144 $m^3/d$）装置，设有高、低压自动保护，在线 pH 和电导自动检测及低压自动清洗等系统，以确保设备对水质和水量变化的抗冲击性和稳定性。

图4-4　长岛南隍城岛水厂纳滤工艺流程图
NF 指纳滤膜

深井水经预沉降池处理后，泥沙等大颗粒物已基本除去，但其中的悬浮物、胶体等杂质仍大量存在，经微絮凝后直接吸附过滤，才能达到纳滤的进水要求。针对高硬度造成 $CaCO_3$ 在25℃时过饱和易在纳滤膜运转时形成结垢的趋势，该工程采取加酸调节 pH，然后加阻垢剂等方法，从而有效地阻止污垢形成。

（3）处理效果

长岛南隍城纳滤示范工程纳滤装置如图 4-5 所示，该工程处理后的出水水质见表 4-6。纳滤产水的总硬度为 27 mg/L（以 $CaCO_3$ 计），脱除率为 98%；总碱度为 14 mg/L，脱除率为 90%。从以上产水指标可以看出，经一级纳滤后的产水已基本达到《生活饮用水卫生标准》（GB 5749—2022）要求，特别是除去了 $Ca^{2+}$、$Mg^{2+}$ 等硬度（脱除率≥96%），又保留了人体所需的 $Na^+$、$K^+$ 等盐分（脱除率<70%），可以直接供给饮用。

图 4-5　长岛南隍城纳滤示范工程纳滤装置

表 4-6　长岛南隍城岛水厂出水水质

| 指标 | 溶解性总固体/(mg/L) | 总硬度/(mg/L) | 总碱度/(mg/L) | $Ca^{2+}$/(mg/L) | $Mg^{2+}$/(mg/L) | $SO_4^{2-}$/(mg/L) | $Na^+$/(mg/L) |
|---|---|---|---|---|---|---|---|
| 数值 | 335 | 27 | 14 | 8.3 | 1.6 | 6.3 | 112 |

## 2. 法国 Jarny 水厂

随着法国洛林铁盆地采矿活动的结束，现场排水系统停止使用，形成了一个巨大的地下水库。然而，洪水导致矿山侧壁的冲水进入地下水，增加了水中矿物质含量。法国 Jarny 水厂于 1995 年投运，是第一个将高硫酸盐高硬度的矿井水作为饮用水源的纳滤水厂。该厂采用 NF70-345 纳滤膜对原水进行处理，产水的总硬度去除率达 98.7%，电导率去除率达 96.3%，该厂每日产水 3000 $m^3$，完全满足周边用户的用水需求（Bertrand et al.，1997）。

（1）原水水质

法国 Jarny 水厂的水源为陆地矿井水，原水水质见表 4-7。由表中数据可知，该水源的总硬度、总碱度、硫酸盐严重超标。

表 4-7　法国 Jarny 水厂进水水质

| 指标 | 溶解性总固体/（mg/L） | 总硬度/（mg/L） | 总碱度/（mg/L） | $Ca^{2+}$/（mg/L） | $Mg^{2+}$/（mg/L） | $SO_4^{2-}$/（mg/L） | $Na^+$/（mg/L） |
|---|---|---|---|---|---|---|---|
| 数值 | 3580 | 1500 | 500 | 296 | 185 | 1794 | 460 |

（2）工艺流程

法国 Jarny 水厂纳滤工艺流程如图 4-6 所示。Jarny 水厂采用石灰软化法进行预处理，然后采用纳滤软化工艺进行水处理软化。与长岛南隍城岛水厂相比，Jarny 水厂处理流程较长，投资及运行费用较高。

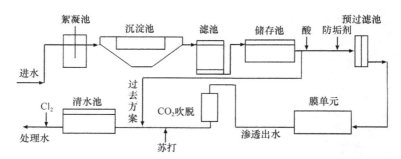

图 4-6　法国 Jarny 水厂纳滤工艺流程图

（3）处理效果

处理后出水水质见表 4-8，纳滤产水溶解性总固体为 131 mg/L，总硬度为 11 mg/L（以 $CaCO_3$ 计），总碱度为 11 mg/L，$Ca^{2+}$、$Mg^{2+}$ 等硬度的脱除率 ≥99%。Jarny 水厂在运行过程中，原水浓度多次超过设计值，但是出水符合饮用水标准，充分展示了纳滤工艺优良的性能和稳定性。

表 4-8　法国 Jarny 水厂出水水质

| 指标 | 溶解性总固体/（mg/L） | 总硬度/（mg/L） | 总碱度/（mg/L） | $Ca^{2+}$/（mg/L） | $Mg^{2+}$/（mg/L） | $SO_4^{2-}$/（mg/L） | $Na^+$/（mg/L） |
|---|---|---|---|---|---|---|---|
| 数值 | 131 | 11 | 11 | 2 | 1.5 | 28 | 24 |

## 4.4　反渗透软化工艺

反渗透软化工艺属于一种膜软化工艺，其作用机制与纳滤软化工艺相似。反渗透软化工艺是通过拦截水中的钙镁离子从而在根本上降低水的硬度。在国家科技攻关项目的支持下，我国反渗透膜分离技术取得了长足的进步，已广泛应用于苦咸水淡化、锅炉给水脱盐软化以及电子、医药、食品、化工等行业的纯水、超纯水制备等领域，积累了丰富的膜应用工程经验，产生了显著的社会和经济效益。

## 4.4.1　工艺原理

反渗透膜是一种选择性透过膜，以压差为动力，借助选择性透过功能实现物质分离，当系统所加压力大于溶液的渗透压时，水分子透过反渗透膜，经过产水流道进入中心管，而水中原来含有的杂质（胶体、阴阳离子、细菌、有机物等）被截留，从膜的浓水侧排出，从而达到分离净化的目的。采用反渗透法进行水的软化时，一部分水进行膜处理，另一部分水绕过反渗透装置，然后将两部分进行混合，混合率就是两者的比值。通过调节混合率，使出水硬度达到要求的标准。

## 4.4.2　工艺研究现状与趋势

自 1995 年以来，反渗透膜的使用量每年平均递增 20%。反渗透膜几乎可以过滤水中所有的物质，但对膜前压力要求较高，倘若水质、运行条件不好，易造成膜的污堵及破坏现象。反渗透软化工艺与其他水处理方法相比具有以下优点：常温操作、效益高、设备简单、操作方便、占地少、适应范围广、自动化程度高和出水质量好等。但与纳滤软化工艺相比，反渗透软化工艺的产水量较低，能耗较高。另外，反渗透软化工艺在进行软化时，能将水中的钙镁离子基本去除，但饮用完全软化的水会对人体健康不利。

## 4.4.3　应用实例

### 1. 陕西富平水质提升工程

富平县地处渭北旱塬，是一个典型的资源性和水质性缺水县。富平县水资源人均占有量仅 170 m³，不足全省的 1/6、全国的 1/12。"十二五"时期以来，在富平县投资 4 亿多元建成"380 岩溶水"水源地 14 处，打配深井 42 眼，供水规模达到每天 9 万余吨，满足 82 万群众用水要求。但是水温高达 46℃，存在出水硬度高、水垢大、硫酸盐高、氟离子超标等水质问题，采用沉淀、过滤等传统的水处理方式对水中的盐分、细菌、病毒等无能为力，更没有办法解决富平这样的特殊水质问题。

2016 年，陕西省水务集团有限公司与富平县达成供水合作协议，水务集团公司实施供水工程项目 16 个，预计惠及 70 余万人。其中，富平县城区供水水质提升工程，可以解决县城及周边区域约 24 万人的饮用水问题。水厂日处理规模 20000 m³，在大规模处理高盐、高硬度、高氟水领域位居全国第一。

（1）工程简介

城区供水水质提升工程位于富平县北塬水厂内，占地面积 14670 m²，建筑面积 4367.5 m²，工程总投资 5629 万元，水质处理工艺为超滤+反渗透处理系统双膜法，处理装置如图 4-7 所示。日处理量达 4 万吨，一期处理规模为 2 万吨，水质达到国家《生活饮用水卫生标准》（GB 5749—2022）。

图 4-7　采用反渗透膜技术的富平县北塬水厂

（2）处理效果

原水从水源地流经北塬水厂后，全部用超滤进行处理，其中 3/4 的超滤水进入反渗透处理，与 1/4 的超滤水进行勾兑。经第三方检测，改造后的富平县北塬水厂出厂水总硬度为 119 mg/L（国家标准为 450 mg/L），硫酸盐为 71.6 mg/L（国家标准为 250 mg/L），氟化物为 0.34 mg/L（国家标准为 1.0 mg/L），溶解性总固体为 256 mg/L（国家标准为 1000 mg/L），优于欧盟标准，其他各项均优于国家《生活饮用水卫生标准》。

（3）工艺推广

渭北地区岩溶水因水位标高一般在 380 m 左右，故简称渭北"380 岩溶水"。近年来，渭南市依托渭北"380 岩溶水"水源，续建了蒲城袁家坡、大荔育红、合阳申都等 10 处区域性集中供水工程，新建了澄城东庄、富平页坡、合阳路井等 26 处区域性集中供水工程，彻底结束了 200 多万群众饮用水难的历史。富平县城区供水水质提升工程通水，让多年饱受高盐、高硬度、高氟水之苦的渭北地区群众过上了喝好水、喝优质水的生活。

## 2. 宁阳自来水厂

宁阳自来水厂采用地下水为水源，原水中硝酸盐和硬度严重超标，水厂采用超滤（UF）-反渗透（RO）双膜技术对原水进行深度处理，设备投产以来，运行稳定，水质达标。双膜法处理工艺技术先进，采用此法处理水垢投资合理，水厂建成后整体干净美观，很大程度上节省了建设用地。双膜法处理工艺对地下水中硬度及硝酸盐去除效果良好，出水水质稳定且达到国家标准（韩庆祥等，2018）。

（1）工程简介

该工程位于山东省泰安市宁阳县，自来水厂采用地下水为水源，原水主要超标物质为硝酸盐氮和总硬度（表 4-9）。设计进水硝酸盐氮 31.6 mg/L，总硬度 546.6 mg/L。要达到《生活饮用水卫生标准》（GB 5749—2022）需增加深度处理。针对宁阳县地下水总硬度及硝酸盐在常规工艺中很难去除的水质特性以及应用目标，该工程选用双膜法处理工艺，即超滤+反渗透组合膜工艺。该组合工艺具有处理流程简单实用、占地面积较小、技术先进可行及投资经济合理的特点。

**表 4-9　宁阳自来水厂进水水质**

| 项目名称 | 测定值 1 | 测定值 2 |
|---|---|---|
| 色度/度 | <5 | <5 |
| 浊度/NTU | <1 | <1 |
| pH | 7.71 | 7.80 |
| 总硬度/（mg/L） | 569.9 | 569.9 |
| 硫酸盐/（mg/L） | 233.0 | 213.3 |
| 溶解性总固体/（mg/L） | 989 | 962 |
| 氨氮/（mg/L） | <0.02 | <0.02 |
| 氟化物/（mg/L） | 0.25 | 0.25 |
| 硝酸盐氮/（mg/L） | 15.1 | 22.3 |
| 菌落总数/（CFU/mL） | 1 | 2 |
| 耗氧量/（mg/L） | 0.69 | 0.75 |

（2）工艺流程

根据供水规模及产水水质，深度处理车间产水量为 10000 $m^3/d$，回收率为 70%，深度处理车间的进水量为 14500 $m^3/d$，其工艺流程详见图 4-8。工艺流程中预处理包括过滤器自清洗超滤系统，主要目的是除去水中的悬浮固体、胶体和污染物大分子离子有机物，从而使出水水质达到反渗透膜的进水要求。原水预处理后经过保安过滤器-RO 膜装置对水中超标的组分进行处理，以除去溶解性总固体，降低硬度以及氟化物和硫酸根等其他无机盐离子的含量。最后，将反渗透处理后的水与原水进行勾兑，水厂总规模达 15000 $m^3/d$，出水直接供往市政给水管网。

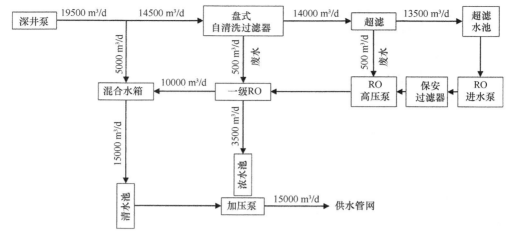

图 4-8　宁阳自来水厂超滤+反渗透工艺流程图

反渗透系统为一级反渗透（经过渗透膜一次后出水），是该项目预脱盐的核心部分，经反渗透处理的水能去除绝大部分硬度、无机盐、有机物、微生物及细菌等，保证了整个水处理系统的产水水质。

（3）处理效果

反渗透系统在整个运行期间，系统产水流量约为 105 m³/h，浓水流量约为 33 m³/h，回收率稳定为 76%～80%；出水总硬度 27 mg/L，溶解性总固体 45 mg/L，硝酸盐 1 mg/L，氟化物 0.01 mg/L，运行效果较好。反渗透产水和原水约 2∶1 混合后消毒供水，混合后的出水经过宁阳县疾病预防控制中心检测，其中硬度 226.8 mg/L，溶解性总固体 431 mg/L，硝酸盐氮 9.1 mg/L，氟化物 0.09 mg/L，均达到《生活饮用水卫生标准》（GB 5749—2022）要求。

# 4.5　电渗析软化工艺

渗析是一种自然发生的物理现象，将两种不同含盐量的水用一张渗透膜隔开，会发生含盐量大的电解质离子向含盐量小的水中扩散现象。为加快渗析速度，可以在膜的两边施加直流电场，这就是电渗析。电渗析软化工艺是在直流电场作用下，以电位差作推动力，通过水中阴阳离子的定向迁移，实现除盐软化的目的。

## 4.5.1　工艺原理

电渗析水处理就是利用异相离子膜的选择透过性的原理实施水分离技术，将阳膜和阴膜交替排列起来。在膜与膜之间放置具有一定水流通道的隔板，组成若干个相互独立的隔室。各个隔室通入待脱盐的原水，并在两端安置正负电极，接通电源开始电渗析水分离过程。带电离子做定向移动，阳离子向负极移动，穿过阳膜进入浓水室，阴离子向正极移动，穿过阴膜进入淡水室。这样一部分水由于离子增加成为浓缩水，另一部分由于离子减少而成为淡化水，从而实现水的咸淡分离。

## 4.5.2　工艺研究现状与趋势

电渗析在膜分离领域有着重要的地位，是一些地方饮用水的主要生产方法。在用电渗析除硬度时，应先加碱性药剂去除水中的部分非碳酸盐硬度，使水的硬度基本达到饮用水的标准，同时还要降低水的色度和浊度，满足电渗析的进水水质要求，延长膜的寿命，减少膜污染。由于完全软化的水并不适合饮用，因此在电渗析过程中，不宜去除水中全部的钙镁离子，通常硬度为 170 mg/L 的饮用水对人体是最好的。电渗析在降低硬度的同时，也能降低水中的溶解性总固体。当原水含盐量在中等范围（300~1500 mg/L）内进行软化时，选用电渗析软化工艺从运行和投资费用上都具有较大的竞争力，但电渗析运行成本较高，耗电量大，且一次性投资较大。为防止膜上结垢，电渗析可用频繁倒极的工作方式，排放的浓水可用碱液加以中和处理。

## 4.5.3　应用实例

电渗析软化工艺最初用于海水淡化，现在广泛用于化工、轻工、冶金、造纸、医药工业，在饮用水软化方向应用较少，以塔里木石油勘探开发指挥部（简称塔指）净水站的工程设计为例介绍电渗析软化工艺在实际工程中的应用（高湘，2000）。

（1）工程简介

塔里木石油勘探开发指挥部位于新疆库尔勒市东南部。塔指基地小区总占地面积约 120 km$^2$（包括建设路、铁克其路和梨乡路），是一个集办公、科研和居住为一体的综合小区，居住人口总数约 11000 人。基地西北侧的孔雀河水是库尔勒市自来水最重要的水源，库尔勒市自来水则是塔指基地的生活饮用水源。考虑库尔勒市自来水在市水厂扩建之前水质较差，塔指投资并建设了一座净水站，将电渗析用于苦咸水脱盐生产饮用水。

此工程中采用电渗析进行脱盐处理的主要目的是降低水中溶解性总固体含量，同时降低水的硬度，使出水的溶解性总固体含量满足饮用水水质的要求，并使水的感官指标、物化指标达到塔指基地优质饮用水的水质要求。塔指净水站电渗析的设计工艺并非要去除水中全部的离子，所以在电渗析的脱盐率方面没有过高的要求。塔指净水站进水水质如表 4-10 所示。

表 4-10　塔指净水站进水水质

| 指标 | 浊度/NTU | 色度/度 | 溶解性总固体/（mg/L） | 总硬度/（mg/L） | 硫酸盐/（mg/L） | 氟化物/（mg/L） |
|------|---------|--------|----------------------|-----------------|-----------------|-----------------|
| 数值 | 400 | 50 | 1134 | 650 | 377 | 0.42 |

（2）工艺流程

此工程采用预软化电渗析除盐工艺，净化工艺由三部分组成：电渗析的预处理部分、电渗析脱盐部分和饮用水的消毒部分，工艺流程如图 4-9 所示。首先，采用混凝、沉淀和过滤的净化工艺，降低水中的浊度和色度，使出水在感官指标上达到饮用水水质标准。其次，满足后续脱盐处理的进水水质要求，减少膜污染，延长膜的使用时间。在预处理工艺中加入碱性药剂降低水硬度，使出水的硬度指标满足饮用水要求，同时减少膜表面结垢。在常规的混凝、沉淀和过滤工艺后采用活性炭吸附工艺，进一步降低水的有机物含量，同时起到脱除余氯的作用。电渗析脱盐处理后采用氯消毒对电渗析出水中残留的致病细菌进行灭活，维持净水站出水的余氯量，防止水在供水管网中二次污染。

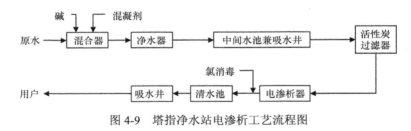

图 4-9　塔指净水站电渗析工艺流程图

## 4.6　复配药剂软化法

饮用水总硬度去除的常规工艺主要有石灰软化法、离子交换软化法、药剂软化法、纳滤软化工艺和反渗透软化工艺等。其中，药剂软化法虽然可以有效降低饮用水中钙镁离子含量，但是存在反应速度慢、反应不彻底等问题。而离子交换、纳滤和反渗透等技术虽然出水水质较好，但是所需的配套设施较多，在一些农村和偏远山区难以推广使用。针对这些问题，河海大学刘成教授团队将软化药剂、混凝剂和辅助颗粒药剂联用形成复配药剂，以寻求一种低成本、高效率的饮用水软化技术药剂软化法（张程等，2014）。

### 4.6.1　工艺原理

复配药剂软化法属于药剂软化法，主要基于浓度积原理，软化药剂与原水快速混合后和水中的钙、镁、铁、锰等离子发生化学反应，提前将自然结垢过程中的晶体析出，然后将析出晶体快速、高效地分离，最终实现饮用水的软化。复配药剂通常由多种药剂混合制成。

## 4.6.2　研究现状与发展趋势

针对我国部分地区供水水源存在的总硬度和总碱度较高的问题，复配药剂软化法取得良好的硬度去除效果。刘成（2014）提出将 NaOH、PAC 和一定种类的辅助颗粒物按一定比例混合，形成一种复配软化药剂，该技术有效缓解了药剂软化法化学反应进行不彻底、硬度离子残留度高和水体 pH 显著升高等问题。NaOH 与水中的钙镁等离子反应生成沉淀，经一级过滤装置拦截生成的沉淀，再由二级过滤装置降低水的浊度，研究发现总硬度去除率达 46% 左右，与单纯投加 NaOH 软化法相比，总硬度去除率提高了 15% 左右，且不会造成水体 pH 的较大程度上升，出水水质满足《生活饮用水卫生标准》（GB 5749—2022）。张程等（2014）借助中试试验证实以 NaOH、PAC 为主的复配药剂可以去除地下水中至少 43% 的总硬度，且不会对浊度、pH 等指标造成不利影响。尽管该复配药剂可以有效去除饮用水中的总硬度，但是其对饮用水的化学稳定性的影响还没有明确的定论。

# 参 考 文 献

车春波. 2010. Fenton 试剂催化氧化法处理离子交换树脂再生废水. 环境科学与管理, 35(2): 79-81.

陈良才, 魏宏斌, 李少林, 等. 2007. 石灰软化法处理高硬度含氟地下水的研究. 中国给水排水, 23(13): 49-51, 55.

董丽华, 宋广波. 2011. 钠离子交换法在平阴县自来水生产中的应用. 农村水利, 4: 38-39.

高湘. 2000. 电渗析用于饮用水生产的设计实例. 给水排水, 26(7): 22-24.

巩菲丽, 王艳秋, 单明军, 等. 2014. 石灰软化法处理反渗透浓盐水中硬度的研究. 环境科学与技术, 37(S1): 154-157.

郭春梅, 陈进富. 2008. 离子交换树脂再生废水回用处理模拟试验研究. 环境工程学报, 2(1): 50-53.

韩庆祥, 高吉升, 孟荣荣, 等. 2018. 双膜法在宁阳自来水厂深度处理中的应用. 给水排水, 44(7): 14-16.

胡瑞柱, 黄廷林, 文刚, 等. 2016. 造粒流化床反应器去除地下水中硬度试验研究. 中国给水排水, 32(21): 39-44.

黄晓东, 戴文辉. 2009. 全封闭新型石灰投加系统的设计与应用. 中国给水排水, 25(8): 35-37.

李红艳, 李亚新, 李尚明. 2010. 水的硬度对氢离子交换树脂软化处理水的影响. 太原理工大学学报, (1): 5.

李彦生, 温阳, 曹魁, 等. 1998. 离子交换树脂再生废液的综合利用——复合絮凝剂的制备. 大连交通大学学报, (2): 37-40.

廖群, 陈玩丰, 吴彦辉. 2003. 一种基于模糊控制的石灰投加系统. 中国给水排水, 19(2): 2.

刘成, 雷声杨, 孙韶华, 等. 2018. 我国高硬度地下水源水的处理技术适用性分析. 中国给水排水, 34(9): 38-43.

马道祥, 张清军, 陈进富, 等. 2004. 离子交换树脂再生水回用的实验研究. 油气田环境保护, 14(2): 30-31.

莫文婷, 陈涛, 唐友尧, 等. 2013. 石灰软化-絮凝法处理地下水硬度动态中试试验研究. 工业用水与废水, 44(4): 9-12.

乔庆云. 2003. 石灰软化地下水处理工程应用研究. 扬州大学学报(自然科学版), 6(4): 74-77.

苏培河, 柯庆才. 2005. 牛岭山水厂石灰投加自动控制系统的设计. 广东自动化与信息工程, 26(3): 3.

许根福, 冯勇, 张国甫, 等. 2006. 离子交换技术软化处理稠油污水的研究: Ⅱ大孔弱酸性树脂-密实移动床工业装置的试运行. 铀矿冶, (2): 97-102.

杨云龙, 卢建国, 韩瑾. 2007. 饮用水硬度去除效果试验研究. 山西建筑, 33(36): 11-13.

张程, 刘成, 胡伟, 等. 2014. 复配药剂软化法对地下水中硬度的去除效能研究. 中国给水排水, 30(7): 43-46.

张闯, 王吉青, 陈涛, 等. 2009. 改良矿井水作为生活饮用水的研究与应用. 中国矿山工程, (2): 3.

张国亮, 陈益棠. 2000. 纳滤膜软化技术在海岛饮用水制备中的应用. 水处理技术, 26(2): 7-10.

张浩程. 2015. 金沙江某水厂低浊水采用药剂软化法除硬度的试验研究. 重庆: 重庆大学.

张显球, 侯小刚, 张林生, 等. 2006. 面向软化水处理的纳滤膜分离技术. 膜科学与技术, 26(2): 64-67.

张亚峰, 安路阳, 王宇楠, 等. 2017. 水中硬度去除方法研究进展. 煤炭加工与综合利用, (12): 54-63.

张智瑞, 耿安锋, 刘海涛, 等. 2013. 离子交换软化法用于市政给水处理工程设计. 中国给水排水, 29(6): 3.

Apell J N, Boyer T H. 2010. Combined ion exchange treatment for removal of dissolved organic matter and hardness. Water Research, 44(8): 2419-2430.

Bertrand S, Lemaître I, Wittmann E. 1997. Performance of a nanofiltration plant on hard and highly sulphated water during two years of operation. Desalination, 113(2-3): 277-281.

Entezari M H, Tahmasbi M. 2009. Water softening by combination of ultrasound and ion exchange. Ultrasonics Sonochemistry, 16(3): 356-360.

Flodman H R, Dvorak B I. 2012. Brine reuse in ion-exchange softening: salt discharge, hardness leakage, and capacity tradeoffs. Water Environment Research, 84(6): 535-543.

Kocaoba S, Akcin G A. 2008. Kinetic investigation of removal of chromium from aqueous solutions with a strong cation exchange resin. Monatshefte für Chemie-Chemical Monthly, 139(8): 873-879.

Venkatesan A, Wankat P C. 2011. Simulation of ion exchange water softening pretreatment for reverse osmosis desalination of brackish water. Desalination, 271(1-3): 122-131.

# 第5章 化学结晶循环造粒流化床工艺原理与技术

化学结晶循环造粒流法是一种基于诱导结晶机理，在晶种的诱导作用下通过碱性药剂促使水中的 $Ca^{2+}$ 与水中的 $CO_3^{2-}$ 形成 $CaCO_3$，并将其去除的工艺。将药剂投加到循环造粒流化床中，则是化学结晶循环造粒流化床软化法，其通过设备使原水与晶种形成流化混合态，使钙离子在晶种上异相成核形成 $CaCO_3$ 晶体。已有研究表明化学结晶法能有效降低水中的硬度，对不同水体具有良好的适应性。

## 5.1 化学结晶软化工艺概述

### 5.1.1 结晶基础理论

溶质从过饱和溶液中析出形成新相的过程称结晶（姚连增，1995）。结晶体的形成实际上是离子从液相向固相转变的相变过程（陆九芳，1993）。结晶沉淀的形成一般要经历晶核的产生和晶体的生长两个阶段（孙丛婷和薛冬峰，2014）。晶核的产生主要受热力学条件的控制，而晶体的生长则主要由动力学条件所决定。在成核阶段，结晶颗粒物质组成的自由态离子间由于自身电负性的驱动而成键，首先形成多个离子活泼分子的微观团聚体，再经过一系列的结构对称性演变，最终形成晶核。此后，晶体进入动力学上的生长阶段，生长界面处的化学键合行为决定了晶体的生长单元和晶格的周期性，各个晶面间的相对生长速率决定了晶体的生长形态。因此，结晶是一个表面化学反应过程（赵旭，2009）。

化学结晶造粒流化床技术是基于诱导结晶学相关理论，以一定量的诱晶载体填充至流化床反应器中，同时投加化学药剂使其与目标离子发生化学反应，产生结晶产物。结晶产物附着在诱晶载体表面，随着系统的不断运行，诱晶载体不断长大并通过流化床反应器排出，同时投加一部分新的诱晶载体来实现目标污染物的去除（Tai，1999）。

### 5.1.2 碳酸钙结晶理论与过程

#### 1. 两阶段成长模型

$CaCO_3$ 结晶过程普遍采用的是两阶段成长模型，该模型提出 $CaCO_3$ 结晶过程分为扩散过程和表面反应过程，如图 5-1 所示。

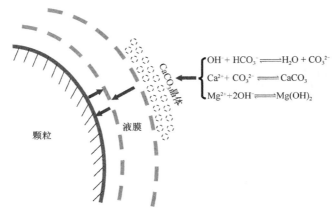

图 5-1　碳酸钙结晶示意图

从图 5-1 可以看到，水中钙镁离子与碱度发生反应生成 $CaCO_3$ 和 $Mg(OH)_2$ 晶体，生成的晶体需要穿过液膜到达晶种表面，这个过程称为扩散过程。扩散过程需要以浓度差作为推动力，欲结晶的溶质借助扩散作用穿过靠近晶体表面的静止液层，从而到达晶种表面，表面反应过程是指溶质在晶种表面长大，也就是溶质分子或者离子在空间上排成有规则的结构。

上述两步过程可用下式表示：

$$G_u = \frac{dm}{dt} = k_d A (c - c_i)(质量传递) = k_r A (c - c^*)(表面反应) \qquad (5-1)$$

式中，$G_u$ 为晶体增长速率，$kg/(m^2 \cdot h)$；$m$ 为晶体质量，$kg$；$c$ 为过饱和状态下溶液的主体浓度，$kg$ 溶质/$kg$ 溶液；$c_i$ 为晶体与溶液间界面处的浓度，$kg$ 溶质/$kg$ 溶液；$c^*$ 为晶体表面浓度；$A$ 为晶体表面积，$m^2$；$k_d$ 为扩散质系数；$k_r$ 为反应速率常数；$t$ 为时间，$h$。

从式（5-1）和式（5-2）可以看出颗粒成长过程受到过饱和度的影响，同时上升流速和晶种粒径对颗粒的成长过程有着重要影响。Bravi 和 Mazzarotta（1998）在考虑上升流速、溶液过饱和度和晶种大小的基础上提出晶体颗粒增长速率实证模型[如式（5-2）所示]，Jiang 等（2014）和 Aldaco 等（2007）利用该模型推导了实验室条件下氟化钙颗粒的增长速率模型，碳酸钙颗粒成长动力学也可以用该式表示。

$$G = K_g \cdot d_p{}^m \cdot V_w{}^n \cdot \sigma^j \qquad (5-2)$$

式中，$G$ 为颗粒增长速率，$m/s$；$K_g$ 为粒径增长速率系数；$d_p$ 为颗粒粒径，$mm$；$V_w$ 为上升流速，$m/h$；$\sigma$ 为过饱和度，$kg$ 溶质/$kg$ 溶剂。

对于膨胀后静床高度的计算，传统方法通过已知膨胀前床层高度和膨胀后的空隙率来进行计算，但是在实际工程中膨胀后床层的空隙率不易测定。实际上，静床高度的增加是因为颗粒粒径和床层空隙率的增加。因此，静床高度增长过程也受到颗粒粒径、过饱和度和上升流速的影响，也可采用式（5-2）进行预测。

## 2. 碳酸钙成长过程描述

沉淀与结晶本质都是因溶液过饱和，溶质从溶液中以固体形态析出。从过饱和溶液中结晶首先需要成核，结晶成核分为均相成核与异相成核。均相成核是反应产物在均匀相内成核，异相成核是以溶液中的夹杂颗粒或者其他固相表面为核。当溶液过饱和率较小时，以异相成核为主；当溶液过饱和率较大时，均相成核速率增加，逐渐转变为均相成核。结晶造粒流化床反应器内以异相成核为主。上升流速为 70 m/h、过饱和度为 125.50、颗粒粒径为 0.1～0.25 mm 下颗粒异相成核成长过程（如图 5-2 所示）。

(a)晶种

(b)碳酸钙晶体

(c)成长2天后颗粒

(d)成长5天后颗粒

图 5-2　碳酸钙颗粒成长过程（×40）

从图 5-2 可以看出，粒径大小不一且表面凹凸不平的石榴石晶种[图 5-2（a）]作为晶核填进造粒流化床反应器内部，水中通过化学反应产生的 $CaCO_3$ 分子通过扩散作用到达晶核表面，在水流剪切力的作用下不断地吸附和聚集，将晶核包裹[图 5-2（c）]。结晶初期的颗粒表面较为松散，为后续 $CaCO_3$ 晶体的附着提供了空间，随着 $CaCO_3$ 晶体的不断附着，结晶颗粒表面变得密实、圆滑，接近球形。成熟后的结晶颗粒表面吸附 $CaCO_3$ 晶体的速率降低，从结晶造粒流化床反应器底部排除，新的晶种装填进反应器内部，再次结晶。

当进水过饱和度较高时，均相成核速率增加，水中生成的 $CaCO_3$ 晶体[图 5-2（b）]多且大，形状呈斜六面体形；若过饱和度较低，以异相成核为主，生成的 $CaCO_3$ 晶体较小，且大多附着在颗粒表面。

### 5.1.3　结晶动力学研究

控制化学结晶造粒流化床反应器内的颗粒尺寸，对于改善反应器出水效果和降低水处理成本至关重要。目前，对于不同造粒反应器内颗粒成长动力学从实验室规模下模型推导、实际条件下的数值模拟和机理研究，到中试条件下化学结晶造粒流化床反应器内碳酸钙颗粒的成长动力学模型预测等，都有一定的研究进展（Barbier et al.，2009）。化学结晶造粒流化床反应器内 $CaCO_3$ 结晶颗粒的成长是一个复杂的过程，其成长过程受到 pH、过饱和度、晶种尺寸、上升流速等多种因素的影响。

Laguerie 和 Angelino（1976）在温度为 25℃、上升流速为 5.5～15.84 m/h、晶体粒径为 1.42～2.60 mm 的实验室条件下，发现晶体的成长动力学与上升流速、颗粒粒径和溶液过饱和度有关，并推导了质量增加速率模型；参考 Laguerie 和 Angelino（1976）的研究结论，Bravi 和 Mazzarotta（1998）在内径 50 mm 和高度 1.0 m 的流化床内通过对一水柠檬酸结晶过程的研究，得到颗粒线成长动力学同样与上升流速、颗粒粒径和溶液过饱和度有关，并推导了线增长速率模型；Aldaco 等（2007）和 Jiang 等（2014）通过对氟化钙颗粒增长过程的研究，拟合了适合实验室规模下应用的氟化钙颗粒线增长速率模型；van Schagen 等（2008a）通过模拟计算研究了造粒反应器内颗粒增长过程和静床高度增加过程，提出了反应器内最适颗粒的排放粒径；Tai 等（2009）通过研究 pH、离子强度、过饱和度、上升流速和颗粒粒径，得出了实验室规模下钙线结晶速率模型。

从实际工程中对化学结晶造粒流化床反应器内 $CaCO_3$ 颗粒成长的影响因素出发，探究中试条件下过饱和度、晶种粒径和上升流速对颗粒增长速率和静床高度的影响，得出便于工程应用的化学结晶造粒流化床反应器底部颗粒增长速率模型和静床高度增长速率模型，并提出一种反应器不同高度颗粒增长速率计算方法和一种新的静床高度计算与预测方法，这在实际工程中对指导颗粒排放和反应器运行控制管理具有重要意义。

### 5.1.4　研究进展与应用

荷兰早在 20 世纪 70 年代就已成功将结晶流化床工艺应用于城市供水的集

中软化处理，实现了钙、镁离子的去除。Graveland 等（1983）从软化药剂的选择与投加、反应器的设计与运行等方面整体介绍了结晶流化床软化技术；Hofman 等（2006）从处理效果、经济成本和环境效益三个方面介绍了荷兰使用 20 年的结晶软化技术；van Schagen 等（2008b）从定量计算的角度对结晶流化床软化技术建立模型，优化了颗粒排放大小和床层高度等操作条件。周珊珊等（2005）采用结晶流化床技术应用于自来水厂去除硬度的研究，pH 保持在 9.5 左右，原水总硬度由原来的 380 mg/L 降低至 140 mg/L，出水浊度<1，单位操作成本仅为 2.619 元。顾艳梅等（2015）利用结晶流化床软化技术考察了混合液的 pH、砂石填料粒径、水力条件、反应器运行时间等因素对反应器运行效果的影响，试验结果显示，pH>12，砂石粒径为 0.2～0.5 mm，原水进水流量为 10～35 mL/s，反应器运行效果最佳。于海斌等（2011）应用电导率法测定 $Ca^{2+}$-$CO_3^{2-}$溶液体系中的临界值点，对影响临界值的温度、pH、反应时间和搅拌强度等因素进行了研究，并且绘制了不同条件下的 $Ca^{2+}$-$CO_3^{2-}$溶液体系的介稳区，为结晶流化床软化法在工程中的应用提供了理论基础。

　　化学结晶造粒流化床反应器结构也经过了不断的改进，Amsterdam 型结晶造粒流化床反应器（简称 Amsterdam 型反应器）是目前应用最广泛的化学结晶造粒流化床反应器，其结构如图 5-3 所示。

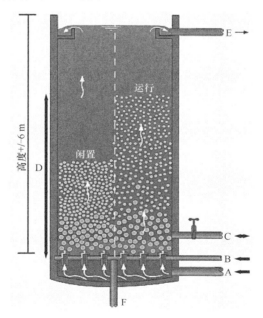

图 5-3　Amsterdam 型结晶造粒流化床反应器

A. 进水口；B. 加药口；C. 颗粒投加口；D. 颗粒结晶区；E. 出水口；F. 颗粒排放口

Amsterdam 型反应器为圆柱状，高度 5～6 m，反应器底部安装特定的喷嘴，确保了进水和软化药剂充分混合。晶种放置于流化床反应器的底部，结晶反应主要发生在流化床的底部，在向上流态的作用下，结晶颗粒出现完全分级，较大的颗粒出现在流化床的底部，而较小的颗粒出现在流化床的上部。国外对 Amsterdam 型反应器研究较多，从内容上看，对处理效果、适用条件、模拟计算、操作运行都有较全面的研究。

Hofman 等（2006）总结荷兰的结晶流化床软化技术，从反应器排出的颗粒粒径约为 1.0 mm，$Ca^{2+}$ 去除率保持在 50%左右。van Schagen 等（2008b）通过采用数学模型验证了结晶流化床软化技术中晶种尺寸对出水水质有重大影响，将底部结晶颗粒由原来的 1.4 mm 降低到 0.8 mm，使得水中 $CaCO_3$ 的过饱和度降低 50%，但造成晶种的消耗量增加了 550%。Chen 等（2000）将 Amsterdam 型反应器应用于循环冷却水处理，分析了 pH、流化床高度、粒径、进水流量和回流比等因素对出水效果的影响，排出的颗粒粒径达到 1 mm。

化学结晶造粒流化床技术与传统的软化技术相比，具有诸多优势，主要有以下几个方面。

1）无副产物产生，可回收利用，环保效益显著。化学沉淀软化技术会产生大量的高含水率污泥，需要进一步处理。但是化学结晶造粒流化床产生的碳酸钙颗粒，具有一定的强度和粒度，含水率低，且碳酸钙纯度可高达 90%以上，具有一定回收价值，不会产生污染。

2）水力负荷高，软化效果好。化学结晶造粒流化床水力负荷可达到 60～150 m/h，结构紧凑，占地面积小。

3）化学结晶造粒流化床系统组成简单，可实现自动控制，运行和维护较少，减少人力成本。

4）化学结晶造粒流化床反应器特殊的布药和布水装置，可实现药剂和水的高效混合，可达到精准投药，节省药剂投加量。

尽管 Amsterdam 型反应器已经有几十年的发展和应用，但是由于结构设计会导致结晶效率较低、床层抗冲击能力差、颗粒排放周期短和运行操作复杂等问题。

西安建筑科技大学黄廷林教授课题组开发了一种新型化学结晶循环造粒流化床，提出采用循环结晶技术，提高结晶效率。运用该技术，研究了结晶造粒流化床在地下水软化中的应用，得到了该技术在特定水质条件下的运行参数；在中试规模上研究证实了结晶造粒流化床中颗粒的增长速率、床层增长速率与上升流速、颗粒粒径、过饱和度有关，并给出了相应的计算模型；研究了化学结晶循环造粒流化床在热电厂废水处理中的应用，验证了该技术在热电厂水质软化中的应用效果。

## 5.2　化学结晶循环造粒流化床技术研发

从图 5-3 可以看出，Amsterdam 型反应器为圆柱形，晶种颗粒全部堆放在底部，上部为出水口，颗粒从底部排放，该设备主要存在以下几个方面的问题。

（1）床层抗冲击能力差，容易造成颗粒被水冲出

Amsterdam 型反应器内水流为上向流，晶种或者结晶颗粒在水流作用下会出现明显的粒径分级，大颗粒在反应器底部，小颗粒在反应器上部。只有保持反应器内流体上升流速不变，才能保证整个床层的稳定，如果上升流速出现波动，床层会受到扰乱，影响软化效果。

（2）结晶效率低，颗粒排放粒径偏小

研究表明，碳酸钙的结晶速率较快，Amsterdam 型反应器内 90%以上的结晶反应过程都在设备底部 0.5 m 的高度内完成。Amsterdam 型反应器高度一般可以达到 5～6 m，这就造成了底部 0.5 m 以内的颗粒不断在结晶，上部 90%以上的颗粒都没有参与结晶过程。所以结晶效率较低，颗粒粒径的生长也受到限制，一般排放颗粒粒径达到 1～2 mm 就需要从反应器内排放出来。

（3）颗粒排放周期短，运行操作复杂

由于沿床层高度粒径的明显分级和上升流速的限制，Amsterdam 型反应器排出的结晶颗粒粒径一般可以达到 1～2 mm。若颗粒继续增长，必须提高上升流速以便将大颗粒流化，否则大颗粒沉积在反应器底部容易造成板结现象；但是若提高上升流速，流化床上部未结晶的小颗粒则会因为上升流速的提高而冲出。因此，颗粒粒径达到 1～2 mm 时，需要将底部颗粒及时排出，当遇到硬度较高的水时，每天需要排放若干次，对于一些自控系统不完善的项目，增加了操作人员的工作量。

因此，虽然 Amsterdam 型反应器目前应用较多，但是在实际操作和运行过程中发现，该设备还有进一步改进和完善的空间。通过改进和完善设备结构，可提高结晶效率，稳定床层颗粒结构，延长颗粒排放周期，达到更好的运行效果。

经过对 Amsterdam 型反应器现存问题分析，西安建筑科技大学黄廷林教授课题组提出新型化学结晶循环造粒流化床。化学结晶循环造粒流化床采用双筒体结构，分内筒和外筒，直径不同，颗粒在上升水流作用下底部的晶种被携至内筒上端落入外筒，外筒流速较小，落入外筒的晶种重新落入底部形成循环流化和结晶的状态，其技术实现思路如图 5-4 所示。

相比于现有 Amsterdam 型反应器，新型化学结晶循环造粒流化床的结构设计具有以下优点。

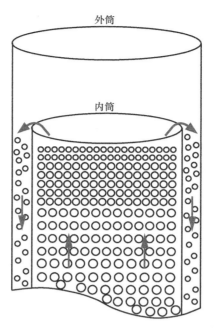

图 5-4　化学结晶循环造粒流化床技术实现思路

1）床层稳定性增加，耐冲击能力增强。双筒体的结构会为颗粒和水提供稳定的分界面，当上升流速突然升高，颗粒界面超过内筒高度时，颗粒就会落入内筒和外筒之间的空隙，循环下落至流化床底部，整个床层的稳定性增加，耐冲击能力增强。

2）结晶效率提高，颗粒排放尺寸增加。由于水力筛分作用，大颗粒会停留在流化床底部，小颗粒会随着水流上升到内筒顶部，随之下落入内筒和外筒之间的空隙，然后循环至底部，在底部进行结晶。由于持续的循环，颗粒会不断地进行循环结晶和增长，颗粒结晶效率会有所提高，颗粒直径增加，排放周期也会延长。

3）改变现有流化状态，全层颗粒更趋于均一化。由于新型化学结晶循环造粒流化床改变了现有流化床的颗粒流化状态，随着颗粒的不断循环结晶，整个床层的颗粒状态会更加趋向均匀，全床层的颗粒直径更加均一。

## 5.3　化学结晶循环造粒流化床水质软化工程应用

### 5.3.1　应用概况

化学结晶循环造粒流化床在水质软化方面具有很强的适用性，对高暂时硬度水质、高永久性硬度水质、含阻垢剂水质等都有较好的软化效果，可以广泛应用于市政和工业企业中不同类型的水质软化需求。

目前该技术已经应用于西安市长安区第二水厂水质软化、河北国华定州发电有限责任公司（简称定州电厂）循环水软化、河北邢台国泰发电有限责任公司中水软化和山西曙光船窝煤业有限公司矿井水软化等十几项大中小型市政或者工业项目（Hu et al.，2018，2019，2021；唐章程等，2019）。项目应用过程中自动化程度高，无废水废物产生，碳酸钙颗粒在电厂脱硫系统回用，实现企业节能减排和碳中和，取得了良好的经济效益、环境效益和社会效益。

## 5.3.2　应用案例

以定州电厂循环水软化项目为例介绍化学结晶循环造粒流化床的应用情况（唐章程等，2019）。定州电厂位于河北省定州市开元镇，是一家以电力生产为主业的大型公司，以西大洋水库水和南水北调的水作为循环补给水，其中西大洋水库水夏季消耗量为 1200 $m^3$/h，其水质参数如表 5-1 所示，经化学结晶循环造粒流化床处理后作为循环水补水。拟通过对循环水补水进行软化处理，提升循环水系统浓缩倍率，减少污水排放量和循环水补给量。工艺系统投加药剂为 NaOH，浓度为 30%；pH 调节采用 $H_2SO_4$，浓度为 92%。

表 5-1　循环水水质表

| pH | 浊度/NTU | 总碱度/（mmol/L） | $HCO_3^-$/（mmol/L） | 总硬度/（mmol/L） | $Ca^{2+}$/（mmol/L） | $Mg^{2+}$/（mmol/L） |
|---|---|---|---|---|---|---|
| 7.5～7.7 | <1 | 3.1～3.5 | 3.1～3.5 | 2.3～2.75 | 1.6～1.75 | 0.7～1.0 |

化学结晶循环造粒流化床系统主要由进（出）水系统、加药系统、投加晶种/排放颗粒系统和流化床主体四部分组成，如图 5-5 所示。来水经管道泵加压由流化床底部进入流化床主体，软化药剂通过特制的布水装置实现原水和碱的快速混合，上部出水通过管式静态混合器实现 pH 回调。

定州电厂系统设计处理水量为 1350 $m^3$/h，设置 3 台 2400 mm 直径的化学结晶循环造粒流化床反应器，单台设计处理量为 450 $m^3$/h，配备 1 套碱液和酸液投加系统，1 套晶种投加系统和 1 套颗粒收集系统，车间占地面积为 170 $m^2$，如图 5-6 所示。

化学结晶循环造粒流化床系统应用于定州电厂循环补充水水质软化，结果表明硬度去除率可以达到 40%～50%，$Ca^{2+}$ 去除率最高可达 90%，进水 pH 是 7～8，加碱后 pH 是 9.7～10.3，加酸后 pH 是 7～8，软化出水水质稳定。

化学结晶循环造粒流化床内晶种结晶生长至 2～3 mm（图 5-7），然后从流化床内排放出来，经过检测，结晶成熟颗粒 $CaCO_3$ 含量高于 90%，CaO 含量高于 50%，直接用于电厂脱硫系统进行回用，唯一的副产物被电厂脱硫利用，整个系统无废水废物产生。

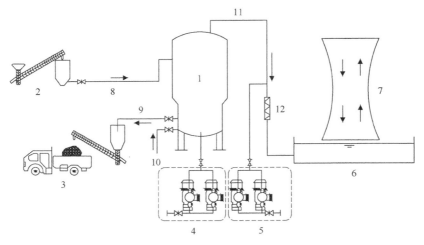

图 5-5　化学结晶循环造粒流化床系统工艺流程图

1. 化学结晶循环造粒流化床反应器；2. 自动上料机；3. 颗粒脱硫与回收；4. 碱液投加系统；5. 酸液投加系统；
6. 循环水池；7. 冷却塔；8. 晶种投加；9. 自动颗粒排放；10. 进水管；11. 出水管；12. 静态混合器

图 5-6　化学结晶循环造粒流化床系统现场装置图

(a)　　　　　　　　　　　　　　　　(b)

图 5-7　晶种（a）和结晶成熟颗粒（b）

化学结晶循环造粒流化床出水进入定州电厂循环水系统可以使得循环水浓缩倍率由 4.5 倍提高到 9.2 倍，补水量可减少 150 $m^3$/h，减少排污量 150 $m^3$/h，阻垢剂投加量减少 30%以上，处理成本约 0.5 元/$m^3$，每年为电厂节约 145 万元，具有巨大的环境、经济和社会效益。

# 参 考 文 献

顾艳梅, 许航, 孙宇辰, 等. 2015. 造粒反应器处理高硬度水试验研究. 土木建筑与环境工程, 37(3): 151-155.

陆九芳. 1993. 分离过程化学. 北京: 清华大学出版社.

孙丛婷, 薛冬峰. 2014. 无机功能晶体材料的结晶过程研究. 中国科学: 技术科学, 44(11): 1123-1136.

唐章程, 黄廷林, 胡瑞柱, 等. 2019. 诱导结晶法软化热电厂高永久性硬度水实验研究. 水处理技术, 45(1): 28-32, 41.

姚连增. 1995. 晶体生长基础. 北京: 中国科学技术大学出版社.

于海斌, 宋存义, 程玉洁. 2011. 诱导结晶反应中介稳区的研究. 环境科学研究, 24(7): 769-774.

赵旭. 2009. 无机晶体结晶过程研究. 大连: 大连理工大学.

周珊珊, 李邵信, 李丁来. 2005. 流体化床结晶软化技术之案例研究. 城镇供水, (6): 15-17.

Aldaco R, Garea A, Irabien A. 2007. Particle growth kinetics of calcium fluoride in a fluidized bed reactor. Chemical Engineering Science, 62(11): 2958-2966.

Barbier E, Coste M, Genin A, et al. 2009. Simultaneous determination of nucleation and crystal growth kinetics of gypsum. Chemical Engineering Science, 64(2): 363-369.

Bravi M, Mazzarotta B. 1998. Size dependency of citric acid monohydrate growth kinetics. Chemical Engineering Journal, 70(3): 203-207.

Chen Y H, Yeh H H, Tsai M C, et al. 2000. The application of fluidized bed crystallization in drinking water softening. Journal of the Chinese Institute of Environment Engineering, 10(3): 177-184.

Graveland A, Dijk J C V, Moel P J D, et al. 1983. Developments in water softening by means of pellet reactors. Journal AWWA, 75(12): 619-625.

Hofman J, Kramer O, van der Hoek J P, et al. 2006. Twenty years of experience with central softening in Netherlands: water quality, environmental benefits, and costs. International Symposium on Health Aspects of Calcium and Magnesium in Drinking Water: 24-26.

Hu R Z, Huang T L, Wang T H, et al. 2019. Application of chemical crystallization circulating pellet fluidized beds for softening and saving circulating water in thermal power plants. International Journal of Environmental Research and Public Health, 16(22): 4576.

Hu R Z, Huang T L, Wen G, et al. 2018. Full-Scale experimental study of groundwater softening in a circulating pellet fluidized reactor. Water Science and Technology: Water Supply, 15(8): 1592.

Hu R Z, Huang T L, Wen G, et al. 2021. Pilot study on the softening rules and regulation of water at various hardness levels within a chemical crystallization circulating pellet fluidized bed system. Journal of Water Process Engineering, 41: 102000.

Jiang K, Zhou K G, Yang Y C, et al. 2014. Growth kinetics of calcium fluoride at high supersaturation in a fluidized bed reactor. Environmental Technology, 35(1): 82-88.

Laguerie C, Angelino H. 1976. Growth Rate of Citric Acid Monohydrate Crystals in a Liquid Fluidized Bed. Boston: Springer: 135-143.

Tai C Y. 1999. Crystal growth kinetics of two-step growth process in liquid fluidized bed crystallizers. Journal of Crystal Growth, 206(1-2): 109-118.

Tai C Y, Tai C D, Chang M H. 2009. Effect of interfacial supersaturation on secondary nucleation. Journal of Taiwan Institute of Chemical Engineers, 40(4): 439-442.

van Schagen K, Rietveld L C, Babuška R, et al. 2008a. Control of the fluidised bed in the pellet softening process. Chemical Engineering Science, 63(5): 1390-1400.

van Schagen K, Rietveld L C, Babusška R. 2008b. Dynamic modelling for optimization of pellet softening. Journal of Water Supply: Research & Technology-AQUA, 57(1): 45-56.

# 第 6 章　生物诱导软化工艺原理与技术

近几十年来，关于微生物参与下的碳酸钙沉积问题得到了广泛的研究。已有研究发现，早在 35 亿年前，碳酸盐矿物形成的过程中便存在微生物的作用（Altermann et al.，2006）。在海洋、淡水及土壤环境中，微生物诱导碳酸钙沉淀是一个非常普遍的现象。微生物在主动及被动过程中能够通过自身作用及代谢活动促进碳酸钙沉淀的产生，同时利用其分泌的胞外聚合物等代谢产物作为吸附位点，加速矿物的成核作用。

微生物参与矿化和物理化学作用矿化的区别在于，引入微生物的同时也引入了胞外聚合物、有机分泌物、代谢产物和微生物细胞本身，沉淀过程不再只是单纯的物理化学作用。因此，生物矿化既表征着微生物代谢对周围环境的响应，又揭示了微生物对矿物晶型、结构、形貌多样性的调控作用。基于上述发现，生物诱导碳酸钙沉淀理论上可以应用于硬水软化工艺。

## 6.1　生物矿化细菌的特性研究

### 6.1.1　生物矿化细菌的分离及鉴定

#### 1. 生物矿化细菌的分离

取西安曲江水体岩石表面沉淀的底泥，将采集的底泥样品和水样充分混合后进行富集、分离、纯化、筛选。42 株细菌培养 7 天后对硬度的去除率见表 6-1，选取效果较好的 H36 和 CN86 作为研究对象。

表 6-1　细菌初筛去除效果　　　　　　　（单位：%）

| 细菌名称 | 硬度去除率 | 细菌名称 | 硬度去除率 |
|---|---|---|---|
| 25 | 1.45 | WGX1 | 1.9 |
| ZK-2 | 1.75 | ZK-1 | 15.45 |
| X1 | 0 | JX26 | 20.45 |
| F8-3 | 0.5 | FJ-NO$_2$ | 1.45 |
| FWW | 3.85 | HF-6 | 0 |
| FX4 | 10.32 | DA-15 | 30.4 |
| WGX9 | 0 | A16 | 25 |

| 细菌名称 | 硬度去除率 | | 细菌名称 | 硬度去除率 | |
|---|---|---|---|---|---|
| Fe118 | 32 | | H-4 | 13 | |
| A14 | 45.5 | | H-5 | 4.96 | |
| R1-1 | 0 | | H-6 | 10.4 | |
| R1-2 | 2.4 | | H-7 | 0 | |
| R2-2 | 10.8 | | H-8 | 1.3 | |
| R2-1 | 15.85 | | H-9 | 4.56 | |
| R2-3 | 8.9 | | H-10 | 18.9 | |
| 25-4 | 36 | | H-11 | 13.45 | |
| 25-3 | 24 | | CN86 | 65 | √ |
| 25-1 | 56.9 | | H-13 | 34 | |
| 25-2 | 25 | | H-14 | 10.5 | |
| H-1 | 14 | | H-15 | 13 | |
| H36 | 67.5 | √ | H-16 | 24 | |
| H-3 | 16.45 | | H-17 | 14.3 | |

2. 生物矿化细菌的鉴定

将测得的生物矿化细菌基因序列与 BLAST 和 CenBank 中的核酸序列进行同源性比对，并利用 Bioedit 和 Mega5.0 等软件，以 Neighbor-Joining 法绘制 16S rDNA 系统发育树，结果如图 6-1 所示。从进化树可以看出，菌株 H36 的 16S rDNA 序列与不动杆菌（*Acinetobacter antiviralis* strain KNF 2022）相似性达到 100%；菌株 CN86 的 16S rDNA 序列与不动杆菌（*Acinetobacter calcoaceticus* strain ATCC 23055）相似性达到 83%。因此，可基本确定菌株 H36 和 CN86 为不动杆菌属（*Acinetobacter*）。

## 6.1.2　生物矿化的环境影响因素

1. 生物矿化菌株 H36 的影响因素

（1）pH 对菌株 H36 生物矿化的影响

菌株 H36 对硝酸盐的去除结果见图 6-2（a），初始培养基的 pH 设定为 6.0、7.0、8.0 和 9.0。结果显示，在 pH 为 6.0 的时候，硝酸盐的去除速率为 1.340 mg/（L·h）；在 pH 为 7.0 的时候，硝酸盐的去除速率最快，为 1.352 mg/（L·h）；在 pH 从 7.0 升高到 9.0 的过程中，硝酸盐的去除速率是逐渐降低的。

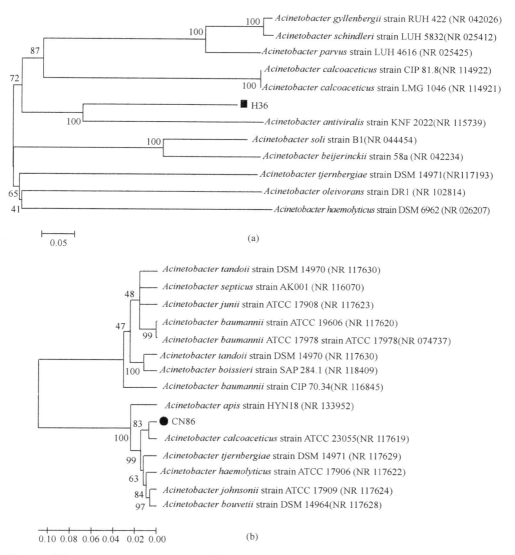

图 6-1　菌株 H36（a）和 CN86（b）及其他亲缘性相近细菌的系统发育树（基于 16S rDNA 序列）

　　相比于硝酸盐的去除，细菌在 pH 的影响下对硬度的去除呈现出不同的规律。图 6-2（b）显示 pH 从 6.0 升高到 9.0 的过程中，细菌对硬度的去除速率是在逐渐增加的。当培养基的 pH 为 9.0 时，细菌对硬度有最大的去除速率为 8.729 mg/（L·h）。初始培养基的硬度为 446.046 mg/L，经过 112 h 的反应后，硬度降低为 58.919 mg/L。在开始的 64 h，混合液中的硬度几乎没有变化。在随后的 40 h，细菌对硬度的去除呈现出了快速增长的趋势，说明碱性环境对细菌的生物矿化是极为有利的。pH 为 6.0～9.0 范围内的空白实验中，除了没有接菌以外，其余条件和上述实验

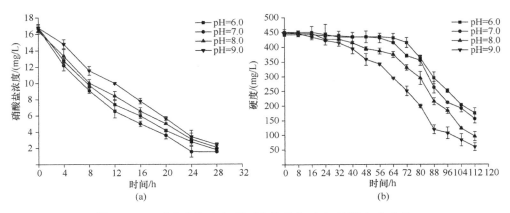

图 6-2　pH 对反硝化（a）及对生物矿化（b）的影响（H36）

一致。结果显示，混合液中没有硬度的降低，也没有沉淀的产生。也就是说，在没有细菌的作用下，混合液在 pH 为 6.0～9.0 的范围内自身不能产生碳酸钙沉淀，不能产生生物矿化的现象。在细菌的作用下，培养基中的碳酸根离子才能与钙离子进行结合，最终形成碳酸钙沉淀。微生物通过改变周围环境，如培养的 pH、碳酸根的浓度，来诱导碳酸钙的形成。

（2）有机物浓度对菌株 H36 生物矿化的影响

有机物浓度对菌株 H36 生物反硝化的影响见图 6-3（a），培养基中初始有机物的浓度设定为 0.5 g/L、1.0 g/L、1.5 g/L 和 2.0 g/L，当有机物的浓度从 0.5 g/L 升高到 2.0 g/L 时，细菌对硝酸盐的去除速率是逐渐增加的，从 1.465 mg/（L·h）升高到 1.759 mg/（L·h）。当有机物的浓度为 2.0 g/L 时，细菌对硝酸盐的去除速率最大。当有机物的浓度从 1.5 g/L 升高到 2.0 g/L 时，细菌对硝酸盐的去除效率却没有随着有机物浓度的增加而增加。结果表明，细菌的生长确实需要大量的有机碳源，但是过多的碳源又会使细菌进入富营养状态，不利于细菌反硝化的进行。

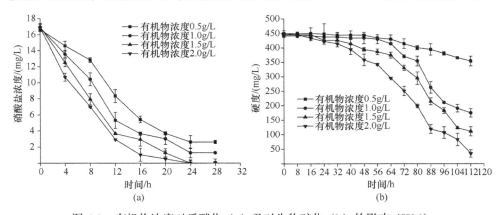

图 6-3　有机物浓度对反硝化（a）及对生物矿化（b）的影响（H36）

菌株 H36 对生物矿化的结果见图 6-3（b），结果显示，当有机物浓度从 0.5 g/L 升高到 2.0 g/L 时，细菌对硬度的去除速率从 2.137 mg/（L·h）快速升高至 9.264 mg/（L·h）。当有机物浓度为 2.0 g/L 时，细菌对硬度呈现出最大的去除速率。培养基初始的硬度为 446.056 mg/L，经过 112 h 的反应后，硬度只有 34.973 mg/L。这也许是因为菌株 H36 可以通过自己的代谢活动改变矿物沉淀的条件，从而促进生物矿化的发生。为了达到较高的硬度去除速率，初始有机物的浓度设定为 2.0 g/L。

（3）温度对菌株 H36 生物矿化的影响

菌株 H36 对硝酸盐的去除情况见图 6-4（a），培养的环境温度初始设定为 10℃、20℃、30℃和 40℃。结果显示，当环境温度为 10℃时，细菌在最初的 28 h 内没有硝酸盐的去除；当温度为 20℃时，细菌对硝酸盐的去除速率为 1.553 mg/（L·h）；当温度为 30℃时，细菌对硝酸盐最大的去除速率为 1.707 mg/（L·h）；当温度升高到 40℃时，细菌对硝酸盐的去除速率反而降低了，降低为 1.520 mg/（L·h）。

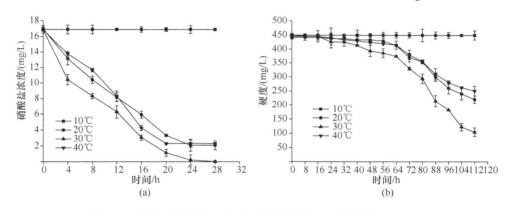

图 6-4　温度对反硝化（a）及对生物矿化（b）的影响（H36）

菌株 H36 对硬度的去除结果见图 6-4（b）。同样，在环境温度为 10℃时，细菌对于硬度没有去除效果，当环境温度为 30℃，细菌对硬度有着最高的去除速率，为 7.75 mg/（L·h）。当环境温度为 20℃和 40℃时，细菌对硬度的去除速率分别为 5.126 mg/（L·h）和 4.447 mg/（L·h）。

## 2. 生物矿化菌株 CN86 的影响因素

（1）pH 对菌株 CN86 生物矿化的影响

菌株 CN86 对硝酸盐的去除结果如图 6-5（a）所示，初始培养基的 pH 设定为 6.0、7.0、8.0 和 9.0。pH 为 6.0 时，硝酸盐的去除速率为 1.129 mg/（L·h），pH 为 7.0 时，菌株对硝酸盐的去除速率最快，为 1.267 mg/（L·h）。pH 从 7.0 升高到

9.0 的过程中，细菌对硝酸盐的去除速率是在逐渐降低的。

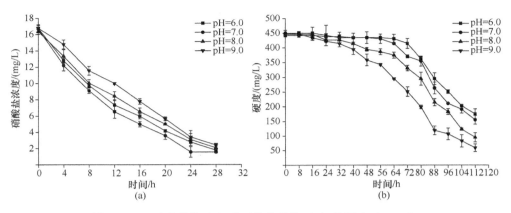

图 6-5　pH 对反硝化（a）及对生物矿化（b）的影响（CN86）

相比于硝酸盐，细菌在 pH 的影响下对硬度的去除呈现出不同的规律。如图 6-5（b）所示，当 pH 从 6.0 升高到 9.0 时，细菌对硬度的去除速率是逐渐增加的。当培养基 pH 为 9.0 时，细菌对硬度的最大去除速率为 8.540 mg/（L·h）。初始培养基的硬度为 446.046 mg/L，在开始 64 h，混合液的硬度几乎没有变化，在随后的 40 h，细菌对硬度的去除呈现出快速增长的趋势。结果表明，碱性环境对细菌的生物矿化是有利的。PH 在 6.0～9.0 的范围内，空白实验中的混合液没有硬度的降低，也没有沉淀的产生。也就是说，在没有细菌的作用下，混合液在 pH 为 6.0～9.0 的范围内自身不能产生碳酸钙沉淀，不能产生生物矿化的现象。

（2）有机物浓度对菌株 CN86 生物矿化的影响

有机物浓度对菌株 CN86 生物反硝化的影响如图 6-6（a）所示。培养基中初

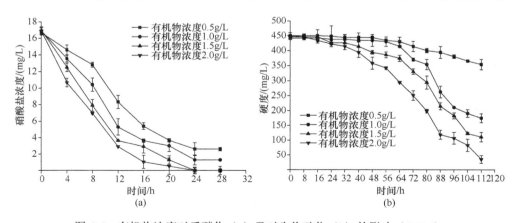

图 6-6　有机物浓度对反硝化（a）及对生物矿化（b）的影响（CN86）

始有机物浓度从 0.5 g/L 升高到 2.0 g/L 的过程中，细菌对硝酸盐的去除速率是逐渐增加的，从 1.234 mg/（L·h）升高到 1.534 mg/（L·h）。当有机物的浓度为 2.0 g/L 时，细菌对硝酸盐的去除速率最大。有机物的浓度从 1.5 g/L 升高到 2.0 g/L 的过程中，细菌对硝酸盐的去除效率没有随着有机物浓度的增加而增加。结果表明，细菌的生长确实需要大量的有机碳源，但是过多的碳源又会使细菌进入富营养状态，不利于细菌反硝化的进行。

菌株 CN86 对生物矿化的影响如图 6-6（b）所示。有机物的浓度从 0.5 g/L 升高到 2.0 g/L 的过程中，细菌对硬度的去除速率是在快速升高的，从 2.014 mg/（L·h）升高到了 9.105 mg/（L·h）。有机物的浓度为 2.0 g/L 时，细菌对硬度有着最大的去除速率。培养基初始的硬度为 446.056 mg/L，经过 112 h 的反应后，硬度被去除到只有 54.973 mg/L。这可能是因为菌株 CN86 可以通过自己的代谢活动改变矿物沉淀的条件，从而促进生物矿化的发生。为了达到较高的硬度去除速率，初始有机物的浓度设定为 2.0 g/L。

（3）温度对菌株 CN86 生物矿化的影响

菌株 CN86 对硝酸盐的去除情况如图 6-7（a）所示。培养基的环境温度初始设定为 10℃、20℃、30℃和 40℃，结果显示，当环境温度为 10℃时，细菌在开始的 28 h 内没有硝酸盐的去除。当环境温度为 20℃时，细菌对硝酸盐的去除速率为 1.378 mg/（L·h）。当环境温度为 30℃时，细菌对硝酸盐的最大去除速率为 1.564 mg/（L·h）。然而当温度升高到 40℃时，细菌对硝酸盐的去除速率反而降低到 1.315 mg/（L·h）。

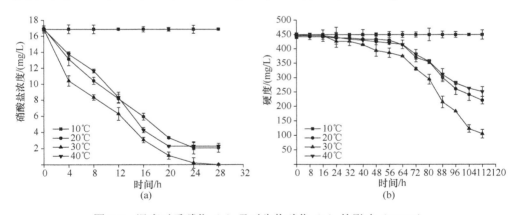

图 6-7　温度对反硝化（a）及对生物矿化（b）的影响（CN86）

菌株 CN86 对硬度的去除结果如图 6-7（b）所示。同样，在环境温度 10℃时，细菌对硬度没有去除效果。当环境温度为 30℃时，细菌对硬度的最高去除速率为 7.340 mg/（L·h）。当环境温度为 20℃和 40℃时，细菌对硬度的去除速率分别为 5.032 mg/（L·h）和 4.246 mg/（L·h）。

### 6.1.3 生物矿化细菌的生长特性

#### 1. 生物矿化菌株 H36 的连续测定

初始硝酸盐浓度为 16.89 mg/L、初始硬度为 442.06 mg/L 时，菌株 H36 能够在好氧的条件下去除硝酸盐并且形成碳酸钙沉淀。结果如图 6-8 所示，在初始的 12 h 内，$OD_{600}$ 数值增长缓慢，表明菌株 H36 在数量上并没有明显增加。在这个阶段，主要是细菌需要适应新的环境，因此并没有数量上明显地增加。同样在这个阶段，混合液的 pH、硬度和 $NO_3^-$-N 浓度都没有明显的变化，$NO_2^-$-N 在这个阶段也没有产生。在随后的 12～44 h，$OD_{600}$ 数值急剧增长，从 0.05 升高到了 0.32，

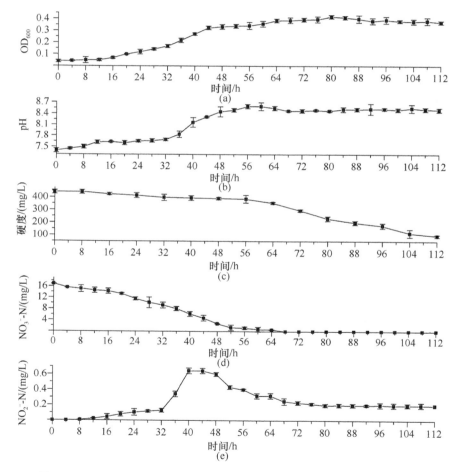

图6-8　在不动杆菌 H36 的作用下 $OD_{600}$（a）、pH（b）、硬度（c）、$NO_3^-$-N（d）
和 $NO_2^-$-N（e）的变化

表明这个阶段，菌株 H36 已经适应了新的环境，开始大量地繁殖。在此阶段，混合液的 pH 也呈现出快速增长的趋势，从 12h 时的 7.62 上升到了 8.31。$NO_3^--N$ 也开始被菌株 H36 快速去除，从 12h 时的 14.59 mg/L 去除到了 4.69 mg/L。同样，混合液中 $NO_2^--N$ 开始产生，硝酸盐开始去除，然而硬度却没有明显的变化，也没有明显的碳酸钙沉淀产生。

在恒温培养箱中反应 64 h 后，混合液中的 $NO_3^--N$ 去除了 96.29%，硬度仅仅去除了 19.86%。在 64 h 时，混合液中的 pH 和 $OD_{600}$ 几乎同时达到了最大值。在接下来的 40 h 中，混合液中的钙离子才呈现出快速沉淀的趋势。112 h 反应结束后，硬度去除了 78.59%，从开始的 442.06 mg/L 降低为 94.65 mg/L。

pH 可以用来显示生物反应的特点，一个生物系统 pH 的变化往往预示着系统中生物反应的进行。因此，相比于其他参数，pH 更能表征正在进行的生物反应，pH 的升高通常意味着生物系统中反硝化反应的进行，pH 的降低意味着硝化反应的进行。在此实验中，随着 pH 快速从 7.62 升高至 8.69，系统中的反硝化反应正在快速进行。在好氧环境中，细菌通过代谢或者有机物的利用可以造成混合液中 pH 增加，同样，在混合液中碳酸钙沉淀的产生也可能导致 pH 降低。

### 2. 生物矿化菌株 CN86 的连续测定

当初始硝酸盐浓度为 16.89 mg/L、初始硬度为 442.06 mg/L 时，菌株 CN86 能够在好氧条件下去除硝酸盐并且沉淀碳酸钙，结果见图 6-9。在初始的 12h 内，$OD_{600}$ 数值增长缓慢，表明菌株 CN86 在数量上并没有明显地增加。在这个阶段，主要是细菌需要适应新的环境，因此并没有数量上明显地增加。同时，混合液的 pH、硬度和 $NO_3^--N$ 浓度都没有明显变化，$NO_2^--N$ 也没有产生。在接下来的 12～44 h 阶段，$OD_{600}$ 数值急剧增长，从 0.049 升高到了 0.325。表明在这个阶段，菌株 CN86 已经适应了新的环境，开始大量繁殖，因此数量在急剧地上升。混合液的 pH 也呈现出快速增长的趋势，从 12h 时的 pH 7.59 上升到了 pH 8.40。$NO_3^--N$ 也开始被菌株 CN86 快速去除，$NO_3^--N$ 浓度从 12h 时的 15.43 mg/L 降低为 4.53 mg/L，混合液中 $NO_2^--N$ 也开始产生，硝酸盐开始去除。然而，在这个阶段混合液中的硬度却没有明显的变化，没有明显的碳酸钙沉淀产生。

在恒温培养箱中培养 64 h 后，混合液中的 $NO_3^--N$ 去除了 90.40%，然而硬度仅仅去除了 15.42%。在 64 h 时，混合液中的 pH 和 $OD_{600}$ 几乎同时达到了最大值。在接下来的 40 h 中，混合液中的钙离子才呈现出快速沉淀的趋势。112 h 反应结束后，硬度去除了 75.43%，从开始的 442.06 mg/L 降低为 108.35 mg/L。

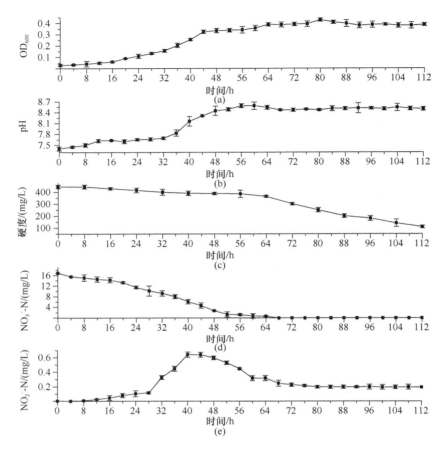

图6-9 在不动杆菌 CN86 的作用下 $OD_{600}$（a）、pH（b）、硬度（c）、$NO_3^--N$（d）和 $NO_2^--N$（e）的变化

### 6.1.4 生物矿化细菌对实际水体的处理效果

#### 1. 生物矿化菌株 H36 的实际水体处理效果

原水取自陕西省渭南市蒲城县黄家村黄家水厂。菌株 H36 生物矿化的原水实验结果如图 6-10 所示。从图中可以看出，硝酸盐（$NO_3^--N$）从开始的 16.15 mg/L 降低为 0.96 mg/L，去除速率为 0.678 mg/（L·h）。硬度从初始的 446.05 mg/L 降低为 15.02 mg/L，去除速率为 9.621 mg/（L·h）。pH 从开始的 7.12 升高到 8.56。结果显示，菌株 H36 在处理原水的过程中，具有较好的适应性，并且表现出了良好的反硝化特性和生物矿化特性。在原水实验中，在之后的 40 h 中细菌表现出了快速沉淀碳酸钙的特性。

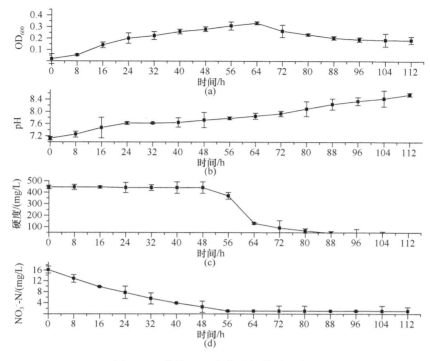

图 6-10　菌株 H36 生物矿化的原水实验

## 2. 生物矿化菌株 CN86 的实际水体处理效果

原水取自陕西省渭南市蒲城县黄家村黄家水厂。菌株 CN86 生物矿化的原水实验结果如图 6-11 所示。从图中可以看出，硝酸盐（$NO_3^--N$）从开始的 16.15 mg/L 降低为 5.94 mg/L，硬度从初始的 446.05 mg/L 降低为 88.85 mg/L，pH 从开始的 7.15 升高到 8.01。结果显示，菌株 CN86 在处理原水的过程中，该菌株具有较好的适应性，并且表现出了良好的反硝化特性和生物矿化特性。在原水实验中，64 h 时混合液的 pH 达到了最大值，在之后的 40 h 中细菌表现出了快速沉淀碳酸钙的特性。

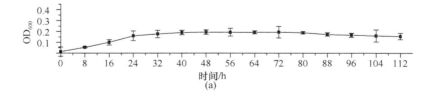

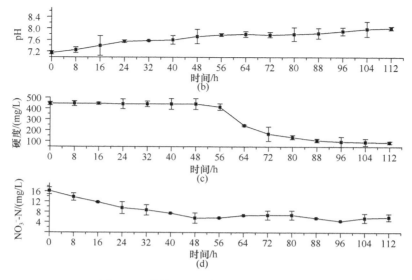

图 6-11 菌株 CN86 生物矿化的原水实验

## 6.2 生物诱导同步去除硬度和重金属工艺与应用

### 6.2.1 生物诱导同步去除硬度和重金属理论基础

#### 1. 生物诱导碳酸盐沉淀

微生物诱导矿物是微生物生理代谢活动的副产品。微生物主要通过其代谢活动促进细胞周围微环境 pH 及水体 $CO_3^{2-}$ 的升高，最终表现为碳酸盐类矿物饱和指数的增加。此外，微生物及其分泌的胞外聚合物可作为碳酸盐晶核的成核位点，为碳酸盐矿物沉淀的生长进一步提供有利条件。

微生物促进碳酸盐矿物形成的原因可能有以下几个方面：

1）存在于培养液中的微生物细胞作为异相杂质降低了界面自由能，因而有利于异相成核。

2）培养液中存在不受细菌菌体及其分泌物直接影响的特殊部位，能够为碳酸盐均相成核提供位点。

3）细菌细胞表面有各种带负电荷的功能基团（如羧基和羟基等），它们可以吸附 $Mg^{2+}$ 和 $Ca^{2+}$ 等阳离子，因而可以作为矿物成核的模板。

4）微生物生长过程中分泌带静负电荷的胞外聚合物也可以起到模板的作用而促进碳酸盐矿物的成核。

5）微生物能够通过新陈代谢改变环境的 pH 和碱度，为碳酸盐矿物的成核创造有利的条件。

### 2. 基于反硝化的生物诱导碳酸盐沉淀

生物诱导碳酸盐沉淀可出现在多种微生物的生理活动中，包括光合作用、尿素水解、反硝化作用、氨化作用、硫化作用和甲烷氧化作用。基于反硝化的生物诱导碳酸盐沉淀机理，硝酸盐可以被反硝化细菌分解产生 $CO_2$ 和 $N_2$，在水溶液中可与 $Ca^{2+}$ 离子形成 $CaCO_3$ 沉淀。除此之外，细胞壁、胞外聚合物、微生物本身也可以作为碳酸钙晶体的属性单元。

### 3. 基于生物诱导碳酸盐沉淀同步去除重金属

基于重金属离子与微生物产生共沉淀的生物修复技术在固定水中重金属方面具有巨大潜力。微生物诱导的碳酸盐沉淀产品（如方解石）可以强烈吸附其表面的重金属，并将重金属离子结合到其沉淀结构中。在方解石沉淀过程中，离子半径接近 $Ca^{2+}$ 的重金属离子，如 $Sr^{2+}$、$Pb^{2+}$、$Cd^{2+}$ 和 $Cu^{2+}$，可能取代晶格中的 $Ca^{2+}$ 或进入沉淀的间隙。

## 6.2.2　生物诱导同步去除硬度和重金属工艺技术

### 1. 工艺原理

生物诱导能够作为一种去除工业废水中硬度和重金属的生物方法，该技术以同时具有高效异养反硝化和生物矿化能力的菌株 CN86 为对象，在去除 $NO_3^-$-N 的同时利用其生物矿化能力同步去除硬度和重金属。

该技术通过不动杆菌 CN86 建立了裕隆填料生物膜反应器，如图 6-12 所示。反应器由四部分组成：进水池、进水蠕动泵、生物移动床反应器和曝气泵。生物移动床反应器由高 1 m、内径 0.06 m、总容积 2.8 L、工作容积 2 L 的有机玻璃容器组成，并由 CN86 菌株挂膜后的裕隆填料填充。试验运行两个平行生物反应器，其中一个反应器没有生物挂膜，另一个反应器进行生物固定化。裕隆填料生物膜反应器连续、稳定地运行了 115 天。如表 6-2 所示，裕隆填料生物膜反应器的运行被划分为 15 个周期。异养反硝化同步生物矿化培养基由流量泵按照设定速率加入生物移动床反应器中，并由曝气泵进行微曝气。

首先，将制备好的异养同步反硝化生物矿化培养基加入水槽中。调整蠕动泵到试验所需流速，使进水槽中的培养基连续注入生物膜反应器。由曝气泵调整流速使整个反应器维持曝气状态，反应器在 30℃ 的条件下运行。反应器的出水口设置在无机玻璃柱的底部，从反应器的进水口和出水口取样对反应器中的 $NO_3^-$-N、$Cd^{2+}$ 和 $Ca^{2+}$ 浓度进行测定。

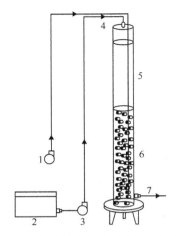

图 6-12    裕隆填料生物膜反应器结构示意图

1. 曝气泵；2. 进样罐；3. 进水蠕动泵；4. 进水口；5. 配水区；6. 反应区；7. 出水口

表 6-2    裕隆填料生物膜反应器各周期的运行条件

| 试验组 | 周期 | Cd$^{2+}$/（mg/L） | pH | HRT/h |
| --- | --- | --- | --- | --- |
| 试验Ⅰ | 周期 1 | 10 | 7 | 4 |
| | 周期 2 | 10 | 7 | 6 |
| | 周期 3 | 10 | 7 | 8 |
| | 周期 4 | 10 | 6 | 8 |
| | 周期 5 | 10 | 8 | 8 |
| 试验Ⅱ | 周期 6 | 30 | 7 | 4 |
| | 周期 7 | 30 | 7 | 6 |
| | 周期 8 | 30 | 7 | 8 |
| | 周期 9 | 30 | 6 | 8 |
| | 周期 10 | 30 | 8 | 8 |
| 试验Ⅲ | 周期 11 | 50 | 7 | 4 |
| | 周期 12 | 50 | 7 | 6 |
| | 周期 13 | 50 | 7 | 8 |
| | 周期 14 | 50 | 6 | 8 |
| | 周期 15 | 50 | 8 | 8 |

注：HRT 为水力停留时间。

## 2. 工艺处理效果

（1）水力停留时间对生物膜反应器去除 $NO_3^-$-N、$Cd^{2+}$ 及 $Ca^{2+}$ 的影响

在实验室搭建模拟工业废水的裕隆填料生物膜反应器，研究了水力停留时间（HRT）对生物膜反应器去除 $NO_3^-$-N、$Cd^{2+}$ 及 $Ca^{2+}$ 性能的影响。图 6-13（a）所示

为 Cd²⁺初始浓度为 10 mg/L 时的生物脱氮特性。从第 1 周期到第 3 周期，初始 pH 都保持在 7.0，HRT 逐渐从 4 h 上升到 8 h，硝酸盐去除率随着 HRT 的增加逐渐从 84.82%增加到 99.68%，这是由于水力停留时间的延长可以使被固定的菌株 CN86 有充足的时间反硝化。在试验的第 6 周期到第 8 周期（第 11 周期到第 13 周期）

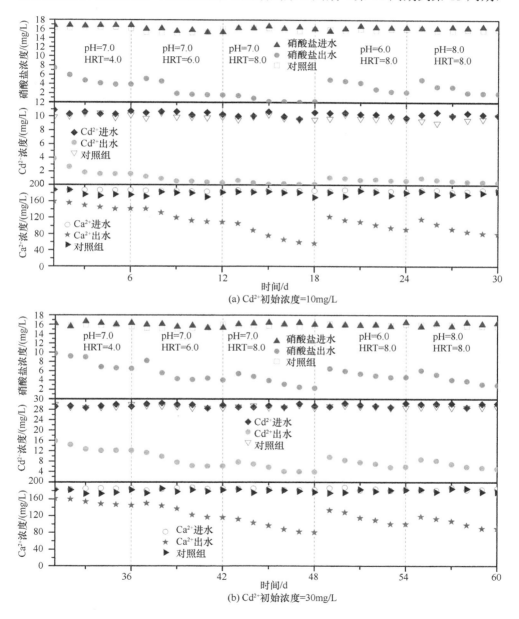

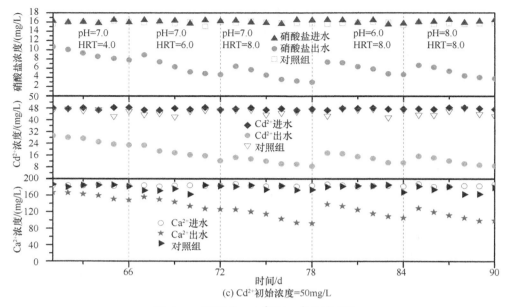

图 6-13　硝酸盐、$Cd^{2+}$ 和 $Ca^{2+}$ 浓度变化

中也观察到同样的现象。由此可以说明，随着 HRT 的延长，硝酸盐的去除效率显著提高。第 1 周期到第 3 周期，$Cd^{2+}$ 去除的变化趋势和硝酸盐去除类似，随着 HRT 的增加，$Cd^{2+}$ 去除率逐渐上升，由 84.28%（HRT=4）增加到 100%（HRT=8）。显然，裕隆填料生物膜反应器中较长的 HRT 可以获得较好的 $Cd^{2+}$ 去除率。由图 6-13（b）可以观察到，$Ca^{2+}$ 的去除效果受 HRT 的影响较大，$Ca^{2+}$ 的去除率也随着 HRT 的增加逐渐从 24.33% 增加到 69.54%。$Ca^{2+}$ 的去除可能依赖于细菌反硝化，导致 pH 变化和细菌各种代谢产物提供成核位点，因此需要更长的水力停留时间才能使 $Ca^{2+}$ 的去除达到更好的效果。在不同初始 $Cd^{2+}$ 浓度试验组下也发现同样规律，硝酸盐、$Cd^{2+}$、$Ca^{2+}$ 的去除率均随着 HRT 的增加而增加。

（2）初始 pH 对生物膜反应器去除 $NO_3^-$-N、$Cd^{2+}$ 及 $Ca^{2+}$ 的影响

由图 6-13（a）可知，在第 4 周期和第 5 周期时，pH 由 7.0 变为 6.0 和 8.0。可以观察到硝酸盐去除效果较容易受到 pH 影响，在中性条件下硝酸盐的去除效果明显优于碱性和酸性条件，pH 为 6.0 和 pH 为 8.0 条件下硝酸盐的平均去除率分别为 86.44% 和 88.32%。硝酸盐去除率在第 4 周期和第 5 周期运行前期相对较低，这是由于菌株需要适应新改变的 pH，而且反硝化细菌在最适合 pH 条件下才能达到最大去除率。由非固定化试验可知，$Cd^{2+}$ 的去除过程更加依赖于微生物诱导碳酸钙沉淀过程中的共沉淀去除。在溶液环境中大量存在 $Ca^{2+}$ 的情况下，pH 的变化对 $Cd^{2+}$ 的去除影响较小。$Cd^{2+}$ 的去除率在稳定期分别为：93.93%（pH 为 6.0）、

96.72%（pH 为 8.0）。$Ca^{2+}$ 的变化受到反硝化及其对环境 pH 改变的影响。初始 pH 的变化一定程度上影响了反硝化的效率，进而影响了 $Ca^{2+}$ 的去除。由图 6-13（a）可知，在 pH 为 6.0 时，$Ca^{2+}$ 去除率为 50.33%；pH 为 8.0 时，$Ca^{2+}$ 去除率为 57.45%，均低于 pH 为 7.0 时的去除率（69.54%）。同时，观察到在 pH 稍高但不至于抑制反硝化作用时，高 pH 比低 pH 更有利于 $Ca^{2+}$ 的去除。综上所述，硝酸盐、$Cd^{2+}$ 和 $Ca^{2+}$ 的去除率均在 pH=7.0 时达到最佳效果，这种现象可以解释为：在中性环境中菌株 CN86 的活性更高，其反硝化效果更好，更有利于 $Ca^{2+}$ 的去除及过程中对 $Cd^{2+}$ 的共沉淀去除作用。

（3）初始 $Cd^{2+}$ 浓度对生物膜反应器去除硝酸盐、$Cd^{2+}$ 及 $Ca^{2+}$ 的影响

如图 6-13（b）所示，从周期 6 到周期 10，初始 $Cd^{2+}$ 浓度保持在 30 mg/L 左右。在 HRT 为 8 h 和 pH 为 7.0 的条件下，硝酸盐、$Cd^{2+}$ 和 $Ca^{2+}$ 最大的去除率出现在第 8 周期，分别为 85.51%、86.82% 和 55.95%。如图 6-13（c）所示，从周期 11 到周期 15，初始 $Cd^{2+}$ 浓度保持在 50 mg/L。在 HRT=8 h 和 pH 为 7.0 的条件下，硝酸盐、$Cd^{2+}$ 和 $Ca^{2+}$ 的最大去除率出现在第 13 期，分别为 81.83%、82.08% 和 49.61%。分析可知，硝酸盐、$Cd^{2+}$ 和 $Ca^{2+}$ 的去除率随着 $Cd^{2+}$ 浓度的提高而不同程度下降。$Cd^{2+}$ 对细菌去除效果的抑制更集中体现在反应器每个周期的前期。这种现象与非固定化试验中的结论相同，但是固定化试验中菌量远大于非固定化试验，因此固定化试验中细菌适应重金属环境的速度以及最终对硝酸盐、$Cd^{2+}$ 和 $Ca^{2+}$ 的去除效果都优于非固定化试验。固定化的菌株 CN86 在初始 pH 为 7.0、初始 $Cd^{2+}$=10 mg/L 和 HRT=8 h 条件，硝酸盐最大去除率为 99.13%，$Cd^{2+}$ 最大去除率为 100%，$Ca^{2+}$ 最大去除率为 69.54%。菌株可耐受初始 $Cd^{2+}$ 为 50 mg/L，并保持一定水平的去除效果。

（4）最适条件下的生物膜反应器性能

硝酸盐去除的最佳条件是初始 $Cd^{2+}$ 浓度为 10 mg/L、HRT=8 h 和 pH 为 7.0。图 6-14 显示了整个试验中硝酸盐、$Cd^{2+}$ 和 $Ca^{2+}$ 的变化。在最初的 5d 内，由于裕隆填料生物膜反应器处于运行初期，所以硝酸盐和 $Cd^{2+}$ 的平均去除率没有达到最大值。到第 5d 时，硝酸盐和 $Cd^{2+}$ 去除率基本达到 98.33%[1.866 mg/（L·h）] 和 99.36% [1.242 mg/（L·h）]，$Ca^{2+}$ 的去除率在第 7 天基本达到稳定，为 68.8% [15.48 mg/（L·h）]。

### 3. 生物诱导硬度、硝酸盐和重金属同步去除机理

（1）生物膜反应器产气分析

在最适条件下，对反应器进行产气试验，结果表明反应器中的气体是在硝酸盐去除过程中产生的。为了进一步证实生物膜反应器的脱氮机理，用气相色谱（GC）

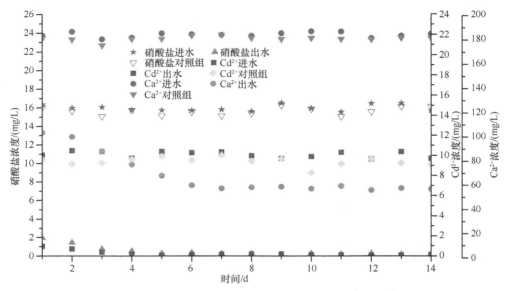

图 6-14　最优条件下生物膜反应器进出水中硝酸盐、$Cd^{2+}$ 和 $Ca^{2+}$ 浓度变化

来监测生物膜反应器产生的气体成分。图 6-15 显示了在试验过程中反应器所释放的主要气体成分，发现试验组所产生的气体中检测出 99.61% 的氮气，并在大气中氮气检测的含量为 79%。这表明生物膜反应器中反硝化程度较高。此外，在反应器运行过程中，稳定期内未检测到 $N_2O$。

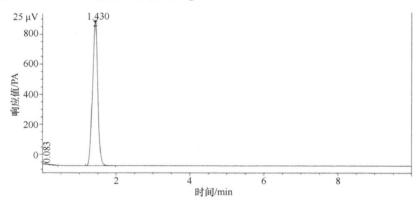

图 6-15　生物膜反应器中气体产生组成

25μV 表示两个池的电位差

（2）生物膜反应器沉淀分析

通过扫描电镜（SEM）观察到细菌，并鉴定该菌株属于短杆状细菌（$1.0\mu m \times$ $0.5\mu m$），结果如图 6-16（a）所示。图 6-16（b）和（c）显示了生物沉淀 SEM 图谱，可以在放大 10000 倍下观察到球状形态的沉淀，这可能表明菌株 CN86 作为

去除 $Ca^{2+}$ 的异相成核位点。存在于培养液中的微生物细胞作为异相杂质降低了界面自由能，因而有利于异相成核。细菌细胞表面有各种带负电荷的功能基团，它们可以吸附 $Mg^{2+}$ 和 $Ca^{2+}$ 等阳离子，作为矿物成核的模板，当以细菌菌体作为成核位点时，沉淀的形态应该与菌体性态类似。菌株 CN86 经过 SEM 鉴定为短杆菌，形成的沉淀多为球状和椭球状。

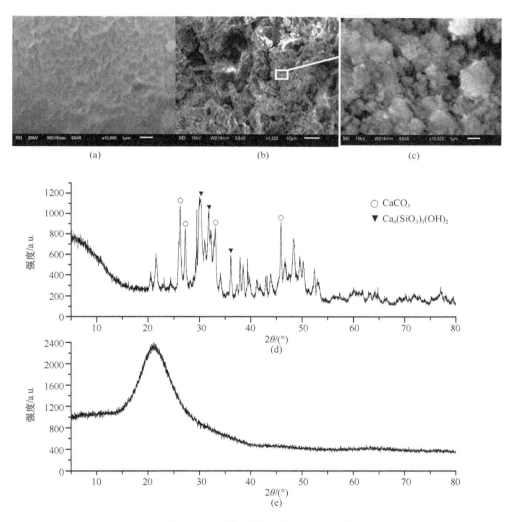

图 6-16　扫描电镜图谱及 XRD 图谱

为了进一步确定沉积物的物质构成，采用 X 射线衍射（XRD）来观察沉积物。图 6-16（d）显示，处理后沉积物的 XRD 图谱显示了几个峰值，表明 $CaCO_3$ 的存在。沉积物显示了 4 个主峰峰值。结果表明，反应过程产生的沉淀物质是 $CaCO_3$，进一步证实了菌株 CN86 具有生物矿化能力。同时对照组中沉淀的 XRD 图谱显示沉淀中并没有检测出已定形的晶体结构，这也表明菌株 CN86 在反应器里 $Ca^{2+}$ 的去除过程中起关键作用。

（3）生物膜反应器中微生物群落结构变化

反应器初始 $Cd^{2+}$ 浓度不同时，细菌群落结构会发生变化。各组初始 $Cd^{2+}$ 浓度分别为 10 mg/L（G1）、30 mg/L（G2）、50 mg/L（G3）和 50 mg/L（对照组 G0）。如图 6-17（a）所示，样品 G1、G2 和 G3 的门类鉴定共 9 种。变形菌门（Proteobacteria）、拟杆菌门（Bacteroidetes）、放线菌门（Actinobacteria）和厚壁菌门（Firmicutes）在反应器中有重要作用，其中，Proteobacteria 是生物膜反应器中最主要的群体，主导了反硝化进程。结果表明，初始 $Cd^{2+}$ 浓度对生物膜反应器中的细菌群落结构的影响较大。在样品 G1、G2 和 G3 中 Proteobacteria 的群落丰度分别为 55.03%、49.72% 和 38.09%。这说明随着初始 $Cd^{2+}$ 浓度的增加，Proteobacteria 虽然逐渐受到抑制，但具有一定耐受性。对比 G0（18.86%）和 G3（38.09%）中 Proteobacteria 的群落丰度，发现填料表面挂膜的细菌更好地适应了新的环境。Acinetobacter sp. CN86 属于变形菌门 Proteobacteria，是反硝化群落结构中起主要作用的细菌门类。

纲水平检测结果如图 6-17（b）所示，不包括未分类的纲类，样品 G0、G1、G2 和 G3 的纲类鉴定共 14 种。四个样品的主要类别是放线菌纲 Actinobacteria、γ-变形菌纲 Gammaproteobacteria、β-变形菌纲 Betaproteobacteria 和 α-变形菌纲 Alphaproteobacteria。菌株 CN86 属于 Gammaproteobacteria 类，G1、G2、G3 和 G0 样品中 Gammaproteobacteria 的相对丰度分别为 35.14%、24.01%、12.53% 和 8.2%。这些结果表明，随着初始 $Cd^{2+}$ 浓度的增加，Gammaproteobacteria 的相对丰度降低，硝酸盐和 $Cd^{2+}$ 去除的效果也相对降低。变形菌门菌群在生物膜群落结构中起着最主要的作用，尤其是在硝酸盐去除中的 γ-变形菌。反硝化的效果影响着环境溶液 pH 的变化，进一步影响 $CaCO_3$ 和 $Cd^{2+}$ 的共沉淀。

图 6-17（c）为种水平的微生物群落热图，显示了四个样本的相似性和丰度，在四个实验组样品中都检测到了不动杆菌属 Acinetobacter。在 G1、G2 和 G3 组中，Acinetobacter 的相对丰度为 15.30%、4.64% 和 3.89%。Acinetobacter 的丰度随着初始 $Cd^{2+}$ 浓度增加而降低，说明较高的初始 $Cd^{2+}$ 浓度不利于反硝化细菌的富集，反硝化效率也随之降低。此外，在样品 G1、G2 和 G3 中也检测到了具有反硝化能力的 Pseudomonas、Pseudoxanthomonas 和 Rhizobium 等菌属，很多报道指出 Pseudomonas 菌属与许多反硝化过程有关。

综上所述，三个试验组（G1、G2 和 G3）均检测到了不动杆菌属 Acinetobacter，其丰度随着初始 $Cd^{2+}$ 浓度增加而降低。反应器中 Acinetobacter 具有一定耐受高 $Cd^{2+}$ 的能力，同时在反应器反硝化过程中起主导作用。通过生物膜固定化，Acinetobacter sp. CN86 的相对丰度明显提升。

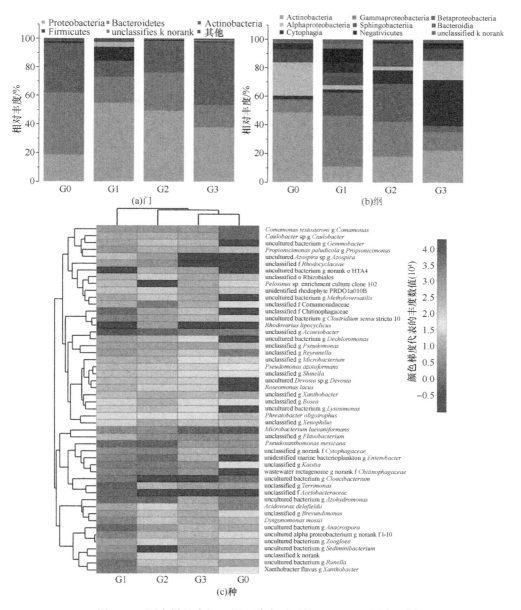

图 6-17　四个样品中门、纲、种水平下的 16S rRNA 测序分析

（4）菌株 CN86、胞外聚合物和菌体生物沉淀诱导碳酸盐沉淀对照试验

分别设置了菌体、胞外聚合物（EPS）、菌体生物沉淀对照试验探究菌株 CN86 促进碳酸盐矿物形成的原因。菌体生物沉淀通过离心过滤清洗烘干后高温灭菌备用。分别将活化好的处于对数增长期的 CN86 菌液、EPS 和菌体生物沉淀接入灭

菌过的同步异养反硝化生物矿化培养基中培养 96 h，每天取样一次，观察 $Ca^{2+}$ 浓度和 pH 变化。如图 6-18（a）所示，可以观察到只添加菌株 CN86 系统中 $Ca^{2+}$ 浓度呈下降趋势，培养 96 h 后最大去除率为 69.34%。在 0～24 h，菌株 CN86 系统中 pH 迅速由 6.95 上升到 7.98，24 h 后上升速率降低，并在培养 96 h 后最终达到 8.77。而在 EPS 系统和菌体生物沉淀系统均未观察到 $Ca^{2+}$ 浓度和 pH 有明显变化。上述结果表明，当只存在可能的成核位点时，不能形成碳酸盐，需要在菌株 CN86 的作用下才能形成碳酸盐。

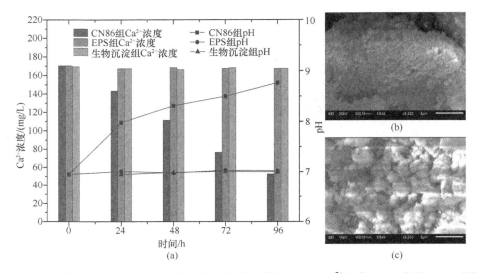

图 6-18　菌株 CN86、EPS 组和菌体生物沉淀诱导碳酸盐沉淀 $Ca^{2+}$ 浓度和 pH 变化（a），菌株 CN86 扫描电镜（b）和诱导沉淀盐沉淀扫描电镜（c）图谱

微生物通过呼吸作用产生的 $CO_2$ 与环境中的阳离子产生沉淀，在水溶液中可与 $Ca^{2+}$ 离子形成 $CaCO_3$ 沉淀。如图 6-18（b）和（c）所示，菌株经扫描电镜鉴定为短杆状菌，且诱导生成的碳酸盐沉淀多为椭球状。分析可知，菌株 CN86 诱导生成的碳酸盐沉淀的过程是以 CN86 菌体作为成核位点，菌株 CN86 的呼吸作用和反硝化作用产生 $CO_2$，同时 $CO_2$ 水合作用产生 $CO_3^{2-}$。菌体表面负电荷基团可以螯合 $Ca^{2+}$，并进一步吸附 $CO_3^{2-}$。培养基中有机物不断被菌株 CN86 分解，使溶液中的 $CO_3^{2-}$ 浓度不断增加，环境溶液 pH 不断升高。

### 6.2.3　生物诱导同步去除硬度和重金属工艺应用

包括电镀、精炼厂、矿山和电子设备工业等行业的工业废水中往往含有高浓度的 Cd 和其他重金属。Cd 是许多国家地表水和地下水中最常见的有毒金属之一。

随着科研人员对饮用水和工业用水处理技术的不断研究，对水的质量和水处理过程中的硬度、重金属和 $NO_3^--N$ 的去除提出了更高的要求。

目前缺乏对地下水硬度 $Cd^{2+}$ 和 $NO_3^--N$ 复合污染的原位修复技术。基于微生物诱导的矿物共沉淀法而研发的生物修复技术在固定化水中重金属方面具有很大的潜力。当重金属与生物诱导矿物共沉淀时，通常会与矿物晶体的晶格结合，而晶格中所截留的重金属在地质上是稳定的。生物矿化细菌 CN86 诱导生成的生物晶种对水中 $Ca^{2+}$ 和 $Cd^{2+}$ 有明显的去除作用。因此，生物诱导同步去除硬度和重金属工艺不仅能够去除水体中过高的硬度，解决市政用水及工业用水过程中的诸多问题，也为有毒金属的固定提供了一种非常有前景的技术。

# 6.3　生物法去除暂时硬度工艺与应用

## 6.3.1　生物法去除暂时硬度理论基础

### 1. 暂时硬度

暂时硬度即碳酸盐硬度，是总硬度的一部分，指的是与水中碳酸氢盐和少量碳酸盐结合的钙、镁所形成的硬度。当水煮沸时，钙、镁的碳酸氢盐分解生成沉淀从而降低水的硬度，可以用煮沸的方法来清除的硬度，称为暂时硬度。如果硬水中钙和镁主要以硫酸盐、硝酸盐和氯化物等形式存在，即为永久硬度，永久硬度不能用煮沸的方法除去。地下水是我国重要的水源，高暂时硬度的地下水是目前居民使用较多的重要水源。

我国很多地下水的总硬度数值为 300～450 mg/L，虽未超过《生活饮用水卫生标准》（GB 5749—2022）相关规定，但由于暂时硬度中 $HCO_3^-$ 离子的存在，饮用水煮沸后出现大量沉淀或漂浮物现象，不仅在感官上难以被接受，而且存在诸多危害。此外，车辆、工程、机械的冷却水一般暂时硬度不应超过 180 mg/L，总硬度不应超过 286 mg/L，否则在散热器的管套中，就会结出一层矿质内壳，严重影响散热效果，甚至堵塞管道。

### 2. 自养反硝化

生物反硝化一般是指反硝化细菌在厌氧条件下，将硝酸盐作为最终的电子受体，把硝酸盐和亚硝酸盐转化为无毒无害的氮气的过程。异养反硝化必须提供足够的有机碳源以便异养反硝化细菌的生长繁殖。相比之下，自养反硝化具有更深远的研究意义，主要原因在于不需要添加有机碳化合物，而是利用二氧化碳、碳酸氢盐等无机碳源作为自身生长繁殖的必要条件。自养反硝化不会产生多余的副产物以及二次污染，在节约成本的同时降低了后续处理难度，具有更加实际的效益。

（1）硫自养反硝化

硫自养反硝化的过程是指在培养基中的硫自养反硝化细菌利用硫单质或者 $S^{2-}$ 作为电子供体，在厌氧或者缺氧的环境下使硝酸根离子逐步还原转化为氮气的过程。

（2）氢自养反硝化

与硫自养反硝化类似，氢自养反硝化是以氢气作为电子供体使得硝酸盐逐步还原为氮气的过程。氢自养反硝化的反应速率快，对不同浓度的硝酸盐去除效果都很显著，适应环境能力强，这也是目前研究结果最为显著的一种自养反硝化处理方法。

（3）铁自养反硝化

在自然界地壳中广泛存在的铁离子同样可以作为自养反硝化的电子供体。由于铁本身具有较强的氧化还原性质，无论铁单质还是 $Fe^{2+}$ 都可作为电子供体使用，这使得反硝化理论的研究得到了进一步的完善。

### 3. 微生物固定化

微生物固定化技术作为一种新兴生物处理技术，是将微生物固定在载体上使其高度密集并保持生物活性，具有反应效率快、稳定性强、易于固液分离等优点。微生物固定化的载体有活性炭、多孔玻璃、石英砂、硅藻土、沸石等无机材料，以及琼脂、海藻酸钙钠、凝胶、硅胶等有机材料。把能够降解特定污染物的高效菌种有针对性地投加到已有的污水处理系统中，能够快速提供大量具有特殊作用的微生物，在污染物治理中显示出巨大的潜力，该法具有专门处理某些污染物指标或特种废水的特点。然而，高效微生物易从反应器流失，或是与反应器中土著微生物竞争不易取得优势，如何将功能菌株固定化后长期持留在反应器中是目前亟待解决的问题。

### 4. 生物法去除暂时硬度

以往技术人员去除水中硬度只关注钙离子或镁离子等的去除。然而，当水体缺少碳酸氢盐时，钙镁离子不能形成碳酸氢钙和碳酸氢镁，这时要实现水中暂时硬度的去除，可以以地下水中原有的自养反硝化细菌作为菌源，菌株利用碳酸氢盐生长繁殖，从而将地下水中的暂时硬度去除。

## 6.3.2　生物法去除暂时硬度工艺技术

### 1. 工艺原理

针对现有技术的缺陷或不足，提出一种去除地下水暂时硬度的生物方法，其反应器结构如图 6-19 所示。该技术通过驯化地下水中以碳酸氢盐为自养源的自养反硝化细菌得到生物菌剂，通过挂膜的方式将生物菌剂固定于生物滤料上进行地下水中碳酸氢盐的去除。

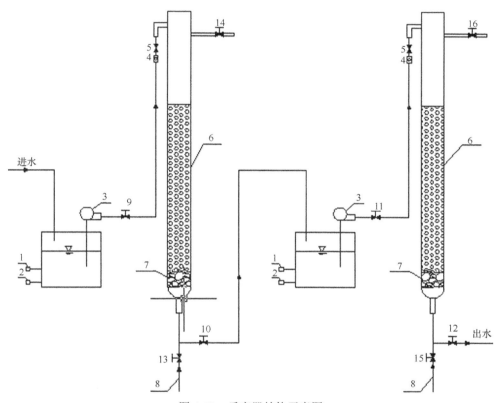

图 6-19　反应器结构示意图

1. 温度控制系统；2. pH 检测系统；3. 水泵；4. 流量计；5. 止回阀；6. 滤料；7. 承托层；8. 反冲洗系统；
9～16. 阀门

与其他技术相比，生物法去除暂时硬度工艺技术优点在于：

1）提供去除地下水暂时硬度的生物方法，利用地下水中的自养细菌作为菌源，自养细菌利用碳酸氢盐进行生长繁殖，从而将地下水体中的碳酸氢盐去除。

2）该技术处理地下水暂时硬度的生物方法颠覆了以往技术人员去除地下水中硬度只关注去除水中钙离子或镁离子等的观念，从去除水中碳酸氢根入手，实现对水中暂时硬度去除的目的，去除效果好，处理时间短，显著降低了成本。

3）通过向水体中加入 $NaHCO_3$ 和 $CaCl_2$，使细菌适应高 $Ca^{2+}$ 环境，能够利用 $HCO_3^-$ 的细菌大量生长繁殖获得生物菌剂，将生物菌剂通过挂膜的方式固定于生物滤料，利用生物滤料建立二级反应装置，其中第一级装置主要作用是去除水体暂时硬度，第二级装置去除水体暂时硬度兼有截留脱落的生物膜的作用。具有操作简单、管理方便、运行费用低于其他常用处理工艺的特点。

2. 工艺处理效果

（1）石英砂作为滤料时生物法去除暂时硬度工艺技术的实际水体处理效果

原水取自陕西省渭南市蒲城县的地下水。从图 6-20 可以看出，出水暂时硬度得到了有效地去除，出水二价铁离子也维持在一个较低的水平，均低于 0.3 mg/L。该反应装置对去除暂时硬度和二价铁离子具有良好的处理效果。

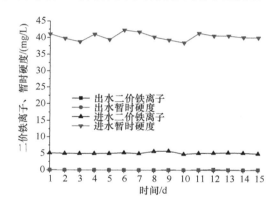

图 6-20　石英砂为滤料时的出水水质

（2）陶粒作为滤料时生物法去除暂时硬度工艺技术的实际水体处理效果

原水取自陕西省渭南市蒲城县的地下水。从图 6-21 可以看出，出水暂时硬度得到了有效地去除，但是出水二价铁离子没有得到有效去除，均高于 0.3 mg/L。该反应装置去除暂时硬度具有良好的处理效果，但是对于二价铁离子的去除效果一般。

### 6.3.3　生物法去除暂时硬度工艺应用

1. 高暂时硬度地下水的软化

据调查，我国农村生活饮用水以地下水为主，饮用地下水的人口占 74.87%（贾淑平等，2009），高暂时硬度的地下水是目前农村居民使用较多的重要水源。生物法去除暂时硬度工艺是一种快速、可靠、经济的除垢技术，可以广泛地应用于采

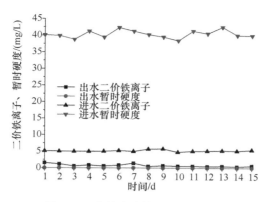

图 6-21　陶粒为滤料时的出水水质

用高暂时硬度地下水作为水源的地区，对于减轻水垢对居民生活和身体健康存在的潜在危害具有重要意义。

### 2. 锅炉用水的软化

在对锅炉的危害上，暂时硬度比永久硬度的影响要大得多。锅炉用水经过长期烧煮后，水里的钙和镁会在锅炉内结成锅垢，附着在锅炉内壁的碳酸钙、氢氧化镁沉淀会阻碍锅炉的传热，消耗更多的燃料，而且会导致局部过热，严重时引起锅炉爆炸，损毁锅炉。另外，暂时硬度较高的锅炉用水也会大大降低锅炉内金属管道的导热能力，当局部过热超过金属允许的温度时，锅炉管道也将变形损毁。因此，生物法去除暂时硬度工艺可通过锅炉用水预处理的形式解决工业生产中水垢引起的锅炉爆炸事故和管道损坏问题。

### 3. 矿井排放废水的软化

化工厂矿井排放的废水具有较高的暂时硬度，会造成循环水系统的结垢和后续膜处理系统的污染。循环水中 $Ca(OH)_2$、$Mg(HCO_3)_2$ 浓度随着循环水的蒸发而增加，当浓度达到饱和状态，或经过换热器传热表面使水温升高时，它们会分解为 $CaCO_3$ 和 $Mg(OH)_2$，沉积在冷凝器的传热表面，形成致密的水垢，使换热器的导热性能变差。生物法去除暂时硬度工艺软化矿井排放废水能够从根本上解决问题，从而保证循环水系统和后续膜处理系统长周期、安全、稳定运行。

# 参 考 文 献

贾淑平, 曾睿, 但卫华, 等. 2009. 植物多酚药理作用的研究及应用. 中国药房, 20(12): 953-955.

Altermann W, Kazmierczak J, Oren A, et al. 2006. Cyanobacterial calcification and its rock-building potential during 3.5 billion years of earth history. Geobiology, 4: 147-166.

# 第7章　基于酸碱平衡曝气水垢控制工艺原理与技术

为解决饮用水水垢问题，很多用户选择购买市面上商业净水装置进行自来水终端处理。目前市面上的净水装置大多采用反渗透等技术，处理水为软水，虽然能够降低水中硬度和抑制水垢生成，但是也造成了对人体有益的钙镁离子流失。和西方人群膳食结构相比，我国居民膳食结构主要为植物性食物，对奶制品的消费偏低，导致膳食中的钙镁摄入量偏低。同时，我国居民有喝开水的习惯，水中钙镁等矿物质在煮沸和冷却过程中以水垢形式析出，导致我国居民钙镁摄入不足。根据世界卫生组织调查结果，人体从饮用水中摄入的钙镁离子总量占人体摄入总量的 20%，水中的钙镁等矿物元素主要以离子形式存在，容易被机体吸收。因此，解决水垢问题不能简单地等同于去除水体中的钙镁离子。酸碱平衡曝气法是通过加酸去除加热过程中转化产生沉淀的 $HCO_3^-$，降低原水的碱度，使在加热过程中 $HCO_3^-$ 转化产生的 $CO_3^{2-}$、$OH^-$ 与水中的 $Ca^{2+}$、$Mg^{2+}$ 形成的 $CaCO_{3\,(aq)}$ 和 $Mg(OH)_{2\,(aq)}$ 不足以达到饱和产生沉淀；最后通过曝气将水中溶解的 $CO_2$ 吹脱出来，使得出水与原水的 pH 相近，是一种在保留水中钙镁离子的同时达到除垢效果的有效方法。

## 7.1　结垢成因及控制路径分析

饮用水水垢的主要成分是碳酸钙和氢氧化镁，水垢的生成主要是生水中存在的暂时硬度（碳酸盐硬度）引起的。生水中溶解性 $CO_2$ 在水中能够形成碳酸氢根，而在烧水过程中温度升高，$CO_2$ 气体从水中溢出，形成大量碳酸根离子，与钙镁离子发生反应，生成不溶于水的碳酸钙和氢氧化镁，同时二者溶度积随着温度降低而降低，导致碳酸钙和氢氧化镁结晶大量析出。一般将含钙镁离子较多的水称为硬水，水垢形成的化学反应过程如式（7-1）～式（7-4）所示：

$$2HCO_3^- \rightleftharpoons CO_3^{2-}+CO_2\uparrow+H_2O \tag{7-1}$$

$$HCO_3^- \rightleftharpoons OH^-+CO_2\uparrow \tag{7-2}$$

$$CO_3^{2-}+Ca^{2+} \rightleftharpoons CaCO_3\downarrow \tag{7-3}$$

$$2OH^-+Mg^{2+} \rightleftharpoons Mg(OH)_2\downarrow \tag{7-4}$$

　　总之，水垢生成可以认为是水中的碳酸氢根受热分解或二氧化碳散失等转化为碳酸根离子，与水中钙离子结合生成碳酸钙；又因为碳酸钙的溶解度较低，当水中碳酸钙浓度达到一定程度时，沉淀析出形成水垢。水垢生成的关键在于钙镁离子和碳酸氢根离子，钙镁离子越少，生成的碳酸钙和氢氧化镁水垢越少，而碳酸氢根越少，分解产生的碳酸根离子越少，生成的碳酸钙水垢越少。因此，控制水垢的生成可以从减少钙镁离子或者减少碳酸氢根离子角度入手。

　　目前，对于水垢去除工艺，常用的有结晶软化法、离子交换法、石灰软化法及膜分离法，其优缺点如图 7-1 所示。结晶软化法作用机理如式（7-5）所示，离子交换法作用机理如式（7-6）和式（7-7）所示。

$$Ca(HCO_3)_2 + Ca(OH)_2 \Longrightarrow 2CaCO_3 + 2H_2O \tag{7-5}$$

$$Ca^{2+} + 2RNa \Longrightarrow R_2Ca + 2Na^+ \tag{7-6}$$

$$Mg^{2+} + 2RNa \Longrightarrow R_2Mg + 2Na^+ \tag{7-7}$$

膜分离法
优点：技术成熟，处理效果好
缺点：成本高，浓缩水需要处理，不适合低硬度、高碱度饮用水

结晶软化法
优点：去除钙镁离子，降低总硬度
缺点：药剂品类多，工艺复杂

石灰软化法
优点：操作简单，成本低廉
缺点：能去除水中的钙镁离子，系统复杂，不适合地下水处理

离子交换法
优点：效果稳定，工艺成熟
缺点：成本高，不适合低硬度、高碱度饮用水

图 7-1　水垢控制工艺

　　综上所述，目前常用的软化方法（结晶软化法、离子交换法、膜分离法等）均从减少钙镁离子角度抑制水垢生成，通过减少钙镁离子浓度，减少其与 $CO_3^{2-}$ 形成沉淀。这些方法适用于总硬度超标的原水，但对于总硬度不超标而水垢现象较为严重的地区则不太适用。此外，这些方法导致水中钙镁等矿物元素流失，不利于居民人体健康，且存在运行成本较高或建造费用较高、运行管理复杂等缺点，在经济不发达地区难以推广使用。因此，可以转换角度，通过控制水中的碳酸氢根含量，在保留原位钙镁离子的情况下抑制水垢生成过程。

　　本章从结垢机理出发，创新性提出酸碱平衡曝气水垢控制工艺。酸碱平衡曝气法基于碳酸氢根去除原理，通过投加酸性阻垢剂，促使碳酸氢根转化为 $CO_2$ 和水，避免其与钙镁离子结合生成碳酸钙和氢氧化镁，进而抑制水垢生成。与此同时，采用曝气脱除法去除水中的溶解性 $CO_2$，提高处理水的 pH，使其满足《生活饮用水卫生标准》的要求，其反应如式（7-8）所示（张文林等，2018）。酸碱平衡曝气水垢控制工艺流程如图 7-2 所示（华家等，2016）。

$$HCO_3^- + H^+ \rightleftharpoons CO_2\uparrow + H_2O \qquad (7\text{-}8)$$

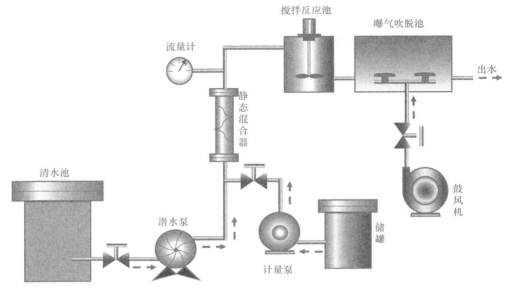

图 7-2　酸碱平衡曝气水垢控制工艺流程图

## 7.2　水中碳酸的形态及转化

水中 $CO_2$、碳酸根、碳酸氢根分布对酸碱平衡曝气水垢控制工艺具有重要影响，因此需对水中碳酸的形态及转化进行分析。天然水体中存在的碳酸平衡如式（7-9）～式（7-13）所示（闫志为等，2011）：

$$CO_2 + H_2O \rightleftharpoons H_2CO_3 \ (pK_0 = 1.46) \qquad (7\text{-}9)$$

$$H_2CO_3 \rightleftharpoons HCO_3^- + H^+ \ (pK_1 = 6.35) \qquad (7\text{-}10)$$

$$HCO_3^- \rightleftharpoons CO_3^{2-} + H^+ \ (pK_2 = 10.33) \qquad (7\text{-}11)$$

$$K_1 = \frac{\left[HCO_3^-\right]\left[H^+\right]}{\left[H_2CO_3\right]} \qquad (7\text{-}12)$$

$$K_2 = \frac{\left[CO_3^{2-}\right]\left[H^+\right]}{\left[HCO_3^-\right]} \qquad (7\text{-}13)$$

式中，$K_1$ 为碳酸的电离平衡常数；$K_2$ 为碳酸氢根的电离平衡常数。

由碳酸平衡理论可知，水中的碳酸以三种形式存在：游离碳酸（即溶解态的

$CO_2$ 和碳酸两种形态，记为 "$HCO_3$"）、碳酸氢根和碳酸根。实际上，水中以溶解态的 $CO_2$（即游离 $CO_2$）为主，碳酸较少，在 25℃条件下，$[H_2CO_{3(aq)}]/[CO_{2(aq)}]=10^{-2.8}$。

游离碳酸（$H_2CO_3^*$）所占比率 $\alpha_0$ 为

$$\alpha_0 = \left( 1 + \frac{K_1}{[H^+]} + \frac{K_1 K_2}{[H^+]^2} \right)^{-1} \tag{7-14}$$

碳酸氢根，即 $HCO_3^-$，所占比率 $\alpha_1$ 为

$$\alpha_1 = \left( 1 + \frac{[H^+]}{K_1} + \frac{K_2}{[H^+]} \right)^{-1} \tag{7-15}$$

碳酸根，即 $CO_3^{2-}$，所占比率 $\alpha_2$ 为

$$\alpha_2 = \left( 1 + \frac{[H^+]^2}{K_1 K_2} + \frac{[H^+]}{K_2} \right)^{-1} \tag{7-16}$$

采用相关热力学数据，根据式（7-14）～式（7-16），在 25℃和不同 pH 条件下的计算结果，可绘制出三种碳酸形态的分布曲线，如图 7-3 所示。显然，当饮用水的 pH 为 6～9 时，水中的碳酸主要以碳酸氢根的形式存在。

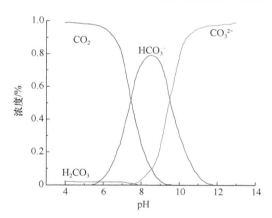

图 7-3　25℃条件下三种碳酸随 pH 变化曲线

水中碱度主要有碳酸氢盐碱度（$HCO_3^-$）、碳酸盐碱度（$CO_3^{2-}$）和氢氧化物碱度（$OH^-$）。这些碱度的形态主要取决于水中 pH 的大小，pH>10 时，以氢氧化物碱度为主，碳酸盐水解也可以使溶液 pH 达到 10 以上。按碳酸平衡规律，当 pH 为 8.3～10 时，水中存在碳酸盐碱度，而 pH 在 4.5～10 时，水中存在碳酸氢盐碱度。当 pH≈8.31 时，水中的碳酸根就全部转化为碳酸氢根，而 pH=10 时，水中的

碳酸氢根又全部转化为碳酸根。当 pH<4.5 时,水中的总碱度主要是碳酸分子形式,可认为总碱度为零。

## 7.3 曝气吹脱机理及应用研究

温度对水中碳酸解离形态及转化具有显著影响,通过 Apollo 和 Postman 推荐的 $K_1$、$K_2$ 与温度之间的统计公式[式(7-17)和式(7-18)]可计算不同温度条件下的碳酸解离平衡常数,其结果如表 7-1 所示。

$$\lg K_1 = -356.3094 - 0.06091964T + \frac{21834.37}{T} + 126.8339\lg T - \frac{1684915}{T^2} \qquad (7\text{-}17)$$

$$\lg K_2 = -107.8871 - 0.03252849T + \frac{5151.79}{T} + 38.925611\lg T - \frac{563713.9}{T^2} \qquad (7\text{-}18)$$

式中,$T$ 为绝对温度。

表 7-1 0～100℃条件下碳酸解离的平衡常数

| $t/℃$ | $pK_1$ | $pK_2$ | $t/℃$ | $pK_1$ | $pK_2$ |
|---|---|---|---|---|---|
| 0 | −6.579 | −10.629 | 55 | −6.286 | −10.157 |
| 5 | −6.516 | −10.554 | 60 | −6.29 | −10.144 |
| 10 | −6.463 | −10.488 | 65 | −6.298 | −10.134 |
| 15 | −6.419 | −10.428 | 70 | −6.308 | −10.128 |
| 20 | −6.382 | −10.376 | 75 | −6.322 | −10.125 |
| 25 | −6.352 | −10.329 | 80 | −6.338 | −10.126 |
| 30 | −6.328 | −10.288 | 85 | −6.357 | −10.129 |
| 35 | −6.31 | −10.252 | 90 | −6.378 | −10.135 |
| 40 | −6.297 | −10.222 | 95 | 6.401 | −10.144 |
| 45 | −6.289 | −10.196 | 100 | 6.427 | −10.155 |
| 50 | −6.286 | −10.174 | | | |

将各温度条件下平衡常数代入下式:

$$\alpha_0 = \frac{\left[H_2CO_3^*\right]}{DIC} = \left(1 + \frac{K_1}{\left[H^+\right]} + \frac{K_1 K_2}{\left[H^+\right]^2}\right)^{-1} \qquad (7\text{-}19)$$

$$\alpha_1 = \frac{\left[HCO_3^-\right]}{DIC} = \left(1 + \frac{\left[H^+\right]}{K_1} + \frac{\left[K_2\right]}{\left[H^+\right]}\right)^{-1} \qquad (7\text{-}20)$$

$$\alpha_2 = \frac{\left[CO_3^{2-}\right]}{DIC} = \left(1 + \frac{\left[H^+\right]^2}{K_1 K_2} + \frac{\left[H^+\right]}{K_2}\right)^{-1} \qquad (7\text{-}21)$$

其中，游离碳酸、碳酸氢根和碳酸根所占碳酸的比例用 $\alpha_0$、$\alpha_1$、$\alpha_2$ 来表示。计算得出改变水体 pH 和温度时，三种碳酸盐的分配比例。$pH_0$ 时的碳酸形态分配比例如表 7-2 所示，发现无论温度如何变化，偏酸、偏碱和中性水中碳酸氢根占据比例较高。

表 7-2　0～100℃条件下三种碳酸盐的分配比例

| $t/℃$ | $pH_0$ | 游离碳酸所占比例/% | 碳酸氢根所占比例/% | 碳酸根所占比例/% |
|---|---|---|---|---|
| 0 | 8.6 | 0.9343 | 98.1468 | 0.9189 |
| 5 | 8.54 | 0.9291 | 98.1217 | 0.9492 |
| 10 | 8.48 | 0.9439 | 98.0928 | 0.9633 |
| 15 | 8.42 | 0.9779 | 98.0603 | 0.9618 |
| 20 | 8.38 | 0.9846 | 98.0252 | 0.9902 |
| 25 | 8.34 | 1.0071 | 97.9877 | 1.0052 |
| 30 | 8.31 | 1.0212 | 97.9482 | 1.0306 |
| 35 | 8.28 | 1.0496 | 97.9069 | 1.0435 |
| 40 | 8.26 | 1.0667 | 97.8645 | 1.0688 |
| 45 | 8.24 | 1.0961 | 97.8209 | 1.083 |
| 50 | 8.23 | 1.1118 | 97.7769 | 1.1113 |
| 55 | 8.22 | 1.1392 | 97.7321 | 1.1297 |
| 60 | 8.22 | 1.1482 | 97.6873 | 1.1645 |
| 65 | 8.22 | 1.168 | 97.6423 | 1.8997 |
| 70 | 8.22 | 1.1963 | 97.5977 | 1.206 |
| 75 | 8.22 | 1.2338 | 97.553 | 1.2132 |
| 80 | 8.23 | 1.251 | 97.509 | 1.24 |
| 85 | 8.24 | 1.276 | 97.4652 | 1.2588 |
| 90 | 8.26 | 1.2787 | 97.4222 | 1.2991 |
| 95 | 8.27 | 1.3176 | 97.3806 | 1.3018 |
| 100 | 8.29 | 1.3332 | 97.3392 | 1.3276 |

投加酸性阻垢剂虽然能够有效降低碳酸氢根的浓度，但同时会降低出水 pH，使水体中碳酸氢根转化为溶解态二氧化碳存在于水体中。根据《生活饮用水卫生标准》（GB 5749—2022）规定，出水 pH 应在 6.5～8.5。因此，需采取措施提高出水 pH。

提高 pH 的常用方法有两种：投碱法和曝气吹脱法（周明罗和罗海春，2008）。投碱法通过投加 NaOH、$Mg(OH)_2$、$Ca(OH)_2$、MgO 等碱性物质提高出水的 pH，但所需的储药、溶药及投药设备较复杂，运行成本较高。相比之下，曝气吹脱法是一种较为经济、简单的方法，利用机械搅拌、曝气等方式，将水中的 $CO_2$ 吹脱，提高水的 pH。$CO_2$ 脱除法的原理为：地下水中的 $CO_2$ 是大气中含量的 100 倍，当地下水接触地表空气时，会向空气中释放 $CO_2$。水中含有的碳酸化合物主要有 $CO_2$、$H_2CO_3$、$HCO_3^-$ 和 $CO_3^{2-}$ 四种形态。当 pH<6 时，溶液中主要组分是 $H_2CO_3$；当 pH 为 6～9 时，溶液中主要组分是 $HCO_3^-$；当 pH>10 时，则溶液中主要组分是 $CO_3^{2-}$。各种碳酸化合物平衡关系如反应式（7-22）～式（7-24）所示，处理水经机械搅拌、曝气等作用，$CO_2$ 从水中脱除，以下反应向左移动，$H^+$ 减少，出水 pH 提高。

$$CO_2 + H_2O \rightleftharpoons HCO_3^- + H^+ \tag{7-22}$$

$$HCO_3^- \rightleftharpoons CO_3^{2-} + H^+ \tag{7-23}$$

$$H_2CO_3 \rightleftharpoons CO_3^{2-} + 2H^+ \tag{7-24}$$

机械搅拌主要利用水的紊动作用，使 $CO_2$ 脱除，提高出水 pH。英国某污水处理厂运行过程中发现，机械搅拌对 $CO_2$ 脱除、pH 提升有一定的效果，但搅拌所脱除的 $CO_2$ 不彻底，出水 pH 提升效果有限。同时，提升 pH 所需时间较长，反应构筑物占地面积较大。

曝气吹脱法是利用曝气过程中产生的气泡增加气水的接触面积，从而加快 $CO_2$ 的脱除速率。但是，当地下水与空气中的 $CO_2$ 接近平衡时，曝气作用则失效。国内外对曝气吹脱研究较多，Suzuki、Saidou、Münch、Cohen、王绍贵、汪慧贞等均对此进行了研究，结果均表明，曝气量越大出水 pH 所能提升的幅度越大，曝气后出水所能提升的 pH 幅度随水初始 pH 的提高而降低，出水 pH 随曝气时间的延长而增加（Suzuki et al.，2002；Saidou et al.，2009；Münch and Barr，2001；Cohen and Kirchmann，2004；王绍贵等，2005；汪慧贞和王绍贵，2004）。$CO_2$ 气泡扩散/溢出模型及碳酸平衡关系如图 7-4 所示。

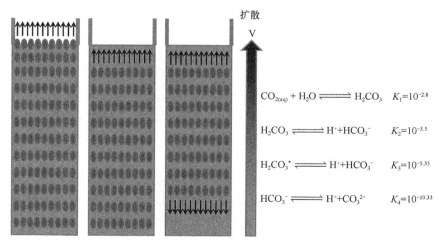

图 7-4　$CO_2$ 气泡扩散/溢出模型及碳酸平衡关系

曝气吹脱法不仅可以脱除 $CO_2$，同时也起到搅拌的作用，二氧化碳脱除时间更短，脱除更加充分。而且曝气吹脱法占地面积较小，特别适用于水厂升级改造项目。因此，酸碱平衡曝气水垢控制工艺选择曝气吹脱法提高出水 pH，采用空气进行曝气。基于离子平衡机理，$CO_2$ 的脱除可提升阻垢剂的效果。

# 7.4　加酸量模型

## 7.4.1　加酸量计算模型的建立

加酸量是酸碱平衡曝气水垢控制工艺中最为重要的参数，直接决定了出水煮沸冷却后是否有水垢产生，而且加酸量与饮用水中的碳酸氢根浓度密切相关，影响曝气吹脱工艺参数和处理水 pH。在实际工程中，可以根据饮用水中碳酸氢根在煮沸冷却过程产生碳酸钙和氢氧化镁沉淀的转化量，确定出酸碱平衡曝气水垢控制工艺的加酸量。

### 1. 加酸量计算模型的建立

饮用水中含有大量的钙镁离子、碳酸氢根和碳酸根。如图 7-5 所示，饮用水加热的过程中，随着温度的升高会导致二氧化碳的溶解度降低，$CO_2$ 的溢出导致水中的碳酸氢根向 $CO_2$ 转化，同时产生了大量的碳酸根、氢氧根，当碳酸根、氢氧根与钙镁离子的浓度超过碳酸钙和氢氧化镁的溶度积时，就产生了水垢。

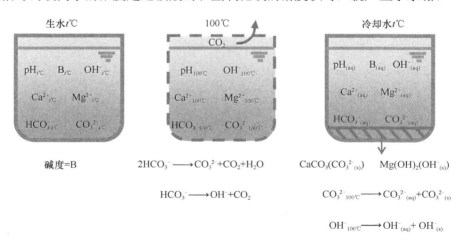

图 7-5　水垢的产生过程

下标 $t$℃代表生水的状态，100℃代表煮沸状态，（aq）和（s）分别代表冷却水的溶液状态和沉淀状态

已知饮用水原水中钙离子浓度$[Ca^{2+}]_{t℃}$、镁离子浓度$[Mg^{2+}]_{t℃}$、煮沸冷却后水的碱度 $B_{(aq)}$、$pH_{(aq)}$、溶解态钙离子$[Ca^{2+}]_{(aq)}$、溶解态镁离子$[Mg^{2+}]_{(aq)}$，冷却水与

原水温度同样都为 $t$℃，100℃时水中没有沉淀产生。水垢的主要成分为碳酸钙和氢氧化镁，将加酸量分为碳酸钙对应加酸量和氢氧化镁对应加酸量进行计算（所有浓度单位均为 mol/L）。

（1）去除碳酸钙沉淀加酸量的计算

煮沸冷却水中溶解的 $[CO_3^{2-}]_{(aq)}$：$[CO_3^{2-}]_{(aq)}=\alpha_2B_{(aq)}$ （7-25）

式中，$\alpha_2$ 为碳酸根所占比率，计算公式见式（7-16）。

饮用水原水煮沸冷却后沉淀中的 $[CO_3^{2-}]_{(s)}$：

$$[CO_3^{2-}]_{(s)}=[Ca^{2+}]_{t℃}-[Ca^{2+}]_{(aq)}$$ （7-26）

100℃时饮用水原水中总 $[CO_3^{2-}]_{100℃}$：

$$[CO_3^{2-}]_{100℃}=[Ca^{2+}]_{(aq)}+[CO_3^{2-}]_{(s)}=\alpha_2B_{(aq)}+[Ca^{2+}]_{t℃}-[Ca^{2+}]_{(aq)}$$ （7-27）

因为酸碱平衡曝气除垢工艺过程中 $[Ca^{2+}]$ 不变，由原水中 $[Ca^{2+}]_{t℃}$ 和 $CaCO_3$ 的 $K_{sp(Ca)}$，可求得当原水恰好不产生沉淀时，水中最大的 $[CO_3^{2-}]^*$：

$$[CO_3^{2-}]^*=\frac{K_{sp(Ca)}}{\left[Ca^{2+}\right]_{t℃}}$$ （7-28）

$HCO_3^-$ 转化 $CO_3^{2-}$，使水产生沉淀的 $\left[CO_3^{2-}\right]_{CaCO_3}$：

$$\left[CO_3^{2-}\right]_{CaCO_3}=\left[CO_3^{2-}\right]_{100℃}-\left[CO_3^{2-}\right]^*$$
$$=\alpha_2B_{(aq)}+\left[Ca^{2+}\right]_{t℃}-\left[Ca^{2+}\right]_{(aq)}-\frac{K_{sp(Ca)}}{\left[Ca^{2+}\right]_{t℃}}$$ （7-29）

由图 7-5 可以得出，导致 $CaCO_3$ 沉淀产生的所需去除的 $\left[HCO_3^-\right]_{CaCO_3}$：

$$\left[HCO_3^-\right]_{CaCO_3}=2\left[CO_3^{2-}\right]_{CaCO_3}$$
$$=2\left(\alpha_2B_{(aq)}+\left[Ca^{2+}\right]_{t℃}-\left[Ca^{2+}\right]_{(aq)}-\frac{K_{sp(Ca)}}{\left[Ca^{2+}\right]_{t℃}}\right)$$ （7-30）

（2）去除氢氧化镁沉淀加酸量的计算

由 $pH_{(aq)}$ 和 $\left[OH^-\right]=\frac{K_w}{\left[H^+\right]}$ 可求得，煮沸冷却水中溶解的 $[OH^-]_{(aq)}$：

$$\left[OH^-\right]_{(aq)}=\frac{K_w}{\left[H^+\right]_{(aq)}}$$ （7-31）

由图 7-5 可知，饮用水原水煮沸冷却后沉淀中的 $[OH^-]_{(s)}$：

$$\left[OH^-\right]_{(s)} = 2\left(\left[Mg^{2+}\right]_{t°C} - \left[Mg^{2+}\right]_{(aq)}\right) \tag{7-32}$$

100℃时饮用水原水中总$[OH^-]_{100℃}$：

$$\left[OH^-\right]_{100℃} = \left[OH^-\right]_{(aq)} + \left[OH^-\right]_{(s)} = \frac{K_w}{\left[H^+\right]_{(aq)}} + 2\left(\left[Mg^{2+}\right]_{t°C} - \left[Mg^{2+}\right]_{(aq)}\right) \tag{7-33}$$

酸碱平衡曝气除垢工艺过程中$[Mg^{2+}]$不变，由原水中$[Mg^{2+}]_{t°C}$和 $Mg(OH)_2$ 的 $K_{sp(Mg)}$，可以得出原水恰好不产生沉淀时$[OH^-]^*$：

$$\left[OH^-\right]^* = \sqrt{\frac{K_{sp(Mg)}}{\left[Mg^{2+}\right]_{t°C}}} \tag{7-34}$$

$HCO_3^-$转化为 $OH^-$，使水产生沉淀的$\left[OH^-\right]_{Mg(OH)_2}$：

$$\left[OH^-\right]_{Mg(OH)_2} = \frac{K_w}{\left[H^+\right]_{(aq)}} + 2\left(\left[Mg^{2+}\right]_{t°C} - \left[Mg^{2+}\right]_{(aq)}\right) - \sqrt{\frac{K_{sp(Mg)}}{\left[Mg^{2+}\right]_{t°C}}} \tag{7-35}$$

由图 7-5 可以得出导致沉淀产生的 $OH^-$的量所需的$\left[HCO_3^-\right]_{Mg(OH)_2}$：

$$\left[HCO_3^-\right]_{Mg(OH)_2} = \frac{K_w}{\left[H^+\right]_{(aq)}} + 2\left(\left[Mg^{2+}\right]_{t°C} - \left[Mg^{2+}\right]_{(aq)}\right) - \sqrt{\frac{K_{sp(Mg)}}{\left[Mg^{2+}\right]_{t°C}}} \tag{7-36}$$

$HCO_3^-$总的去除量（mol/L）：

$$
\begin{aligned}
\left[HCO_3^-\right]_{总} &= \left[HCO_3^-\right]_{CaCO_3} + \left[HCO_3^-\right]_{Mg(OH)_2} \\
&= 2\left(\alpha_2 B_{(aq)} + \left[Ca^{2+}\right]_{t°C} - \left[Ca^{2+}\right]_{(aq)} - \frac{K_{sp(Ca)}}{\left[Ca^{2+}\right]_{t°C}}\right) + \frac{K_w}{\left[H^+\right]_{(aq)}} \\
&\quad + 2\left(\left[Mg^{2+}\right]_{t°C} - \left[Mg^{2+}\right]_{(aq)}\right) - \sqrt{\frac{K_{sp(Mg)}}{\left[Mg^{2+}\right]_{t°C}}}
\end{aligned} \tag{7-37}
$$

$H^+$的投加量等于 $HCO_3^-$总的去除量，所以 $H^+$的投加量（mol/L）为

$$
\begin{aligned}
\left[H^+\right] &= 2\left(\alpha_2 B_{(aq)} + \left[Ca^{2+}\right]_{t°C} - \left[Ca^{2+}\right]_{(aq)} - \frac{K_{sp(Ca)}}{\left[Ca^{2+}\right]_{t°C}}\right) \\
&\quad + \frac{K_w}{\left[H^+\right]_{(aq)}} + 2\left(\left[Mg^{2+}\right]_{t°C} - \left[Mg^{2+}\right]_{(aq)}\right) - \sqrt{\frac{K_{sp(Mg)}}{\left[Mg^{2+}\right]_{t°C}}}
\end{aligned} \tag{7-38}
$$

### 2. 加酸量计算模型的验证

（1）精确度验证

选用我国西北两个地区以地下水为水源的 9 个水源井出水进行加酸量模型验证，水源井水质如表 7-3 所示。

表 7-3　水源井水质

| 项目 | 1 | 2 | 3 | 4 | 5 | 6 | 7 | 8 | 9 |
|---|---|---|---|---|---|---|---|---|---|
| pH | 7.68 | 7.68 | 7.62 | 7.55 | 7.51 | 7.57 | 7.57 | 7.64 | 7.57 |
| 碱度/（mg/L） | 170 | 222 | 226 | 240 | 266 | 252 | 278 | 292 | 312 |
| 总硬度/（mg/L） | 349 | 322 | 366 | 405 | 380 | 392 | 404 | 411 | 383 |
| 钙离子浓度/（$10^{-3}$mol/L） | 2.26 | 2.58 | 2.71 | 1.86 | 2.91 | 3.06 | 2.45 | 3.01 | 2.92 |
| 镁离子浓度/（$10^{-3}$mol/L） | 1.23 | 0.64 | 0.95 | 2.19 | 0.89 | 0.86 | 1.59 | 1.1 | 0.91 |
| 钙镁比 | 1.84 | 4.03 | 2.85 | 0.85 | 3.27 | 3.56 | 1.54 | 2.74 | 3.21 |
| 浊度/NTU | 0.78 | 0.62 | 0.89 | 0.74 | 0.59 | 0.68 | 0.47 | 0.86 | 0.71 |

水源井出水的初始温度为（25±1）℃，分别测定碱度、总硬度、钙离子浓度和浊度。取 400 mL 水源井出水置于烧杯中，分别加入 0.3 mL、0.6 mL 和 0.9 mL 的 0.6 mol/L 的盐酸，搅拌均匀后再向水中曝气，使其 pH 接近原始水样 pH，然后将水样加热煮沸，冷却至初始温度后过滤，测定其 pH、碱度、总硬度、钙离子浓度和浊度。冷却水的总硬度值与原始总硬度值相近（<10 mg/L），则认为冷却水中没有水垢，记录此时的加酸量为 $v$。随后加入比加酸量 $v$ 少 0.15 mL 的盐酸，记为加酸量 $v^*$，测定冷却水中是否有水垢，如果有，则认定最终加酸量为 $v$；如果没有，则认定最终加酸量为 $v^*$。试验装置如图 7-6 所示。

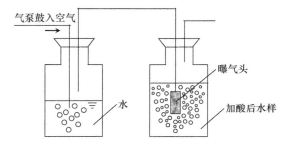

图 7-6　加酸量计算模型验证试验装置

9 种水源井出水对化学计量模型的加酸量与实际加酸量进行模型的精度分析，如图 7-7 所示。可以看出，单位体积水源井出水的化学计量模型加酸量与实际加酸量的数值吻合，化学计量模型的加酸量与实际加酸量的绝对误差在 0.01～0.12 mmol，相对误差在 1.6%～5.3%，数据差值波动较小，拟合值 $R^2$=0.98，说明化学计量模型可靠性较高。

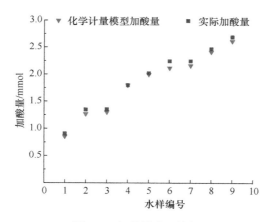

图 7-7　加酸量验证结果

　　化学计量模型的加酸量与实际加酸量处理后碱度与沸后浊度值对比结果如图 7-8 所示。可以看出，使用单位体积水样化学计量模型的加酸量与实际加酸量处理后，碱度值与沸后冷却的浊度值相差不大，沸后浊度均小于 1 NTU，可以从碱度和浊度两个方面证明化学计量模型确定的加酸量准确度较高，说明化学计量模型可以用于酸碱平衡曝气除垢工艺加酸量的计算。

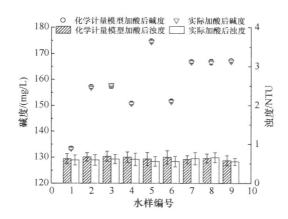

图 7-8　碱度与沸后浊度值对比结果

　　化学计量模型确定的加酸量处理前后煮沸冷却效果如图 7-9 所示。可以看出，通过化学计量模型确定的加酸量处理后的水煮沸冷却，相对于原水煮沸冷却后，水质清澈，没有水垢和白色漂浮物的产生，经浊度仪测量煮沸冷却水浊度值小于 1 NTU，说明化学计量模型确定的加酸量数值较为准确。

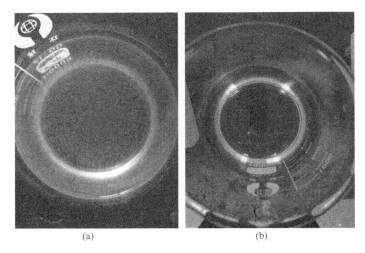

(a)　　　　　　　　　　　　(b)

图 7-9　原水（a）与处理水（b）煮沸效果对比结果

（2）稳定性验证

进一步对模型进行稳定性验证，确保酸碱平衡曝气水垢控制工艺的安全性和稳定性。试验反应器实物及构造如图 7-10 所示，进水流量为 450 L/h，曝气的气水比为 6∶1，反应停留时间为 25 min，进行连续 48 h 运行的稳定效果实验。

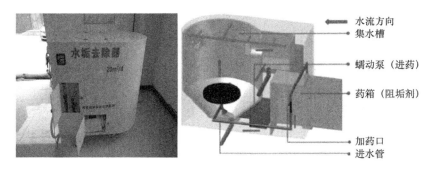

图 7-10　反应器实物及构造图

选择编号为 2、4、5、7、10 的地下水水源井进行加酸量模型的稳定性试验，选用出水的碱度值和饮用水沸后冷却的浊度值表征模型效果的稳定性，结果如图 7-11 所示。结果表明，使用化学计量模型计算的加酸量处理后的水样碱度值较为稳定，相对偏差小于 5%，水样煮沸冷却后浊度值也较为稳定，均小于 1 NTU。由此得出，加酸量的化学计量模型得出的加酸量在酸碱平衡曝气除垢工艺中可以保持效果的稳定性，为酸碱平衡曝气除垢工艺的实施提供了更为可靠的安全保障。

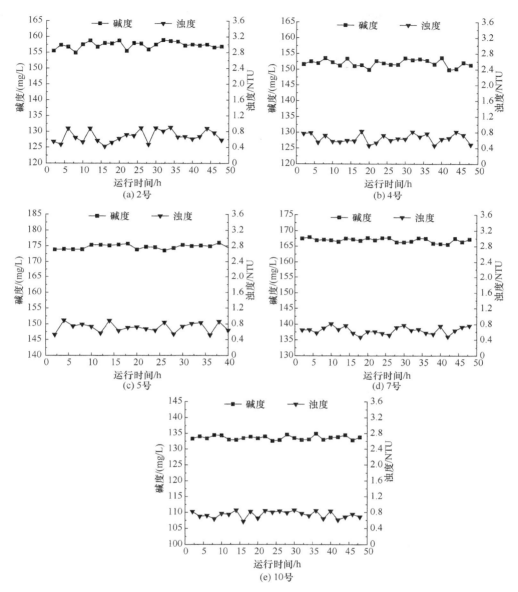

图 7-11　水样加酸量模型效果稳定性结果

## 7.4.2　加酸量模型的简化

### 1. 模型简化计算

计算加酸量的化学计量模型在测量数据和计算过程中较为复杂，因此在实际应用中需要将其简化。通过对水样的数值范围和模型各项因素的敏感性分析发现：

当原水碱度值为 170～320 mg/L，总硬度为 320～420 mg/L 时，式（7-38）中，

$\dfrac{K_w}{\left[H^+\right]_{(aq)}}$ 为 $10^{-7}$～$10^{-8}$，$2\left(\left[Mg^{2+}\right]_{t°C}-\left[Mg^{2+}\right]_{(aq)}\right)-\sqrt{\dfrac{K_{sp(Mg)}}{\left[Mg^{2+}\right]_{t°C}}}$ 为 $10^{-4}$～$10^{-5}$，由这

些数值的数量级关系可以看出 $2\left(\left[Ca^{2+}\right]_{t°C}-\left[Ca^{2+}\right]_{(aq)}\right)$ 和 $2\left(\left[Mg^{2+}\right]_{t°C}-\left[Mg^{2+}\right]_{(aq)}\right)-$

$\sqrt{\dfrac{K_{sp(Mg)}}{\left[Mg^{2+}\right]_{t°C}}}$ 为加酸量大小的主要部分，$\left.2\left(\left[Mg^{2+}\right]_{t°C}-\left[Mg^{2+}\right]_{(aq)}\right)-\sqrt{\dfrac{K_{sp(Mg)}}{\left[Mg^{2+}\right]_{t°C}}}\right/$

$2\left(\left[Ca^{2+}\right]_{t°C}-\left[Ca^{2+}\right]_{(aq)}\right)$ 为 $10^{-1}\sim10^{-2}$，因此加酸量的大小主要取决于

$\left[Ca^{2+}\right]_{t°C}-\left[Ca^{2+}\right]_{(aq)}$，因此当对加酸量的精度要求不是很高时，可以将原始模型

简化，用 $2\left(\left[Ca^{2+}\right]_{t°C}-\left[Ca^{2+}\right]_{(aq)}\right)$ 的简化模型来代替原始模型进行计算，这样可以

大大减小计算量。

加酸量的简化模型为

$$\left[H^+\right]=2\left(\left[Ca^{2+}\right]_{t°C}-\left[Ca^{2+}\right]_{(aq)}\right) \tag{7-39}$$

再将简化模型氢离子的加酸量转化为食品级盐酸的加酸量：

$$\left(L_1/L_2\right)=1/10\left[H^+\right]=\left(\left[Ca^{2+}\right]_{t°C}-\left[Ca^{2+}\right]_{(a)q}\right)/5 \tag{7-40}$$

式中，$L_1/L_2$ 代表 1 L 水中所投加的食品级盐酸的量。分子 $L_1$ 为食品级盐酸（1 mol/L）投加量，分母 $L_2$ 代表水的体积。

### 2. 简化模型的验证

分别用 9 种不同水源井出水的简化模型加酸量、化学计量模型加酸量，以及实际加酸量进行对比分析，结果如图 7-12 所示。可以看出，单位体积水样的简化模型加酸量与实际的加酸量大小差距很小，绝对误差为 0.1～0.26 mmol，相对误差为 7%～13%，与化学计量模型绝对误差为 0.03～0.27 mmol，相对误差为 3%～14%，数据差值波动稍大，拟合优度值 $R^2$ 均为 0.97，显然，当对加酸量的精度要求不高时，可以用简化模型的加酸量来代替化学计量模型的加酸量，用于确定饮用水除垢加酸量的计算。

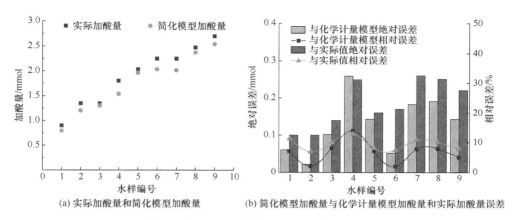

(a) 实际加酸量和简化模型加酸量　　(b) 简化模型加酸量与化学计量模型加酸量和实际加酸量误差

图 7-12　简化模型加酸量、化学计量模型加酸量和实际加酸量对比

## 7.5　曝气脱除水中 $CO_2$ 的策略优化与模型研究

曝气脱除水中 $CO_2$ 是水处理中常见工艺，基本原理是将空气通入待处理水中，使溶解态的 $CO_2$ 脱离水体进入空气，使水体的碳酸盐浓度下降，提高 pH。为了提高曝气吹脱效率，本节建立了一种新的 $CO_2$ 吹脱策略——间歇曝气吹脱策略，通过多方面的实验研究优化了运行参数，同时使用软件运行模拟计算来验证该策略的可行性。

### 7.5.1　曝气吹脱策略的建立与优化

本节建立了一种定量分析曝气吹脱水中 $CO_2$ 的模型，分别从静态与动态两方面进行验证。在此基础上，提出一种间歇曝气方式，通过试验验证其可行性，并分析填料在曝气吹脱过程中的优化作用。

#### 1. 静态曝气 $CO_2$ 吹脱试验

试验在西安某自来水水厂开展，以其地下水进水为原水，设计和加工了一个小型曝气装置，如图 7-13 所示。静态吹脱装置为圆柱形，高 2.5 m，底面直径 0.05 m，共设五个取水口，分别高出反应器底部 0.030 m、0.055 m、0.080 m、0.105 m、0.130 m。通过一个电磁空气泵对装置进行曝气，在通气管上设置气体流量计调节进气流量，进气管连接曝气头置于装置底部。该装置用于研究曝气吹脱静态模型的可靠性，为后续试验提供依据。

向原水中投加盐酸对 pH 进行调节，以 pH（pH=5 和 pH=6）、气水体积比（G/L=2：1 和 G/L=3：1）、曝气流量（Q=15 L/min、Q=20 L/min、Q=25 L/min、Q=30 L/min）

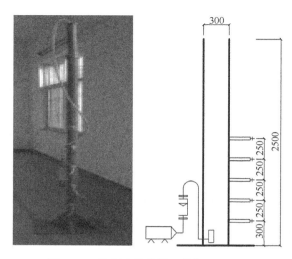

图 7-13　静态试验装置（单位：mm）

三个影响因素进行正交试验。曝气流量改变时延长或缩短曝气时间，以此来实现固定的气水体积比。曝气结束后从不同高度的出水口处取水，溶解态 $CO_2$ 由液相转入气相，测定水 pH 和碱度值，并计算该工况下 $CO_2$ 脱除率。静态曝气吹脱试验结果表明，大部分 $CO_2$ 在曝气池的下部被脱除，脱除率随着水深增加而不断提高，在高于反应器底部 5 cm 处可脱除 70%～80% 的溶解态 $CO_2$。

### 2. 间歇曝气最优参数确定

在静态曝气 $CO_2$ 吹脱试验基础上，开展动态曝气 $CO_2$ 吹脱试验，分析气水比、初始 $CO_2$ 浓度、曝气气体成分等对 $CO_2$ 脱除率的影响，确定间歇曝气的最佳参数。试验装置如图 7-14 所示，柱体内径 0.6 m、高 1.6 m，在加药箱中储存药剂，并利用计量泵投加，进水管上安装一个静态混合器和流量计，进气管接有气体流量计，并伸入设备底部与曝气盘连接进行曝气。

（1）曝气吹脱池深度对 $CO_2$ 脱除效果的影响

在总进气气量为 5 L 条件下，对 pH 为 6 的待处理水进行曝气，分析反应器内各深度水体中 $CO_2$ 的脱除率，结果如图 7-15 所示。曝气头安装在装置底部，气泡由此进入待处理水体，新鲜气泡首先和下部水体接触传质。由于新鲜气泡内的成分是空气，$CO_2$ 含量低，和待处理水中的高浓度溶解态 $CO_2$ 相差最大，所以能够促进 $CO_2$ 脱离水体进入气泡。研究发现对待处理水体曝气时，以不同流量向水体曝气，反应器内水深越大，待处理水中 $CO_2$ 的脱除率也越大。在高于反应器底部 5 cm 处能够脱除 70%～80% 的溶解态 $CO_2$。这一现象的主要原因是气泡受浮力不断向上，在这一过程中不断与水体发生传质，$CO_2$ 浓度不断提高，气液两相浓

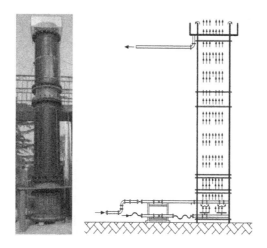

图 7-14　动态试验装置

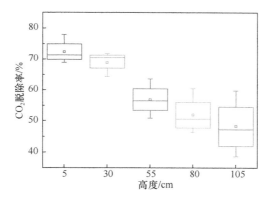

图 7-15　不同深度下的曝气 $CO_2$ 脱除率

度差减小，相比初始状态 $CO_2$ 的扩散能力减弱，所以脱除率随着深度的减小而持续下降，可以说明曝气吹脱池运行时，溶解态 $CO_2$ 的脱除大多发生在曝气池底部。

（2）初始 $CO_2$ 浓度对脱除效果的影响

在气水比为 2∶1 的条件下，用不同的曝气流量分别对 pH 为 5 和 pH 为 6 的水体进行曝气，计算距离水底 105 cm 处溶液中 $CO_2$ 的脱除率，结果如图 7-16 所示。水体 pH 为 6 时，初始 $CO_2$ 浓度约为 3.9 mmol/L；水体 pH 为 5 时，初始 $CO_2$ 浓度约为 6.1 mmol/L。研究发现，当采用 15 L/min 的流量进行曝气时，pH 为 6 的水体 $CO_2$ 脱除率比 pH 为 5 的水体高 6.2%；当采用 20 L/min 的流量进行曝气时，pH 为 6 的水体 $CO_2$ 脱除率比 pH 为 5 的水体要高 5.8%。然而，当进一步增大曝气流量时，两种水体的 $CO_2$ 脱除率趋于相近。这是因为在较低曝气流量下，气相对液相的扰动影响较小，$CO_2$ 主要通过正常的气泡-水界面传质扩散，扩散量受制于气水比，所以高浓度溶液的 $CO_2$ 脱除率会偏低；当曝气流量增大时，向溶液输入的瞬时能量增大，液相扰动强烈，成为促进 $CO_2$ 扩散的主要因素，两种浓度溶液的 $CO_2$ 脱除率均有所提高。因此，增大曝气流量带来的扰动对高浓度水体 $CO_2$ 脱除率的影响更为显著。

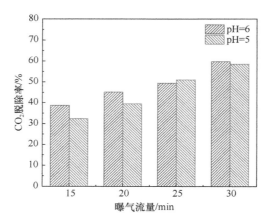

图 7-16　不同初始浓度下的 $CO_2$ 脱除率

（3）曝气流量对 $CO_2$ 脱除效果的影响

在总进气量为 5 L 的条件下，对 pH 为 6 的待处理水进行曝气，分析曝气流量对水体 $CO_2$ 脱除率的影响，结果如图 7-17 所示。研究发现，虽然总进气量始终为 5 L，但进气流量越大，水体中 $CO_2$ 脱除率也越大，这是因为曝气流量越大，外界对液相输入的能量也越大，一定时间内进入液相的气泡密度增大，强化了气相对液相造成的紊动，使 $CO_2$ 在气液两相间的传质效率提高。因此，曝气总体积为

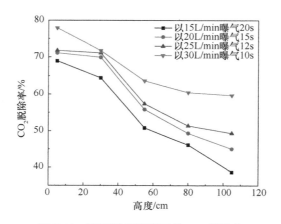

图 7-17　不同曝气流量下的 $CO_2$ 脱除率

固定值时，待处理水中 $CO_2$ 脱除率会随着进气流量的升高而提高。曝气结束后，分别测算高于反应器底部 5 cm 处取水口的出水 $CO_2$ 脱除率，发现最高脱除率和最低脱除率相差 10%。$CO_2$ 脱除率的差异程度随着进气流量的变化而不断增大，在距离装置底部 105 cm 处时，曝气流量的改变使得处理水中 $CO_2$ 脱除率差异高达 20%。

### 3. 间歇曝气脱除 $CO_2$ 的效果稳定性

通过改变气水总体积比（简称气水比），对比分析连续曝气以及间歇曝气两种曝气方法下的 $CO_2$ 脱除效果稳定性。在气水比为 2：1、3：1、4：1、5：1、6：1 条件下，水中 $CO_2$ 脱除率和出水 pH 如图 7-18 所示。分析发现，间歇曝气策略在气水比为 4：1 时出水 $CO_2$ 脱除率和 pH 与连续曝气策略在气水比为 6：1 的出水 $CO_2$ 脱除率和 pH 相近，其原因是待处理水从装置下部流入，以较大进气流量对上向流水体进行曝气并脱除大部分 $CO_2$，曝气停止时该部分水体持续向上流动，上升一段距离后继续曝气，不断脱出溶解态 $CO_2$，与大气接触的表层水体直接扩散剩余 $CO_2$，同时进气流量提高使得紊动作用强化，继而加强脱除效果。上述结果说明在气水比相同时，间歇曝气会强化水体的紊动程度，使得水中 $CO_2$ 的脱除效果提高。

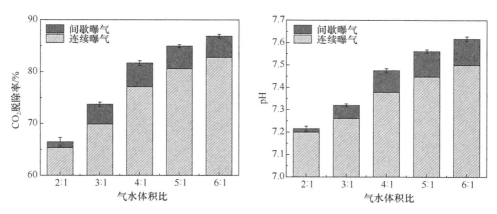

图 7-18    不同气水比条件下间歇曝气与连续曝气出水 $CO_2$ 脱除率和 pH

气水总体积比为 4：1、曝气周期为 10 min 时的 $CO_2$ 脱除结果如图 7-19 所示，以间歇曝气策略运行时，$CO_2$ 脱除率波动范围为 0%～2%，pH 波动范围在 0%～3%，波动较小，但是均高于同一时间内进气量相同条件下采用连续曝气的出水 $CO_2$ 脱除率和 pH。虽然水体持续流入流出，但是曝气时和停止曝气时水体接触的总气体体积是一样的，而且由于增大进气流量所经历的紊动效果的次数也是一样的，连续的两部分水体在一个水力停留时间内接收曝气的顺序有先后。气水比为 4：1 条件下间歇曝气连续运行状况如图 7-20 所示，可以看出间歇曝气策略的处理效果有良好的稳定性。

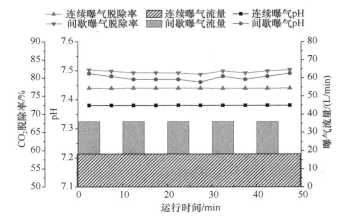

图 7-19　气水比为 4：1 条件下不同曝气策略的运行状况

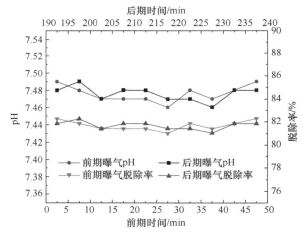

图 7-20　气水比为 4：1 条件下间歇曝气连续运行状况

## 4. 间歇曝气方法在酸碱平衡曝气水垢控制工艺中的应用

在低气水比条件下，间歇曝气策略可以使出水 pH 和二氧化碳脱除率与连续曝气时的出水水质相近，且出水水质稳定，可长时间连续运行，在曝气脱除工艺中可以降低鼓风机能耗。因此，在酸碱平衡曝气法可采用图 7-21 所示的曝气方式。

鼓风机在工作时多次起停会对机器本身造成损害，难以在实际操作中采用短时间内曝气-停止-曝气的工作方式。因此，设计两座曝气吹脱池，在鼓风机连续运行的条件下实现单池间歇曝气。空气输送至两座曝气吹脱池时，进气总管利用

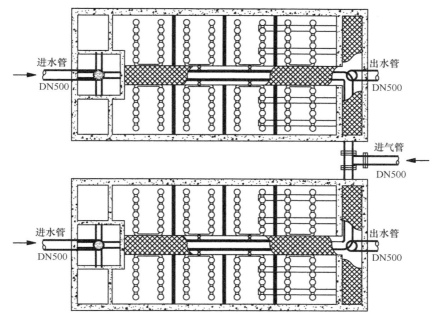

图 7-21　间歇曝气方法在酸碱平衡曝气水垢控制工艺中的应用方式

三通与曝气吹脱池各自的进气管相连，进气管上装有电动阀门，调整两个阀门在同一时间内一个开启一个关闭的状态，实现两座池子在运行时间内分别进行曝气-停止-曝气的工作。每座池子的进气管由侧向进入，进气管横穿曝气池中部向下分出曝气支管，最后通过安装的曝气头进行曝气。

在曝气-停止-曝气的间歇曝气运行过程中，通过较大的曝气流量提高气液间传质效率，可望将上向流水中的 $CO_2$ 在曝气池下部脱除；曝气停止时，处理水继续上升，剩余的 $CO_2$ 在表层与空气接触并扩散；随后继续以大流量曝气脱除 $CO_2$。现有研究已经证实了同气水比下间歇曝气出水 $CO_2$ 脱除效果高于连续曝气出水，且出水稳定性良好。间歇性曝气方案为：曝气 5 min，停止曝气 5 min。

### 5. 曝气填料对酸碱平衡曝气作用的优化

通过在曝气吹脱装置中安装如图 7-22 所示的多面空心球填料层，可望在低气水比条件下进一步提高出水 pH，使其与高气水比条件下的出水 pH 相近。多面空心球填料具有比表面积大、质量较小、耐高温腐蚀、表面亲水性能好、风阻小、电耗少、比表面积大等特点，适用于作为曝气填料，有利于气液接触。

（1）填料对气泡的影响

气泡在接触填料之前直径较小，在 2～3 mm，但是在接触填料之后，因为多面空心球填料的特殊构造，气泡上升途径大多被填料阻挡而停滞，在停滞的时间

图 7-22　多面空心球

内后续的气泡不断赶来，与被阻挡的气泡接触融合，体积不断变大，最终突破了填料对路径的阻挡而继续上升。

（2）填料高度的影响

填料高度对曝气效果具有显著影响，不同填料高度条件下的酸碱平衡曝气工艺出水 pH 如图 7-23 所示。当 0.2 m 厚的填料放置在距离曝气吹脱池底部 0.5～0.7 m 的位置时，各气水比条件下的出水 pH 均低于不放填料时的出水，此时的填料层不利于曝气脱除 $CO_2$；当填料放置在距离曝气吹脱池底部 1.1～1.3 m 的位置时，出水 pH 在气水比为 3∶1 时有明显的提高；当填料放置在距离曝气吹脱池底部 1.3～1.5 m 的位置时，出水的 pH 明显高于未放置填料的出水 pH，说明此时填料有助于曝气脱除水中的 $CO_2$。其原因可能是，气泡在装置内以小直径的形态上升到较高的高度，此时的气液接触比表面积大，$CO_2$ 可以充分扩散到气泡内部，提高了气泡利用率，上升至一定高度与填料相接触时，填料对气泡有一定的截留作用，提高了气泡与水的接触时间，可以让更多的 $CO_2$ 扩散进入气泡，所以当高度变为 1.3～1.5 m 时，效果更好。

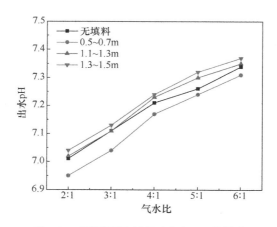

图 7-23　不同填料高度对出水 pH 的影响

（3）填料厚度的影响

填料厚度对曝气吹脱 $CO_2$ 效果也具有显著影响。以距离曝气吹脱池底部 0.5 m 处放置填料承托层作为下限，分析 0.2 m、0.4 m、0.6 m、0.8 m 的填料厚度对曝气吹脱效果的影响，出水 pH 如图 7-24 所示。可以发现，以 0.5 m 为填料层高度时，不论填料层厚度如何变化，出水 pH 始终低于未放置填料的状况。然而，当填料堆积厚度升高时，$CO_2$ 的脱除效果反而降低，所以在曝气填料的使用过程中应注意填料堆积厚度。

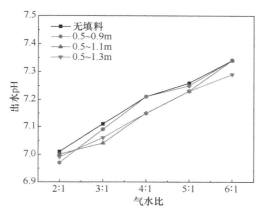

图 7-24　填料层厚度对出水 pH 的影响

（4）曝气方式的影响

间歇曝气策略下和连续曝气条件下填料优化曝气效果如图 7-25 所示。可以看出，间歇曝气策略下加装填料层的曝气吹脱池出水 pH 最高，说明间歇曝气策略有助于填料对 $CO_2$ 曝气吹脱效果的提升，这是因为装置内进入了大量的气泡，填料对气泡进行了截留，延长了气液接触时间，使 pH 进一步提高。

## 7.5.2　曝气吹脱模型的建立与优化

### 1. 曝气吹脱 $CO_2$ 模型的建立

曝气吹脱 $CO_2$ 过程属于气液相间的传质，然而在酸碱平衡曝气工艺中，气液接触时间非常短，可以认为其传质为非稳态分子扩散过程，因此以溶质渗透模型为基础建立曝气吹脱 $CO_2$ 模型。

（1）模型推导

溶质渗透模型讨论的是从气液界面至液相主体的传质，溶质由两相界面向液相深处不断渗透，最终达成一个稳定的浓度梯度，其扩散过程如图 7-26 所示，传质速率表达式如式（7-41）所示。

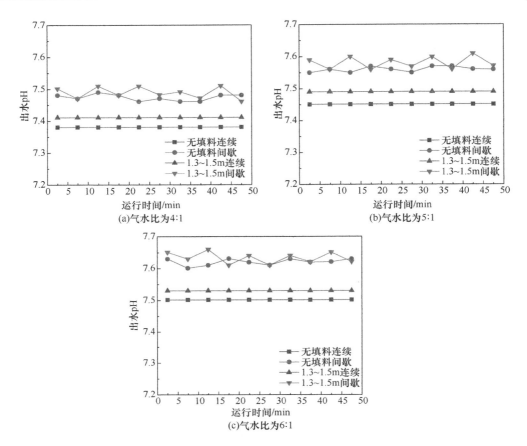

图 7-25　连续曝气与间歇曝气方式下填料优化曝气出水 pH

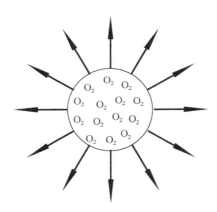

图 7-26　气相至液相扩散

$$n = 2S\sqrt{\frac{D_1}{\pi t}\left(C_{A_i} - C_{A_0}\right)} \tag{7-41}$$

式中，$n$ 为传质速率；$S$ 为表面积；$D_1$ 为扩散系数；$\pi$ 为圆周率；$t$ 为传质时间；$C_{A_i}$ 为某一时刻溶质浓度；$C_{A_0}$ 为溶质初始浓度。

酸碱平衡曝气水垢控制工艺过程中的曝气吹脱 $CO_2$ 是将 $CO_2$ 由液相转至气相，其过程如图 7-27 所示。在吹脱过程中大量溶质向相界面处聚集，聚集过程中扩散效率会受到一定影响，原渗透模型中的扩散系数 $D$ 需要进行修正。本书以影响因子 $k$ 对扩散系数 $D$ 进行修正，利用实验拟合得出影响因子 $k$ 取值，并通过改变其他实验参数进行验证。传质速率表达式如式（7-42）所示。

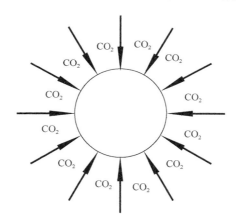

图 7-27　液相至气相扩散

$$n = 2S\sqrt{\frac{kD_1}{\pi t}\left(C_{A_i} - C_{A_0}\right)} \tag{7-42}$$

式中，$k$ 为影响因子。

（2）模型建立的假设

基于溶质渗透模型建立的曝气吹脱 $CO_2$ 模型需建立在以下假设基础上：

1）传质为非稳态分子扩散过程。认为气泡在上升过程中，气液接触时间很短，符合非稳态情况。

2）气泡始终为球形，传质面积与表面积 $S$ 相同。较小直径（$d<3$ mm）的气泡，在水中气液界面的表面张力比较大，该假设成立。

3）气泡上升过程中平均直径 $d$ 不变。

4）气泡以同一速度 $u$ 在水体中上升。由加速到匀速时间很短，认为该假定合理。

5）气泡上升一个直径 $d$ 高度的过程中浓度不变。

6）忽略气泡内 $CO_2$ 浓度受水压 $h$ 变化的影响。因为反应器水深较浅，水压影响远低于大气压。

（3）静态吹脱模型

1）单个气泡传质。

单个气泡直径为 $d$，气泡上升速率为 $u$，则上升一个直径 $d$ 高度所需要时间 $T$ 为

$$T = \frac{d}{u} \tag{7-43}$$

将影响因子 $k$ 代入原渗透模型中，计算出单个气泡表面 $CO_2$ 的瞬时传质速率（mol/s）为

$$n_0 = \int_S 2\sqrt{\frac{kD_1}{\pi t}}\left(C_1 - C_g\right)ds = 2S\sqrt{\frac{kD_1}{\pi t}}\left(C_1 - C_g\right) \tag{7-44}$$

式中，$C_1$ 为原溶液中 $CO_2$ 浓度；$C_g$ 为气体中 $CO_2$ 浓度。

综合式（7-29）和式（7-30），气泡上升一个直径 $d$ 高度的平均传质速率：

$$\bar{n} = \frac{\int_0^T n_0 dt}{T} = 2\pi d^2\sqrt{\frac{kD_1 u}{\pi d}}\left(C_1 - C_g\right) \tag{7-45}$$

式中，$2\pi d^2\sqrt{\dfrac{kD_1 u}{\pi d}}$ 由常数构成，令 $A = 2\pi d^2\sqrt{\dfrac{kD_1 u}{\pi d}}$，第一个气泡在第一层溶液的平均传质速率：

$$\bar{n}_1^1 = A\left(C_{11}^0 - C_{g0}^1\right) \tag{7-46}$$

式中，$A$ 为常数；$C_{11}^0$ 为气泡在本段溶液的初始 $CO_2$ 浓度；$C_{g0}^1$ 为本段溶液气泡中的初始 $CO_2$ 浓度。

气泡上升一个直径 $d$ 高度带走的 $CO_2$ 的量（mol）：

$$M_1^1 = T\,\bar{n}_1^1 \tag{7-47}$$

气泡通过后本段溶液的 $CO_2$ 浓度：

$$C_{11}^1 = \frac{C_{11}^0 V_1 - M_1^1}{V_1} \tag{7-48}$$

式中，$V_1$ 为本段溶液的体积。

通过本段溶液后气泡中的 $CO_2$ 浓度：

$$C_{g1}^1 = \frac{C_{g1}^0 V_1 + M_1^1}{V_1} \tag{7-49}$$

考虑第 $i$ 个气泡在第 $j$ 段溶液中的传质：

$$\bar{n}_j^l = A\left(C_{lj}^{i-1} - C_{gj-1}^i\right) \tag{7-50}$$

式中，$C_{lj}^{i-1}$ 为第 $i$–1 个气泡通过第 $j$ 段溶液的 $CO_2$ 浓度；$C_{gj-1}^{i}$ 为第 $i$ 个气泡通过第 $j$–1 段溶液后气泡中的 $CO_2$ 浓度。

$$M_j^i = T\, \overline{n}_j^1 \qquad (7\text{-}51)$$

式中，$M_j^i$ 为第 $i$ 个气泡上升 $j$ 个直径 $d$ 高度带走的 $CO_2$ 的量。

$$C_{gj}^i = \frac{C_{gj-1}^i V_1 + M_j^i}{V} \qquad (7\text{-}52)$$

$$C_{lj}^i = \frac{C_{lj}^{i-1} V_1 - M_j^i}{V_1} \qquad (7\text{-}53)$$

2）分层气泡传质。

分层气泡传质与单个气泡传质有所差别，其传质过程如图 7-28 所示，同样将深度为 $H$ 的溶液分为 $m$ 段以单个气泡直径 $d$ 为高度的分层溶液，假设若干气泡分层顺次连续不断地进入溶液中。设原溶液中 $CO_2$ 浓度为 $C_1$，新鲜气泡内的 $CO_2$ 浓度为 $C_{g0}^1$。

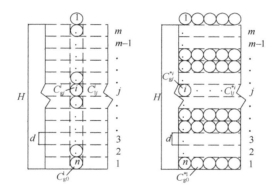

图 7-28　单个气泡与分层气泡的传质

曝气流量为 $Q$，则时间内通过一段 $d$ 高溶液的气量：

$$V^* = QT \qquad (7\text{-}54)$$

气泡的个数：

$$N = \frac{V^*}{V} = \frac{QT}{V} = \frac{Od}{Vu} = \frac{6Q}{\pi u d^2} \qquad (7\text{-}55)$$

式中，$V^*$ 为纯 $CO_2$ 的气量。

第一层气体在第一段溶液内的传质：

$$n_1^{*1} = A(C_{11}^{*0} - C_{g1}^{*1}) \qquad (7\text{-}56)$$

$$M_1^{*1} = N M_1^1 = N T n_1^{*1} \qquad (7\text{-}57)$$

$$C_{lj}^i = \frac{C_{lj}^{i-1}V_1 - M_j^i}{V_1} \tag{7-58}$$

式中，$M_1^{*1}$ 为第一层气体在第一段溶液内的 $CO_2$ 的量。

第 $i$ 层气体在第 $j$ 段溶液中的传质：

$$n_j^{*i} = A\left(C_{lj}^{*j-1} - C_{gj-1}^{*i}\right) \tag{7-59}$$

$$M_j^{*i} = NM_j^i = NTn_j^{*i} \tag{7-60}$$

$$C_{gj}^{*i} = \frac{C_{gj-1}^{*i}V^* + M_j^{*i}}{V^*} \tag{7-61}$$

$$C_{lj}^{*i} = \frac{C_{lj}^{i-1}V_1 - M_j^{*i}}{V_1} \tag{7-62}$$

（4）动态吹脱模型

在静态吹脱模型的基础上，进一步建立动态吹脱模型，如图 7-29 所示。

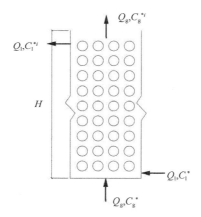

图 7-29　连续流动态吹脱模型

考虑曝气吹脱工艺为连续流时，$\dfrac{G}{L} = \dfrac{V_g}{V_1} = \dfrac{Q_g}{Q_1}$，气体由液体底部进入冒出液面的时间内通入的气量为

$$V_g' = Q_g \times \frac{H}{V_g} \tag{7-63}$$

式中，$V_g$ 为气体体积；$V_1$ 为液体体积；$Q_g$ 为气体流量；$Q_1$ 为液体流量。

则在一定气水比下通过连续流液体的气量次数：

$$I = \frac{V_g}{V_g'} = \frac{V_g}{V_1} \tag{7-64}$$

液体在反应器内与第一层气体接触发生的传质为

$$n'^1 = A\left(C_1^{*0} - C_g^*\right) \tag{7-65}$$

$$M'^1 = Tn'^1 \tag{7-66}$$

式中，$M'^1$ 为液体在反应器内与第一层气体接触的 $CO_2$ 的量。

$$C_1^{*1} = \frac{C_1^{*I-1}V_1 - M'^1}{V_1} \tag{7-67}$$

式中，$C_1^{*I-1}$ 为液体在反应器内与第 $I-1$ 层气体接触的 $CO_2$ 浓度。

### 2. 气泡羽流脱除 $CO_2$ 的传质建模与系统优化

鼓泡柱式反应器普遍应用于水处理工艺中，通过气体鼓泡的方式，由气泡带动周围流体形成气泡羽流，气液两相得到充分接触，最终将液相中的目标气体吹脱，转入气相中去。为了以最低的能耗达到最理想的处理效果，通过数值仿真模拟及实验辅助来研究气泡羽流中 $CO_2$ 传质过程，为实际问题提供一个能够预测非稳态动力学和各种设计操作参数间定量关系的计算模型（Gong et al.，2007；肖柏青等，2014）。

（1）气泡羽流流场试验

气泡羽流流场试验所用的装置如图 7-30 所示，主体为自主设计的鼓泡柱式反应器，由 10 mm 厚的有机玻璃制成，装置长、宽、高分别为 400 mm、400 mm、1000 mm，曝气盘距容器底部 150 mm。除了鼓泡柱式反应器，其余的设备仪器如图 7-31 所示，系统装置主要由曝气器分布盘、高速摄像机、激光片光源和笔记本电脑组成，镜头为 Nikon AF 50 mm/1.4D。

图 7-30　鼓泡柱式反应器

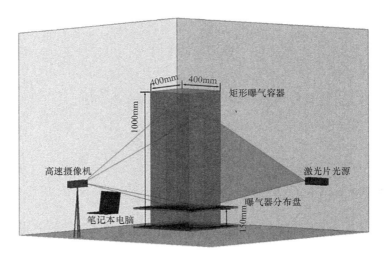

图 7-31　装置及布置

　　首先将镜头安装在高速摄像机上，并采用三脚架固定高速摄像机，然后通过调节焦距，将高速摄像机的拍摄焦点固定在装置中心，以准确拍摄记录二维区域气泡羽流流场。选择在夜晚进行试验，外界环境保持黑暗状态可增加目标与图像背景间的对比度，使得容器内被照射的气泡在黑色背景下更明显，更易被高速电荷耦合器件（charge coupled device，CCD）相机追踪到画面。由流量计控制进气量，试验过程中分别调节进气量为 10 L/min、20 L/min、30 L/min、40 L/min、50 L/min 和 60 L/min，气泡在上升过程中带动周围液体形成气液两相流动，分别记录不同进气量下的气泡羽流。高速摄像机的记录帧数设置为 1000 fps，拍摄的视频尺寸为 800 像素×400 像素，照明设备采用激光片光源。高速摄像机与激光片光源的架设如图 7-31 所示，高速摄像机拍摄记录下被照亮的流场截面区域，即鼓泡柱式反应器内部的二维矩形截面区域。利用图像转换技术将视频以帧为单位转化为图片，并使用粒子图像测速技术对图片进行处理，提取相邻两张图片之间气泡的运动轨迹，输出二维流场速度矢量场。

　　试验拍摄不同进气量下的气泡羽流二维截图，如图 7-32 所示。可以看出，随着进气量逐渐增大，气泡变得越来越密集，气泡的运动方式也从最开始的直线上升变为涡旋上升。当进气量较小时，曝气盘出现曝气不均匀的现象，这是由于曝气盘加工粗糙，以至于在低进气量下不能实现均匀曝气。当进气量大于 30 L/min 时，气泡量较大，气泡羽流内部气泡分布较为密集。同时，光线对气泡的照射形成其对光线的折射与反射，造成气泡在某一个时刻很亮，而下一刻可能会恢复正常亮度，这两点因素后期都可能造成 PIV 软件分析气液两相流场信息出现较大的误差。

　　使用 PIV 软件对以上试验所拍视频进行分析，得出部分气液两相流场速度矢量场，如图 7-33 所示。显然，随着进气量增大，流场速度逐渐减小，且曝气量在

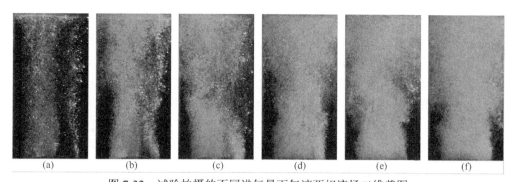

图 7-32　试验拍摄的不同进气量下气液两相流场二维截图

（a）进气量为 10 L/min；（b）进气量为 20 L/min；（c）进气量为 30 L/min；（d）进气量为 40 L/min；（e）进气量为
50 L/min；（f）进气量为 60 L/min

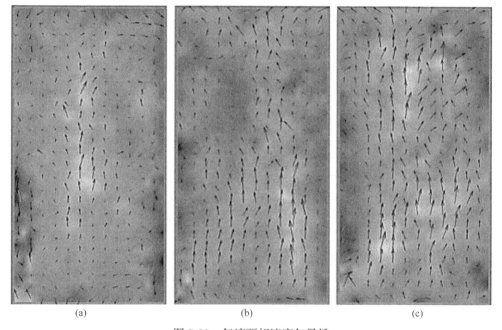

图 7-33　气液两相速度矢量场

(a) 速度分布为 0~0.3849 m/s，平均速度为 0.2654 m/s；(b) 速度分布为 0~0.3206 m/s，平均速度为 0.1547 m/s；
(c) 速度分布为 0~0.2611 m/s，平均速度为 0.1571 m/s

40~60 L/min 时，气泡的平均速度变化较小。原因在于进气量较大时，气泡数量较为密集，气泡之间的作用更为明显，部分气泡在流场中滞留，导致其速度比低进气量下的速度小。此外，在曝气过程中，气泡羽流中心的速度较大，两侧的速度较小。进气量越大，气泡的紊动越剧烈，且气泡上升带动两侧的液体形成环流。

（2）气泡羽流流场 CFD 建模

1）曝气池几何模型。

曝气池几何模型简化如图 7-34 所示，长、宽、高分别为 0.4 m、0.4 m 和 0.8 m，底部为直径 $\Phi$ 0.3 m 的圆形进气口。气泡从长方体底部的圆形进气口进入曝气池，形成气泡羽流，气泡带动周围水体运动，形成气液两相流动，最后到达曝气池顶部，逸出水面。

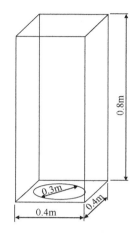

图 7-34　曝气池几何模型简化

气泡羽流流场模拟的网格自由度为 106326，为了捕获详细的羽流结构，采用双向耦合欧拉-拉格朗日方法处理连续相液体和离散相气泡之间的相互作用。使用颗粒轨道模型模拟气泡羽流，即连续相的运动在欧拉框架中进行计算求解，离散相的运动在拉格朗日坐标系下按其具体受力情况单独地进行跟踪。使用 SIMPLE 算法对压力-速度的耦合进行求解。选取空气为离散相材料，气泡直径设置为 2 mm，气泡从底部的进口进入，释放速度设为 0 m/s。气泡湍流扩散（turbulent dispersion）用随机轨道模型（discrete random walk model）描述，模型中设置 10 L/min、20 L/min、30 L/min、40 L/min、50 L/min 和 60 L/min 6 种不同的进气量。

计算域选取三维长方体内部水体的空间，计算域的上边界取曝气前水面静止时的所在位置，忽略因曝气带来的水深变化和水面波动。连续相和离散相边界条件的设置如图 7-35 所示。

曝气池的底部和四壁连续相设置为无滑移壁面，即靠近曝气池底部以及曝气池四壁处的法向和切向速度均为零。离散相设置为反弹（reflect）边界，即离散相气泡运动到曝气池底部以及曝气池四壁时被弹离壁面。曝气池入口条件仅存在离散相的边界条件，离散相的入射方式选择为以面（surface）入射，即从曝气池底部的入口周期性入射，入射时间设置为 30 s，曝气量由气体的质量流率来进行控

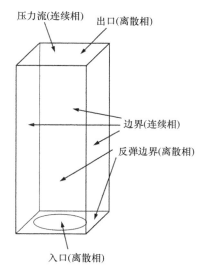

图 7-35　连续相和离散相边界条件的设置

制。曝气池顶部和大气接触的边界，连续相设置为气体出口，压力参考点选取曝气池的四个顶点之一，压力大小为 $1.013 \times 10^5$ Pa，即为一个大气压。离散相在此设置为逃逸边界，气泡到达逃逸边界即视作逸出水面，则终止对气泡的跟踪计算。由于模拟的曝气池体积较大，水体流域范围也较大，因此需要考虑水体的静压作用和重力作用。

鼓泡柱式反应器在进气量为 10 L/min、曝气时间为 30 s 条件下呈现出来的流动状态如图 7-36 所示，左侧的图例代表气泡在流场中滞留的时间（$t$），右侧颗粒

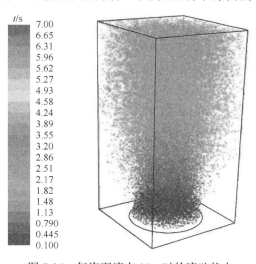

图 7-36　气泡羽流在 30 s 时的流动状态

即代表离散相气泡。可以看出，气泡由底部不间断地进入曝气池，且随上升高度变大，离散相气泡向周围扩散得越均匀。图中气泡颜色的深浅代表着入射气泡进入流场中停留时间的长短。从左边的图例可以看出，颗粒在流场中的停留时间最长为 7 s，且由于气泡的振荡与流场的涡旋作用，有少量的颗粒仍然滞留在流场中，且不同停留时间的颗粒之间互相掺混。

2）气泡羽流的离散相浓度分布。

进气量为 10 L/min、曝气时间为 30 s 工况下离散相气泡的分布情况如图 7-37 所示，左侧的图例代表着离散相气泡的浓度（$Q$）大小。可以看出，在曝气池底部，即气泡入口处气泡的浓度最高，浓度的最大值为 $4.23 \times 10^{-2}$ kg/m$^3$，气泡分布较为集中。高度越高，气泡的浓度分布越均匀，气泡扩散越明显。

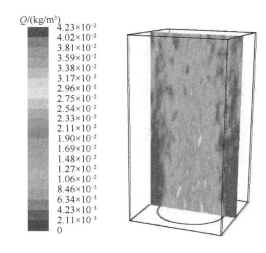

图 7-37　气泡羽流的离散相浓度云图

3）不同进气量下气泡羽流的速度场。

进气量为 10 L/min、曝气时间为 30 s 时的气泡羽流速度矢量场如图 7-38 所示，可以看出，计算域内流场速度（$V$）整体呈上升趋势，流场的速度从曝气入口处到顶部水面是先增大后减小的。曝气口附近及羽流中部的速度较大，最大值为 $2.22 \times 10^{-1}$ m/s，呈现出红色，原因在于曝气口附近的气泡数量分布较为集中。

气泡羽流从中部往上，速度逐渐降低，具体原因为气泡从曝气口入射进入气液两相流流场，分布较为集中，浓度较高，将所在位置的液体排空，使得上部和两侧的液体向下、向内侧回流，形成如图 7-38 所示的漩涡环流。上部的流体向下回流，从一定意义上来说对上升的离散相气泡存在阻碍作用，故中部向上靠近顶部出口区域的流场流速较低。另外，曝气盘气泡入口处速度较大，也是由于流场环流对入口处离散相气泡的上升存在作用，即促进气泡上升。同时，气泡羽流的

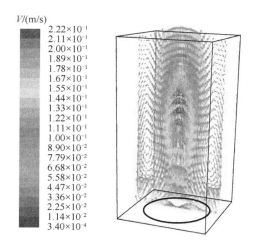

图 7-38　气泡羽流速度矢量场图

速度矢量场图显示在曝气池入口两侧出现对称的漩涡，速度呈现由中心向两侧衰减的趋势。

　　提取模型中轴线上的颗粒速度分析不同进气量下的速度分布，如图 7-39 所示。可以看出，中轴线处气泡的速度先增大后减小，且气泡的速度随着进气量的增大而增大。

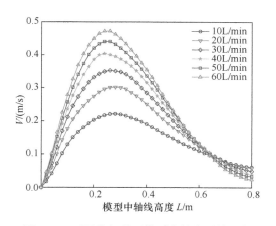

图 7-39　不同进气量下模型中轴线颗粒速度

　　4）不同进气量下气泡的停留时间。

　　气泡停留时间即离散相气泡从进口边界入射到出口边界逸出计算域的总时间。分别模拟入射口进气量为 10 L/min、20 L/min、30 L/min、40 L/min、50 L/min、60 L/min 的工况，根据模拟结果分析气量与气泡平均停留时间的关系，如图 7-40

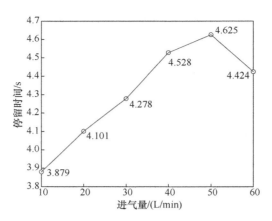

图 7-40 不同进气量下气泡的平均停留时间

所示。可以看出，进气量从 10 L/min 增大到 50 L/min，气泡的平均停留时间从 3.879 s 增大到 4.625 s。相比进气量 10～40 L/min 的情况，进气量由 40 L/min 变化到 50 L/min 时，气泡平均停留时间的增速变缓。当进气量增大到 60 L/min 时，气泡的平均停留时间减小到 4.424 s，可见进气量和气泡平均停留时间的关系不是简单的线性增长关系。

　　水处理中气泡的传质和气液两相的接触时间有关，引起气泡羽流的传质计算与气泡停留时间有较大的关系。在离散相气泡中 $CO_2$ 的浓度与液体相中 $CO_2$ 的浓度达到平衡之前，理论上认为气泡停留时间越长，气泡的传质效果越好。模拟中通过增大入射口的进气量来模拟气液两相流场的变化。通常认为入射口的进气量越大，流场的涡旋越明显，离散相气泡在气液两相流场中的停留时间越长。分析可知，气泡的停留时间和入射口进气量不是简单的线性增长关系，所以气泡羽流的传质效果和入射口气泡的进气量也不是简单的线性增长关系。

　　5）试验与模拟结果对比分析。

　　对比分析试验结果和模拟结果的速度矢量场，如图 7-41 所示。通过比较可以看出在同种工况下，实验和模拟的气泡羽流流态基本相同，即气泡羽流中部流场速度较大，而两侧和顶部速度较小，且曝气带动周围的液体运动，在气泡羽流的两侧存在自上而下的环流。

　　在进气量为 10 L/min 工况下分析速度分布直方图，如图 7-42 所示。分析可知，试验所得速度分布集中在 0.05～0.20 m/s，峰值速度介于 0.25～0.30 m/s。相比之下，模拟得出的速度较小，速度分布集中在 0～0.10 m/s，峰值速度介于 0.2～0.23 m/s。这是由于试验中的气泡尺寸在上升的过程中是逐渐增大的，且气泡羽流中气泡之间会发生气泡聚并、碰撞、破碎等现象，而这一系列现象也会造成气泡的速度发生突变。然而，在模拟中设定的气泡尺寸是恒定不变的，且

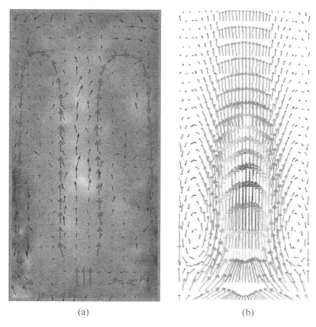

图 7-41    PIV 软件处理（a）和数值模拟（b）气液两相流速度矢量场

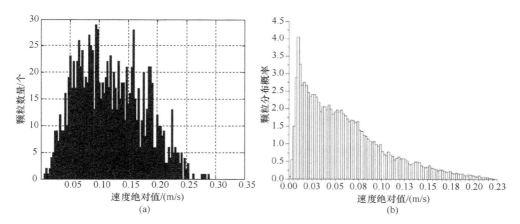

图 7-42    PIV 软件处理（a）和数值模拟（b）气液两相速度分布直方图

气泡与气泡之间不发生聚并、碰撞、破碎等现象，因此模拟所得的速度分布小于试验所得的速度分布。

（3）气泡羽流传质脱除 $CO_2$ 工况计算

1）气泡传质方程。

对气泡羽流进行传质计算，式（7-68）是气泡瞬态传质方程，即单位时间内单个气泡向液体传质的量：

$$\frac{\mathrm{d}m_g}{\mathrm{d}t} = 8\left(C_A - C_I\right) D_{AB}^{\frac{2}{3}} v_b^{\frac{1}{3}} R^{\frac{4}{3}} \tag{7-68}$$

式中，$\dfrac{\mathrm{d}m_g}{\mathrm{d}t}$ 为 $CO_2$ 的传质速率；$C_A$–$C_I$ 为气泡内外 $CO_2$ 的浓度差；$D_{AB}$ 为 $CO_2$ 在水中的扩散传质系数；$v_b$ 为气泡的速度；$R$ 为气泡半径；$t$ 为气泡与水的接触时间。

2）气泡羽流参数确定及工况。

在单气泡传质计算的时候，由于气液传质仅发生在气液界面处的传质边界层且传质量较小，我们认为远离气泡的液相主体为恒浓度区域，液相主体中 $CO_2$ 的浓度 $C_A$ 值不变。然而，气泡羽流的传质总量较大，不可将 $C_A$ 视为定值。气泡羽流传质过程中，随着时间变化，曝气池原水中的 $CO_2$ 质量浓度也是逐渐变化的。随着气泡羽流的传质，原水中的部分 $CO_2$ 得到脱除，其质量浓度逐渐降低，而质量浓度的动态变化反过来决定着单个气泡的传质量。因此，需考虑曝气池中 $CO_2$ 质量浓度的动态衰减过程，对曝气池中的气泡羽流传质进行迭代计算。水力停留时间为 25 min，初始时刻（原水）$CO_2$ 的质量浓度 $C_A$ 为 0.0325 kg/m³，计算过程中，每隔 1 min 将曝气池 $CO_2$ 的质量浓度更新一次，以每一分钟后曝气池剩余 $CO_2$ 的浓度作为下一分钟的 $C_A$ 值。$C_I$ 采用空气中 $CO_2$ 的含量为计算参数，常温常压下，空气中 $CO_2$ 分压占 0.038%，空气的摩尔体积为 24.5 mol/L，所以求得空气中 $CO_2$ 的质量浓度如下：

$$C_{CO_2} = \frac{0.038\%}{24.5} \approx 1.55 \times 10^{-5}\ \mathrm{mol/L} = 6.6 \times 10^{-4}\ \mathrm{kg/m^3} \tag{7-69}$$

其中，时间 $t$ 是在气泡羽流流场模拟下统计得来的气泡平均停留时间，对于某一具体的进气量，气泡平均停留时间也是定值。速度 $v_b$ 采用 PIV 分析实验求得的平均速度，计算结果如表 7-4 所示。

表 7-4　不同进气量对应的流场参数

| 进气量/（L/min） | 10 | 20 | 30 | 40 | 50 | 60 |
|---|---|---|---|---|---|---|
| 气泡停留时间/s | 3.879 | 4.101 | 4.278 | 4.528 | 4.625 | 4.424 |
| 气泡速度/（m/s） | 0.2419 | 0.2654 | 0.2444 | 0.1547 | 0.1624 | 0.1571 |

此外，$CO_2$ 在水中的扩散速率 DAB 为定值，取 $1.77 \times 10^{-9}$ m²/s。假设气泡为稳定的球形，且不随传质发生变化，尺寸也是恒定的。由此，直径的取值由曝气分布盘的孔径决定，取值为 2 mm。鼓泡柱式反应器的长、宽、高分别为 0.4 m、0.4 m、1.0 m，体积为 0.16 m³。由于不考虑气泡在传质过程中的体积变化与气泡之间的聚并破碎，气泡的总数量可以由曝气总量和单气泡体积计算获得，其结果如表 7-5 所示。计算气泡羽流的传质，我们考虑将曝气时间内气泡总数量和单气泡传质量的乘积作为最终的参考结果。将上述各个参数代入式（7-41）中进行迭代计算。

表 7-5　不同进气量对应的气泡数量

| 进气量/（L/min） | 10 | 20 | 30 | 40 | 50 | 60 |
|---|---|---|---|---|---|---|
| 气泡数量/个 | $2.39×10^6$ | $4.77×10^6$ | $7.16×10^6$ | $9.55×10^6$ | $1.19×10^7$ | $1.43×10^7$ |

3）曝气池浓度 $CO_2$ 随时间的变化。

不同进气量下，曝气池中 $CO_2$ 浓度随时间的变化如图 7-43 所示。随着时间延长，原水中 $CO_2$ 的浓度是逐渐降低的。在曝气时间为 25 min 的情况下，进气量为 20 L/min、30 L/min、40 L/min、50 L/min 和 60 L/min 的工况均可以将曝气池中 $CO_2$ 的浓度降低到 0.005 kg/m³ 以下。同时，当曝气时间小于 10 min 时，曝气池中 $CO_2$ 浓度下降比较迅速；当曝气时间大于 10 min 时，曝气池中 $CO_2$ 浓度下降较为缓慢，变化较小。曝气时间大于 10 min 时，曝气脱除 $CO_2$ 的效率增长较为缓慢，效率变低，在工程应用中是不经济的。因此，可以将曝气时间缩短为 10 min，并进一步分析不同进气量下 $CO_2$ 的脱除率。

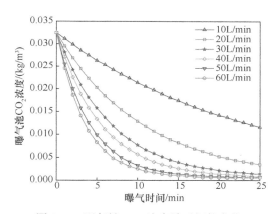

图 7-43　曝气池 $CO_2$ 浓度随时间的变化

4）不同进气量下 $CO_2$ 的脱除率。

曝气时间为 10 min 的情况下，不同进气量下 $CO_2$ 的脱除率如图 7-44 所示。可以看出，随着进气量逐渐增大，$CO_2$ 的脱除率也是逐渐增大的，但是在进气量大于 30 L/min 时，$CO_2$ 的脱除率增速变缓。在进气量为 50 L/min 时，即可将 $CO_2$ 的脱除率提高到 90%左右。实际工程应用中应根据水质要求标准确定具体的曝气量。

对 $CO_2$ 脱除率的部分试验值与模拟值进行对比分析，结果如图 7-45 所示。可以看出，试验值和模拟值吻合较好，同时在相同曝气量的情况下，试验中 $CO_2$ 脱除率总体上比模拟中 $CO_2$ 脱除率低，这是由于试验中有部分气泡会在上升过程中发生聚并、破碎等现象，本书认为发生此类现象的气泡不参与传质过程。

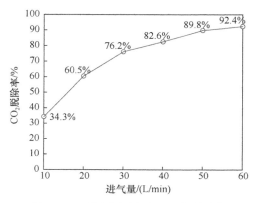

图 7-44 不同进气量下 $CO_2$ 的脱除率

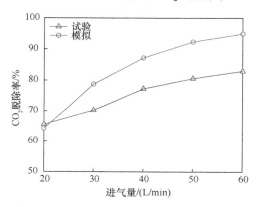

图 7-45 $CO_2$ 脱除率的试验值与模拟值对比

## 7.6 新型酸性阻垢剂研发

当水中氯化物或硫酸盐含量较高时，单独使用单一酸性阻垢剂可能会使出水氯化物或者硫酸盐超标。因此，需根据饮用水水质情况研发复合酸性阻垢剂。一方面可以根据饮用水水样中氯化物与硫酸盐的含量来决定阻垢剂酸种的配比比例；另一方面可以提高阻垢剂单位体积氢离子浓度，缩小阻垢剂的容器体积，为酸碱平衡曝气除垢工艺的实施提供技术支持。基于阻垢剂酸种的性质、成本、安全性等方面考虑，将浓盐酸和浓硫酸按一定比例配制阻垢剂，降低浓酸的危害，减少单独使用盐酸或硫酸时向水中添加的氯化物或硫酸盐的量。

阻垢剂酸种的配比可以根据具体水样中氯化物和硫酸盐的含量、阻垢剂的成本等确定。以西安市某水厂实际出水为例，进行新型复合酸性阻垢剂研发。西安某水厂出水水质如表 7-6 所示，水中总硬度和碱度虽然较高，但未超过《生活饮用水卫生标准》（GB 5749—2022）要求，水中暂时硬度较高，有水垢产生，同时水中氯化物和硫酸盐含量较低。根据水质特征，对两个酸种按不同体积比混合配制新型复合酸性阻垢剂，处理后水质如表 7-7 所示。

表 7-6　西安某水厂出水水质

| 项目 | 总硬度/（mg/L） | 碱度/（mg/L） | 暂时硬度/（mg/L） | pH | 氯化物/（mg/L） | 硫酸盐/（mg/L） |
|------|------|------|------|------|------|------|
| 数值 | 290～300 | 200～220 | 62.66～69.80 | 7.62～7.78 | 13～17 | 18～24 |

表 7-7　不同酸种体积比混合的新型复合酸性阻垢剂处理后水质

| 碱度值 | 150～155 mg/L（出厂水水样降至此碱度无水垢） | | | | | | | | |
|------|------|------|------|------|------|------|------|------|------|
| 体积比（浓盐酸∶浓硫酸） | 5∶1 | 4∶1 | 3∶1 | 2∶1 | 1∶1 | 1∶2 | 1∶3 | 1∶4 | 1∶5 |
| H 浓度/（mol/L） | 16 | 18 | 20 | 22 | 24 | 26 | 28 | 30 | 32 |
| 阻垢剂用量/（μL/L） | 100 | 89 | 80 | 73 | 67 | 62 | 57 | 53 | 50 |
| 水样中氯化物/（mg/L） | 15 | 15 | 15 | 15 | 15 | 15 | 15 | 15 | 15 |
| 增加的氯化物/（mg/L） | 36.09 | 32.95 | 28.79 | 22.98 | 14.32 | 8.16 | 5.71 | 4.39 | 3.56 |
| 水样中硫酸盐/（mg/L） | 20 | 20 | 20 | 20 | 20 | 20 | 20 | 20 | 20 |
| 增加的硫酸盐/（mg/L） | 29.93 | 34.16 | 39.79 | 47.65 | 59.36 | 67.68 | 71 | 72.79 | 73.9 |
| 成本/（元/t） | 0.113 | 0.109 | 0.103 | 0.096 | 0.084 | 0.076 | 0.073 | 0.071 | 0.07 |

实际应用时，除了处理效果外，还需考虑阻垢剂成本。新型复合酸性阻垢剂成本与酸种配比的关系如图 7-46 所示。可以看出，处理成本的变化在体积比（浓盐酸∶浓硫酸）为 1∶3 之后降低幅度变小，其成本在 0.07～0.075 元/t。

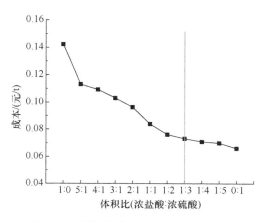

图 7-46　阻垢剂成本与酸种配比的关系

酸性阻垢剂的使用会向水中引入额外的氯化物和硫酸盐，酸种配比条件下与处理水氯化物和硫酸盐含量变化如图 7-47 所示。西安某水厂出水中氯化物含量为 15 mg/L，硫酸盐为 25 mg/L。根据《生活饮用水卫生标准》（GB 5749—2022），饮用水中氯化物和硫酸盐的含量应小于 250 mg/L，从图 7-47 中可以看出，不同酸种配比条件下处理水的氯化物和硫酸盐含量均不会超标。综上所述，该水厂出水建议使用浓盐酸：浓硫酸体积比为 1：3～1：5 的阻垢剂。

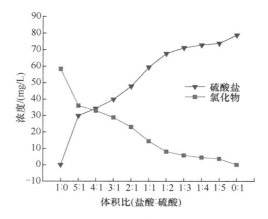

图 7-47　阻垢剂增加的氯化物和硫酸盐量与酸种按配比的关系

## 1. 阻垢剂浓度

氢离子浓度是阻垢剂的重要参数，决定了阻垢剂使用体积的大小，而且不同氢离子浓度的阻垢剂会在配制、使用、运输、储存等方面存在差异。

（1）配制安全性

由于阻垢剂中氢离子浓度较高，其配制过程中可能会增加浓盐酸的挥发，造成成本损失，增加人体伤害风险，因此需确定阻垢剂中的氢离子浓度。按照不同氢离子浓度配制阻垢剂，具体参数如表 7-8 所示。阻垢剂的配制方案为：通过计算确定浓盐酸、浓硫酸和水的体积；将 2/3 体积的水加入烧杯中，再将全部浓硫酸加入烧杯中，搅拌均匀并冷却至室温后，将全部浓盐酸加入烧杯中，搅拌均匀后转移至容量瓶中，洗涤和定容后完成阻垢剂的配制。

表 7-8　不同氢离子浓度的阻垢剂配制参数

| 项目 | 阻垢剂① | 阻垢剂② | 阻垢剂③ | 阻垢剂④ | 阻垢剂⑤ |
|---|---|---|---|---|---|
| 体积比（浓盐酸：浓硫酸：水） | 1：3：1.1 | 1：3：2.8 | 1：5：8 | 1：3：6.2 | 1：3：13.5 |
| 氢离子浓度/（mol/L） | 24 | 18 | 14 | 12 | 7 |

不同氢离子浓度阻垢剂的浓盐酸挥发对比如图 7-48 所示，可以看出，阻垢剂①在烧杯中有大量挥发"白雾"，而且配制过程中加入浓盐酸瞬间有"沸腾"现象，用湿润的 pH 试纸检测 10 s，显示 pH 小于 1；阻垢剂②在烧杯中仍有"白雾"挥发，但配制过程中没有出现"沸腾"现象，用湿润的 pH 试纸检测 10 s，显示 pH 小于 1；阻垢剂③在烧杯中基本无"白雾"挥发，用湿润的 pH 试纸检测 20 s，

图 7-48　不同氢离子浓度的阻垢剂中浓盐酸挥发对比图

显示 pH 小于 3；阻垢剂④在烧杯中基本无"白雾"挥发，用湿润的 pH 试纸检测 20 s，显示 pH 小于 4.5；阻垢剂⑤在烧杯中无"白雾"挥发，用湿润的 pH 试纸检测 30 s，显示 pH 小于 5。综上所述，阻垢剂的氢离子浓度在小于 14 mol/L 时浓盐酸挥发较小。

（2）阻垢剂使用安全性

阻垢剂在使用过程中不慎滴在人体皮肤或者衣物上，会对人体或者衣物造成伤害。因此，需确定新型复合酸性阻垢剂对人体和衣物的腐蚀性，以证实其使用过程中的安全性。安全性实验方案为：使用猪皮代替人体皮肤分别用玻璃棒蘸取一滴阻垢剂①、②、③、④、⑤和自来水滴在猪皮和衣服上，静置 1 min 后，用卫生纸擦去残留液，拍照记录，结果如图 7-49 所示。可以看出，阻垢剂①对猪皮的腐蚀性较大，留下了较深的腐蚀痕迹，而阻垢剂②、③、④、⑤与自来水相比腐蚀差距不大，只是留有很浅的印记。对于衣服而言，阻垢剂①、②、③、④、⑤和自来水留下的印记基本没有区别，因此所有阻垢剂对衣服没有腐蚀性。综上所述，阻垢剂的氢离子浓度小于 18 mol/L 时，腐蚀性较小，配制和使用较为安全。

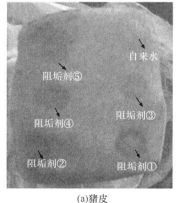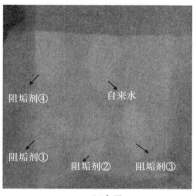

(a)猪皮　　　　　　　　　　　　(b)衣服

图 7-49　不同氢离子浓度的阻垢剂对猪皮（a）和衣服（b）的腐蚀

（3）密封性

阻垢剂储存过程中的密封性对阻垢剂有效性具有显著影响，因此需对不同氢离子浓度的新型复合酸性阻垢剂储存密封性进行验证。验证方案为：配制 400 mL 盐酸：硫酸体积比为 1：3 的溶液，氢离子浓度分别为 18 mol/L、14 mol/L 和 12 mol/L 的阻垢剂封存到玻璃瓶中静置 120 h 后，与加酸量为 1600 μL/L 的稀盐酸在反应器内做等氢离子量对比实验，反应器进水流量为 450 L/h，曝气气水比为 6：1，停留时间为 25 min，原水水样 pH 为 7.68，碱度为 205 mg/L，总硬度为 295 mg/L，暂时硬度为 65.84 mg/L，浊度为 0.23 NTU。

通过评估不同氢离子浓度阻垢剂储存后其阻垢效果，验证其储存密封性，确保阻垢剂效果稳定。不同氢离子浓度阻垢剂储存后处理水 pH 和碱度值如表 7-9 所示。氢离子浓度小于 14 mol/L 时，在 5 d 的储存期内，阻垢剂与稀盐酸的效果相差甚小，说明阻垢剂中的氯化氢基本无挥发，不影响阻垢剂的正常使用。考虑阻垢剂酸种的配制、使用、密封性等确定阻垢剂的盐酸：硫酸体积比为 1：3～1：5，氢离子浓度小于 14 mol/L 时较适宜。

表 7-9　不同氢离子浓度的阻垢剂与稀盐酸的处理效果对比

| 项目 | 盐酸 | 阻垢剂（18 mol/L） | 阻垢剂（14 mol/L） | 阻垢剂（12 mol/L） |
|---|---|---|---|---|
| pH | 7.53 | 7.58 | 7.54 | 7.52 |
| 碱度值/（mg/L） | 145.17 | 154.36 | 147.62 | 143.41 |

## 2. 水垢控制效果

（1）阻垢效果验证

新型复合酸性阻垢剂投加在酸碱平衡曝气除垢工艺中，因此需对阻垢剂进行短期阻垢效果和长时间稳定运行效果进行验证，确保其能在酸碱平衡曝气除垢工艺中安全稳定地使用。以西安市某水厂出水为例，水厂出水水质如表 7-10 所示。

表 7-10　西安某水厂出水水质

| 项目 | 总硬度/（mg/L） | 碱度/（mg/L） | 暂时硬度/（mg/L） | pH | 氯化物/（mg/L） | 硫酸盐/（mg/L） |
|---|---|---|---|---|---|---|
| 数值 | 290～300 | 200～220 | 62.66～69.80 | 7.62～7.78 | 13～17 | 18～24 |

分别用盐酸：硫酸体积比为 1：3、1：4、1：5 和氢离子浓度为 10 mol/L、12 mol/L、14 mol/L 的 9 种新型复合酸性阻垢剂进行不同加酸量条件下的阻垢效果验证实验，每组加酸量进行连续 4 h 的长时间稳定运行效果实验，每 20 min 取一组水样进行测定。盐酸：硫酸体积比为 1：3，氢离子浓度 10 mol/L、12 mol/L、14 mol/L 的阻垢剂为 1 号、2 号、3 号阻垢剂；同样，体积比为 1：4 和 1：5 的阻垢剂按氢离子分为 4～9 号阻垢剂。实验进水流量为 450 L/h，曝气气水比为 6：1，反应停留时间为 25 min，处理效果如图 7-50 所示。

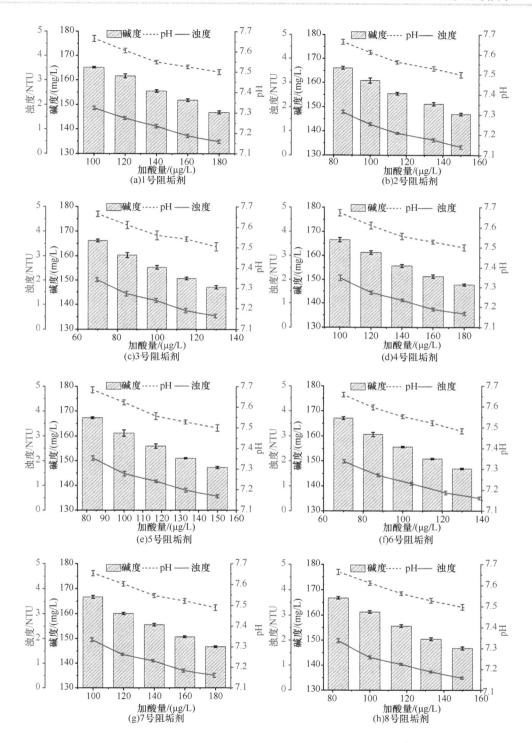

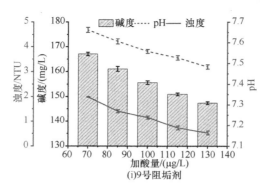

(i)9号阻垢剂

图7-50　新型复合酸性阻垢剂在不同酸种配比条件下的处理水碱度、浊度及pH

由图 7-50 可以看出，1 号阻垢剂加酸量为 160 μg/L 时浊度降低至 1 NTU 以下，煮沸冷却水中没有水垢产生，此时处理水碱度为 152 mg/L，pH 为 7.5，2 号和 3 号阻垢剂在加酸量为 135 μg/L 和 115 μg/L 时达到类似效果。pH、碱度值、浊度值的偏差随氢离子浓度的增大而增大，但偏差值总体较小。阻垢剂中氢离子的增大会加大盐酸的挥发性，导致部分氢离子丢失，影响出水 pH 和碱度，并造成一定的波动。4 号阻垢剂加酸量为 160 μg/L 时出水清澈，水垢控制效果好，此时碱度也在 150 mg/L 左右，pH 为 7.5，5 号和 6 号阻垢剂的加酸量分别为 137 μg/L 和 115 μg/L 可以达到相同效果；7 号、8 号和 9 号阻垢剂加酸量分别为 160 μg/L、137 μg/L 和 115 μg/L 时，出水浊度低于 1 NTU，煮沸冷却水中没有水垢的产生。pH、碱度值、浊度值的偏差未随氢离子浓度的增大而增大，这是因为盐酸比例降低，不会随氢离子浓度的增大而挥发。由出水的结果来看，以上 9 种阻垢剂都可以较好地处理饮用水中的水垢，且处理后的各项指标差距不大。

对比 9 种阻垢剂的水垢控制效果，发现加酸量和出水水质的变化规律都相差不大，认为 1∶3～1∶5 范围内盐酸的配比对水垢控制效果影响不大，不同阻垢剂的加酸量有明显差异，但是经计算，实际投加的氢离子浓度大致为 $1.6 \times 10^{-3}$ mol/L 左右，用 9 种氢离子浓度的阻垢剂处理西安市某水厂出水的阻垢效果显著。

（2）阻垢剂与稀盐酸的阻垢效果对比

新型复合酸性阻垢剂为浓酸型阻垢剂，其阻垢效果与稀酸可能存在差异，因此将上述 9 种阻垢剂与 1 mol/L 的稀盐酸按照等量氢离子投加量进行阻垢效果对比实验，分析处理水的 pH、碱度值和水样煮沸冷却后的浊度值，评估新型复合酸性阻垢剂的适用性。实验进水流量为 450 L/h，曝气的气水比为 6∶1，反应停留时间为 25 min，出水水质如图 7-51 所示。可以看出，在加入等量氢离子的条件下，9 种阻垢剂和稀盐酸处理水的 pH 和碱度值差距不大，相对误差都在 5% 以下，说明新型复合酸性阻垢剂可以代替稀盐酸用于酸碱平衡曝气除垢工艺中。

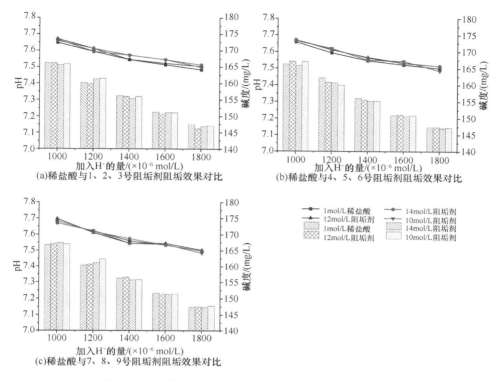

图 7-51 新型复合酸性阻垢剂与稀盐酸的处理水水质

使用新型复合酸性阻垢剂和稀盐酸处理出厂水的煮沸冷却后效果如图 7-52 所示。可以看出，使用新型复合酸性阻垢剂和稀盐酸处理出厂水的煮沸冷却后的效果基本没有差距，都没有水垢和白色漂浮物产生，且煮沸冷却水的浊度都在 1 NTU 左右。

根据不同条件的实验结果对比，最终确定阻垢剂的参数为阻垢剂的盐酸：硫酸体积比为 1：3～1：5、氢离子浓度为 10～14 mol/L 较为适宜。

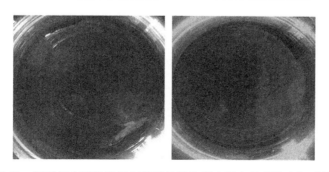

图 7-52 新型复合酸性阻垢剂和稀盐酸处理出厂水的煮沸冷却后效果

# 参 考 文 献

华家, 卢金锁, 闫涛. 2016. 酸碱平衡法对地下水暂时硬度的去除试验研究. 中国给水排水, 32(17): 39-42.

汪慧贞, 王绍贵. 2004. pH 值对污水处理厂磷回收的影响. 北京建筑工程学院学报, (4): 5-8.

王绍贵, 张兵, 汪慧贞. 2005. 以鸟粪石的形式在污水处理厂回收磷的研究. 环境工程, (3): 78-80.

肖柏青, 张法星, 戎贵文. 2014. 曝气池气泡羽流数值模拟及其氧转移影响. 环境工程学报, 11(11): 4581-4585.

闫志为, 刘辉利, 陶宗涛. 2011. 温度对水中碳酸平衡的影响浅析. 中国岩溶, 30(2): 128-131.

张文林, 卢金锁, 王峰慧, 等. 2018. 水中 $CO_2$ 脱除曝气策略及工艺研究. 水处理技术, 315(4): 86-89.

周明罗, 罗海春. 2008. 吹脱法处理高浓度氨氮废水的实验研究. 宜宾学院学报, 8(6): 76-78.

Cohen Y, Kirchmann H. 2004. Increasing the pH of wastewater to high levels with different gases—CO2 stripping. Water, Air, Soil Pollution 159(1/4): 265-275.

Gong X, Takagi S, Huang H, et al. 2007. A numerical study of mass transfer of ozone dissolution in bubble plumes with an Euler-Lagrange method. Chemical Engineering Science, 62(4): 1081-1093.

Münch E, Barr K.2001. Controlled struvite crystallisation for removing phosphorus from anaerobic digester sidestreams. Water Research, 35(1): 151-159.

Saidou H, Korchef A, Moussa S B, et al. 2009. Struvite precipitation by the dissolved $CO_2$ degasification technique: impact of the airflow rate and pH. Chemosphere, 74(2): 338-343.

Suzuki K, Tanaka Y, Osada T, et al. 2002. Removal of phosphate, magnesium and calcium from swine wastewater through crystallization enhanced by aeration. Water Research, 36(12): 2991-2998.

# 第8章　地下水源水垢控制技术与设备

随着国内居民生活水平的提高，国民对饮用水品质有了更高的追求，解决饮用水烧开后产生的水垢问题，提高用户对饮用水满意度成为供水行业关注的热点之一。而地下水复杂的水质情况，促使我们针对水源开展了一系列的水垢控制技术与设备研发，提出了多元化的解决手段。本章将针对地下水源水，按照前端、终端等方式进行分类，对水垢控制技术与设备进行合理归纳。

## 8.1　概况介绍

地下水是指赋存于地面以下岩石空隙中的水。地下水是水资源的重要组成部分，由于其水量稳定、水质良好，因而被广泛用作城镇及乡村地区生活用水水源。特别是在干旱、半干旱地区的城市郊县和农村地区，地下水是农业灌溉、工矿和城市的重要水源之一。

地下水受地质特征影响，硬度往往高于地表水。以地下水为水源的供水过程普遍存在水垢较高的问题，对居民生活和工业生产带来了诸多不便。然而多数以地下水为水源的供水系统总硬度符合我国《生活饮用水卫生标准》中的规定，因此并没有对出厂水做进一步处理。解决用户用水需求与供水系统水质总硬度达标之间的矛盾，需要进一步探究一系列的水垢控制技术，同时研发相关设备。

饮用水水质与用户满意度是供水行业关注的热点问题。我国居民喝热水的习惯由来已久，这也与我国目前给水处理技术有着密切关系。以地下水作为生活饮用水源水存在烧开后结垢比较严重的现象。例如，在陕西省西安市长安区、蓝田县，安徽省阜阳市以及山东省济宁市等地，其净水厂出水水质虽然符合《生活饮用水卫生标准》（GB 5749—2022）的要求，但是烧开水中水垢使得水质浑浊，烧水器具在使用一段时间后会形成一层白色水垢，使用热水器还会出现热水器堵塞问题，给用户的生活带来了困扰（卢金锁等，2019）。

目前，饮用水水垢问题的解决方法较为多元化，具体可分为供水系统的前端处理和终端处理两种，本章以酸碱平衡曝气工艺为核心进行设计，并在实际应用中初步取得成效。

## 8.2　工艺技术的研究与应用

酸碱平衡曝气法是一种比较新的处理工艺，与传统软化法不同，它主要是通过控制水中的碱度达到去除水垢的目的。确切地说，酸碱平衡曝气法本身就是为去除水垢而提出的。它通过向水中投加适量的酸性除垢剂，与水中 $HCO_3^-$ 反应形成 $H_2O$ 和 $CO_2$，使其无法在受热过程中转化为碳酸根，进而无法与水中钙镁离子结合生成难溶的碳酸盐；再通过曝气吹脱的方式恢复出水 pH，满足《生活饮用水卫生标准》（GB 5749—2022）。围绕酸碱平衡曝气法，研究学者通过广泛试验，开发出了一系列的衍生工艺和设备。

### 8.2.1　供水系统前端除垢工艺——深层曝气水垢去除工艺装置

供水系统前端除垢工艺，指的是在自来水厂对水垢进行去除的工艺技术。相较终端处理技术而言，它的体量更庞大，处理水量更多，应用效果与处理成本相对来说较难把握。

陕西某供水工程以地下水为水源，水垢问题较严重，县域居民抱怨与投诉较多，水垢问题迫切需要改善。酸碱平衡曝气法在水垢去除方面有着较好的表现，因此设计和加工了处理规模为 100 $m^3/d$ 的深层曝气水垢去除工艺装置（华家，2017；华家等，2016）。

#### 1. 材料与方法

深层曝气水垢去除工艺装置设计及示意图见图 8-1，装置所使用的仪器见表 8-1。该装置柱体内径 600 mm、高 5.5 m，加药罐体积为 40 L，并设置一个加药泵。外设一个支架用以安装静态混合器及流量计，内设盘式曝气器连接一个空压机进行曝气。在深层装置底部和中部均设置曝气器，底部曝气用于日常实验，而中部曝气主要用于探索填料试验。深层曝气水垢去除工艺装置的运行原理为：阻垢剂由加药泵注入，与原水在静态混合器中初步混合后进入深层曝气水垢去除工艺装置，利用底部盘式曝气器进行曝气吹脱及混合作用完成反应。

试验用水水质及检测方法见表 8-2。地下水的总硬度基本为 380.64～420.32 mg/L，虽未达《生活饮用水卫生标准》（GB 5749—2022）的总硬度限值，但因该地下水暂时硬度较高，加热过程易产生大量水垢，结垢现象严重。另外，该地下水中氟化物、溶解性总固体、硫化物等也都接近标准限值。

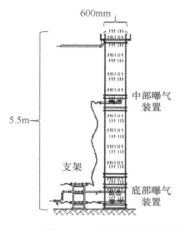

图 8-1　深层曝气水垢去除工艺装置设计及示意图

表 8-1　装置主要仪器

| 仪器名称 | 生产厂家 |
| --- | --- |
| V-1.05/12.5 空气压缩机 | 上海人民控股集团有限公司 |
| LZS 液体流量计 | 祥云自动化仪表有限公司 |
| LZM 气体流量计 | 余姚巨屹环保设备有限公司 |
| ZQB48 水泵 | 上海人民控股集团有限公司 |
| FS-20 油水分离器 | 温岭市金宇通用设备有限公司 |
| RDS0607 加药泵 | 重庆阿尔道斯流体设备有限公司 |

表 8-2　试验用水水质及检测方法

| 检测项目 | 数值 | 检测方法 |
| --- | --- | --- |
| 总硬度/（mg/L） | 380.64～420.32 | EDTA 络合滴定法 |
| 暂时硬度/（mg/L） | 47.69～64.06 | 煮沸法 |
| 碱度/（mg/L） | 233.57～264.88 | 酸碱指示剂滴定法 |
| pH | 7.57～7.63 | PHS-3c 型 pH 计 |
| 浊度/NTU | 0～0.2 | 浊度计法 |

### 2. 工艺参数调控

酸碱平衡曝气法在深层曝气水垢去除工艺装置中可获得更好的效果。投加阻垢剂对深层曝气和浅层曝气去除水垢没有明显差异,但在同样气水比条件下,深层曝气试验出水 pH 更高。因此,基于深层曝气水垢去除工艺装置进行参数调整试验,调整阻垢剂量、气水比、停留时间,探究最优参数,为后续的试验及方案提出提供依据。

基于工艺经济性及稳定性考虑,试验目标为改善原水的结垢情况,pH 尽量提升至原水 pH 左右。本试验调整工况并使其稳定运行 2 h 后检测水样,加药时配制 1 mol/L 强酸进行投加,阻垢剂量换算为"‰强酸/L"表示。

(1)阻垢剂量

在气水比为 1∶4、停留时间为 27 min 的条件下,分别考察酸碱平衡曝气法阻垢剂量为 0.12‰强酸/L、0.13‰强酸/L、0.14‰强酸/L、0.15‰强酸/L、0.16‰强酸/L 时装置出水的水质变化情况,如图 8-2 所示。结果表明,阻垢剂量对暂时硬度具有显著影响。暂时硬度去除率随阻垢剂量的增加而增大。深层曝气水垢去除工艺装置对暂时硬度的影响和浅层曝气相比并无明显差异,其原因在于深层和浅层装置只能影响水中二氧化碳的传质,不能影响水垢的去除。影响水垢去除的决定性因素是阻垢剂投加量,随着阻垢剂投量增加,水垢去除率提高。同时,阻垢剂量越大,出水的 pH 越低。结合暂时硬度去除需求,阻垢剂量可以选取为 0.14‰强酸/L、0.15‰强酸/L、0.16‰强酸/L,而考虑出水 pH 的控制、经济性以及硬度去除效果稳定性等因素,阻垢剂量宜选取 0.14‰强酸/L。该阻垢剂剂量与浅层曝气水垢去除工艺装置所得的阻垢剂最佳剂量相同,此时烧开水后的浊度可由原水的 5.0 NTU 以上降到 1.0 NTU 以下,除浊效果显著。

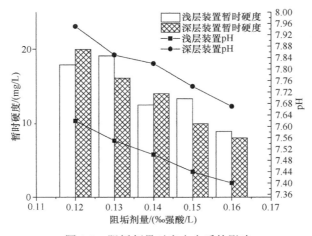

图 8-2　阻垢剂量对出水水质的影响

（2）气水比

在阻垢剂量为 0.14‰强酸/L、停留时间为 27 min 时，分别考察酸碱平衡曝气法的气水比为 1∶2、1∶3、1∶4、1∶5、1∶6 时装置出水的水质变化情况，如图 8-3 所示。结果表明，出水 pH 随反应气水比的提高而逐渐提高。这是由于曝气使水中游离的二氧化碳加快脱出，提高出水的 pH。曝气过程中产生的无数气泡会增加气水的接触面积，促进气水激烈碰撞，从而加快 $CO_2$ 的脱除速率。另外，气水比对水垢和碱度的变化没有显著的影响。深层曝气水垢去除工艺装置气水比为 1∶4 时，可使进出水 pH 相同，而浅层曝气水垢去除工艺装置的气水比为 1∶6 才可使得进出水 pH 相同。显然，相比于浅层曝气水垢去除工艺装置，深层曝气水垢去除工艺装置在相同气水比及停留时间条件下，出水 pH 更高。

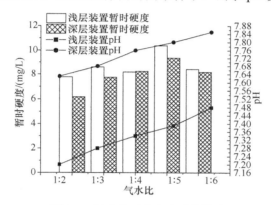

图 8-3 气水比对出水水质的影响

（3）停留时间

深层曝气水垢去除工艺装置由于体积较大，停留时间均在 10 min 以上，而根据浅层中试试验装置所得结论，当停留时间延长至一定时间时，水中的 $CO_2$ 与大气中的 $CO_2$ 基本达到平衡。此时增加停留时间对二氧化碳的吹脱和 pH 的提高作用并不显著，即曝气不能使出水 pH 无限提高。由于深层曝气中试试验中停留时间的调整对酸碱平衡曝气法的处理效果影响不大，因此不在此赘述。

### 3. 填料改良

$CO_2$ 吹脱是酸碱平衡曝气法中至关重要的步骤，$CO_2$ 吹脱的理论依据是气液相平衡和传质速度理论。吹脱的基本原理是：将空气通入废水中，改变水中的气液平衡关系，使易挥发物质由液体转为气体，从而使其从水中脱除。$CO_2$ 吹脱过程属于传质过程，其推动力为废水中挥发物质的浓度与大气中该物质的浓度差。为了提高吹脱效率，常在吹脱装置中添加填料，其作用在于增加气水接触面积，提高气体吹脱效率。

根据上述原理，采用自制填料层对酸碱平衡曝气装置进行改良（图 8-4），探究其对酸碱平衡曝气法的影响。后续参数调整主要使用填料位置 1 进行试验。而填料位置试验在位置 1、位置 2、位置 3 进行。位置 1、位置 2、位置 3 分别距离曝气装置 30 cm、90 cm、160 cm。

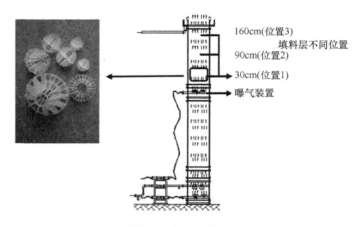

图 8-4　填料层情况

（1）填料装置可行性

加入填料的主要作用在于利用填料加大气水接触面积，促进 $CO_2$ 的吹脱，提高出水 pH，从而降低气水比和运行成本。利用深层曝气水垢去除工艺装置，对填料的可行性进行研究。在阻垢剂量为 0.14‰强酸/L、气水比为 1∶4 和停留时间为 27 min 的条件下，考察有填料装置和无填料装置的出水暂时硬度、碱度和 pH 变化，评估填料层对水垢控制的作用，结果如图 8-5 所示。

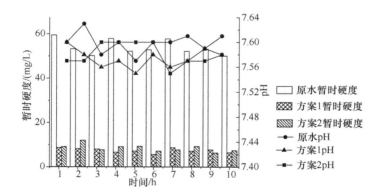

图 8-5　填料改良试验结果

方案 1 为未添加填料层的酸碱平衡曝气装置，方案 2 为添加填料层的酸碱平衡曝气装置。可以看出，原水的暂时硬度在 54 mg/L 左右，未添加填料层的酸碱平衡曝气装置出水暂时硬度在 8.32 mg/L 左右，添加填料层的酸碱平衡曝气装置出水暂时硬度在 8.28 mg/L 左右，说明增加填料对暂时硬度的去除基本没有影响。根据工艺原理，填料只能增大气水接触面积，并不能影响水垢的去除。原水的 pH 在 7.58 左右，未添加填料层的酸碱平衡曝气装置出水的 pH 在 7.60 左右，添加填料层的酸碱平衡曝气装置的 pH 在 7.57 左右。气水比及停留时间对出水 pH 有显著的影响，反应气水比越大，出水 pH 越高；停留时间越短，出水 pH 越低。在相同条件下，深层曝气水垢去除工艺装置气水比需 1 : 4 才能达到进出水 pH 相同，而添加填料层可将气水比降至 1 : 3。综上所述，无论是否添加填料层，均可达到相同的处理效果，可以认为填料层具有增加气水接触面积从而提高出水 pH 的作用。在实际工程中，无填料设备结构简单，管理简便，但由于反应需要的气水比较高，运行成本高；增加填料的设备运行成本较低，但建设费用较大，管理复杂。两种设计均有实施价值，具体应用方案需根据水厂的实际情况具体分析。

（2）填料位置调整

在相同条件下，分别在曝气装置上 30 cm、90 cm、160 cm 处进行试验，确定填料层位置对酸碱平衡曝气法工艺的影响。如图 8-6 所示，添加填料层后，对暂时硬度含量无影响，而 pH 则随着气水比的增大而增大。在 3 个填料层位置中，距离曝气装置最近的填料位置 1（30 cm）的 pH 最高，而距离曝气位置最远的填料位置 3（160 cm）最低，说明填料位置离曝气装置越近效果越好。

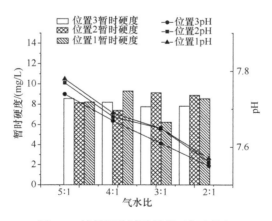

图 8-6　填料调整试验结果（气水比）

4. 连续运行稳定性

试验研究了不同季节条件下连续稳定运行对酸碱平衡曝气法处理效果的影

响,以评估酸碱平衡曝气工艺的安全性和稳定性。稳定连续运行试验分别在春、夏、秋、冬四个季节进行,由第一年秋季开始到第二年夏季结束,共计一年时间。除秋季使用浅层曝气水垢去除工艺装置外,其余季节均使用深层曝气水垢去除工艺装置进行连续试验。深层曝气水垢去除工艺装置作为改良装置效果更好,$CO_2$ 曝气吹脱和 pH 提升效率更高。

（1）秋季稳定运行试验

秋季稳定运行试验反应条件如表 8-3 所示,在此条件下考察浅层曝气水垢去除工艺装置出水的水垢、碱度、pH 的变化情况,结果如图 8-7 所示。试验表明,秋季稳定运行试验出水暂时硬度稳定在 7.22 mg/L 左右,碱度稳定在 121.27 mg/L 左右,pH 稳定在 7.49 左右。与原水相比,暂时硬度去除率为 86.9%,碱度去除率为 46.4%,出水 pH 与原水接近,烧开水后的浊度可由原水 5.0 NTU 以上降到 1.0 NTU 以下,结垢现象有较好的改善。因此可以认为,酸碱平衡曝气法在秋季具有较好的稳定性及处理效果。

表 8-3　秋季稳定运行试验反应条件

| 水源地 | 进水量/（m³/h） | 阻垢剂量/（‰强酸/L） | 曝气量 |
| --- | --- | --- | --- |
| 陕西某县 | 2.5 | 0.14 | 1:6 |

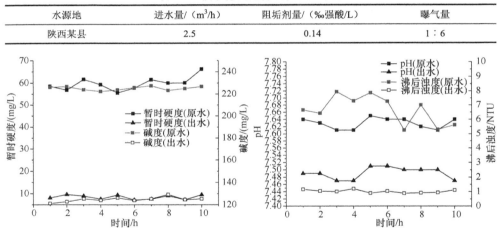

图 8-7　秋季稳定运行试验结果

（2）冬季稳定运行试验

冬季稳定运行试验反应条件如表 8-4 所示,在此条件下考察深层曝气水垢去除工艺装置出水水垢、碱度、pH 的变化情况,结果如图 8-8 所示。试验表明,冬季稳定运行试验出水暂时硬度稳定在 8.32 mg/L 左右,碱度稳定在 124.47 mg/L 左右,pH 稳定在 7.48 左右,沸后浊度稳定在 0.90 NTU 左右。与原水相比,暂时硬度去除率为 84.9%,碱度去除率为 43.5%,出水 pH 与原水接近,烧开水后的浊度可由原水 5.0 NTU 以上降到 1.0 NTU 以下,结垢现象有较好的改善,达到处理目标。因此,酸碱平衡曝气法在冬季具有较好的稳定性及处理效果。

表 8-4　冬季稳定运行试验反应条件

| 水源地 | 进水量/(m³/h) | 阻垢剂量/(‰强酸/L) | 曝气量 |
|---|---|---|---|
| 陕西某县 | 2.5 | 0.14 | 1:4 |

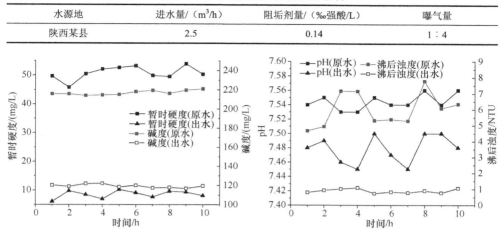

图 8-8　冬季稳定运行试验结果

（3）春季稳定运行试验

春季稳定运行试验反应条件如表 8-5 所示，在此条件下考察深层曝气水垢去除工艺装置出水水垢、碱度、pH 的变化情况，结果如图 8-9 所示。试验表明，稳定运行试验暂时硬度稳定在 7.96 mg/L 左右，碱度稳定在 121.82 mg/L 左右，pH 稳定在 7.61 左右，沸后浊度稳定在 0.80 NTU 左右。与原水相比，暂时硬度去除率为 85.6%，碱度去除率为 44.7%，出水 pH 与原水接近，烧开水后的浊度可由原水 5.0 NTU 以上降到 1.0 NTU 以下，结垢现象有较好的改善，达到处理目标。因此可以认为，酸碱平衡曝气法在春季也具有较好的稳定性及处理效果。

表 8-5　春季稳定运行试验反应条件

| 水源地 | 进水量/(m³/h) | 阻垢剂量/(‰强酸/L) | 曝气量 |
|---|---|---|---|
| 陕西某县 | 2.5 | 0.14 | 1:4 |

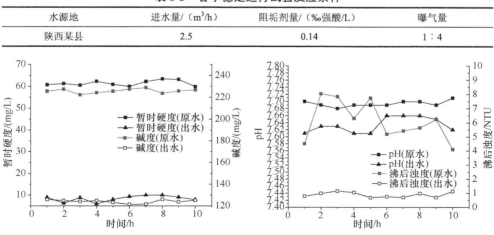

图 8-9　春季稳定运行试验结果

（4）夏季稳定运行试验

为确保长时间运行的稳定，在阻垢剂量为 0.14‰强酸/L、进水量为 2.5 m³/h 和曝气量为 1∶4 的条件下进行夏季稳定连续性试验，结果如图 8-10 所示。试验表明，稳定运行试验暂时硬度稳定在 9.14 mg/L 左右，碱度及浊度未在图中表示，数据为试验实测值，pH 稳定在 7.54 左右。与原水相比，暂时硬度去除率为 83.4%，碱度去除率为 46.5%，出水 pH 与原水接近，结垢现象有较好的改善，达到处理目标。因此在夏季酸碱平衡曝气法同样具有较好的稳定性及处理效果。

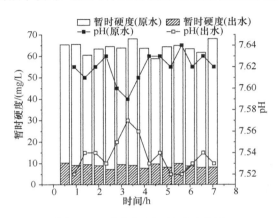

图 8-10  夏季稳定运行试验结果

由上述连续试验可以看出，一年四季出水水垢均稳定在 8 mg/L 左右，碱度稳定在 120 mg/L 左右，pH 稳定在原水 pH 左右，沸后浊度稳定在 1.0 NTU 以下。系统出水水垢去除效果稳定，无明显的波动。在优化条件下，酸碱平衡曝气法可以达到较好的处理效果，说明采用使用酸碱平衡曝气法解决水垢问题是可行的。同时，长时间的连续运行可以确定酸碱平衡曝气法处理结垢问题的可靠性及稳定性，季节变化对酸碱平衡曝气法处理效果影响不大。

5. 出水水质

四个季节的原水及处理出水均送至国家城市供水水质监测网西安监测站进行详细水质分析，出水水质全分析报告表明水质全部合格。显然，投加阻垢剂和曝气并未对水质安全性产生影响。检测结果显示，原水中总硬度、溶解性总固体、氯化物和氟离子等指标均已达到《生活饮用水卫生标准》（GB 5749—2022）的上限值，部分水质检测结果如表 8-6 所示。处理出水中的暂时硬度及碱度含量显著下降，氯离子含量及溶解性固体含量呈现升高趋势，氟化物含量并未上升，出水 pH 与原水相近，满足目前人们对弱碱性水的要求。因此，酸碱平衡曝气法处理后出水满足《生活饮用水卫生标准》（GB 5749—2022）。

表 8-6　酸碱平衡曝气工艺进出水水质

| 项目 | 氟化物/（mg/L） | 氯化物/（mg/L） | 溶解性总固体/（mg/L） | 暂时硬度/（mg/L） | 碱度/（mg/L） | pH |
|---|---|---|---|---|---|---|
| 原水 1 | 0.82 | 142.10 | 849 | 63.52 | 229.24 | 8.08 |
| 出水 1 | 0.81 | 222.60 | 900 | 8.24 | 119.04 | 7.88 |
| 原水 2 | 0.81 | 173.10 | 883 | 53.50 | 215.79 | 8.19 |
| 出水 2 | 0.80 | 215.00 | 929 | 8.33 | 131.69 | 8.09 |

### 6. 水壶结垢现象

家用烧水壶结垢是一种普遍现象，居民对水壶结垢颇有微词。开水壶中的结垢是单纯的化学现象，水经过煮沸后，碳酸钙、氢氧化镁等不溶物质析出形成了水垢。通常水壶水垢的主要成分是碳酸盐类物质。

试验选择陕西省某县地下水源作为实例，发现该县地下水结垢现象严重，居民多次抱怨水壶结垢严重的问题。酸碱平衡曝气法能有效减少水垢的生成，对水壶结垢现象有较大改善。试验以水壶烧水结垢现象为研究对象，使用水壶 A 烧沸地下水原水，使用水壶 B 和水壶 C 烧沸酸碱平衡曝气处理水，观察一年时间内各水壶内结垢情况，结果如图 8-11 所示。试验发现水壶 B 及水壶 C 结垢情况相比水壶 A 有明显改善，可以认为酸碱平衡曝气法对改善用水器结垢现象有较好的效果。

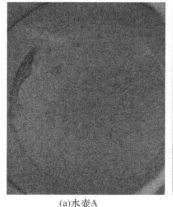 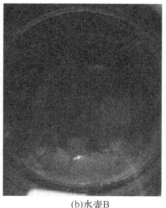 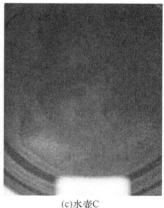

(a)水壶A　　　　　　　　(b)水壶B　　　　　　　　(c)水壶C

图 8-11　水壶结垢现象

### 7. 饮用水口感

饮用水口感的影响因素较为复杂，异常的口感可以认为是水质受到污染的一种提示。有研究表明，水中的溶解性总固体、总硬度、碱度、氯化物等均对饮用水的口感产生一定的影响，其中溶解性总固体浓度越高，饮用水酸涩味越浓，总硬度过高同样会导致饮用水口感较差。

目前，关于水口感的评定方法主要有以下四种：味阈检测法、等级评估法、评定小组分析法和化学仪器分析法。其中，等级评估法根据特定的饮用水口感评定步骤，以接受程度为评价标准，确定最能表达自己感觉的评价等级，评估人们对样品水在日常饮用中的接受程度，是目前较为常用的饮用水口感评价方法。

酸碱平衡曝气法虽然会改变水中离子组分分布，但对干扰口感的离子影响不大。为了进一步确保不影响居民的日常使用习惯，通过试验的方式考察酸碱平衡曝气处理水与原水口感的差异，评估指标如表 8-7 所示。试验以中试现场附近居民以及前来参观的专家学者为调查对象，采用等级评估法评价酸碱平衡曝气法处理水的口感。结果表明，超过 100 人的现场饮用开水试验调查证实除垢过程对供水水质口感没有明显差异，可认为处理水口感总体属于 1 级和 0 级，说明处理水的口感与原水相比无明显变化，达到既定的目标。

表 8-7　处理水评估指标

| 级别 | 口感描述 | 说明 |
| --- | --- | --- |
| 1 | 爽口 | 口感好 |
| 0 | 无区别 | 口感不变 |
| −1 | 不爽口 | 口感差 |

## 8.2.2　供水系统终端除垢工艺

终端处理工艺的特点是供水范围小，相对于前端处理工艺，它的运行成本以及运行效果较容易把控，但是要求也更高。小区、公园等地区有着较多的居民，设备占地面积不宜过大，噪声不能过大，维护过程不可太过复杂。酸碱平衡曝气法的相关设备经过改造、优化，同样具有维护简便、占地小、性价比高的优点，适合作为供水系统的终端除垢工艺（黄传昊，2018；黄传昊等，2019）。

### 1. 一体化水垢去除设备

一体化水垢去除设备如图 8-12 所示。为了节省占地面积，将酸碱平衡曝气工艺的各个工艺单元设计成竖向布置，自下而上依次实现加药、混合反应、曝气脱除 $CO_2$、集水出水等工艺。其中，酸碱反应区与鼓风曝气区为一个整体，鼓风曝气区在酸碱反应区的上部，酸碱反应区呈截头倒锥形结构，鼓风曝气区呈柱形结构。为了简化工艺流程，将水力混合工艺段中的搅拌装置由静态混合器代替，进水管的出水喇叭口和曝气器布置于酸碱反应区和鼓风曝气区之间。原水由进水管流入，药剂通过加药泵进入进水管内，原水与药剂经过静态混合器混合均匀，然后由出水喇叭口进入酸碱反应区，经过反射板折反后向上流，将水流均匀分布，酸碱充分反应后再通过鼓风曝气脱除二氧化碳气体，处理后的水进入环形集水槽，由集水槽上的出水管排出。

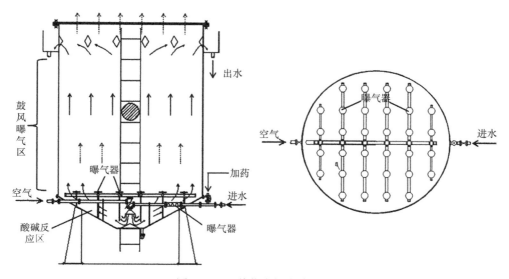

图 8-12　一体化水垢去除设备

根据酸碱平衡曝气法的工艺过程，结合应用场景的外部条件和小型集成化目标，假设每天满足 100～200 人的饮用水需求，居民生活用水定额每人每天所需生活饮用水为 100 L，每台设备设计日处理水量为 10～20 m³/d，同时考虑工艺产品外形优化和设备移动的方便性等因素，可以对设备进一步改造，使设备的各个工艺单元更加紧凑、连续，占地面积和体积更小，应用场合更广泛。

对设备进一步改造后，将酸碱平衡曝气法工艺中药剂投加段、水力混合段、酸碱反应段、鼓风曝气段进行整合成为一体化小型水垢去除设备，各个工艺单元更加紧凑，设备内部主体构造如图 8-13 所示。

（1）设备选型

酸性阻垢剂采用浓盐酸，浓度为 36%～38%，物质量浓度约为 12 mol/L。药箱内设有轻便耐腐蚀的高密度聚乙烯塑料药罐，体积为 25 L。在大气接触管上装配了碱性吸收装置，同时在装置内部设有颗粒状的 CaO 和 NaOH，防止浓盐酸挥发。强酸环境会对设备材料产生腐蚀，影响设备寿命，因此采用聚丙烯（PP）材料作为设备主体及部件的材料。同理，加药设备选可输送强腐蚀性流体的计量泵和蠕动泵。

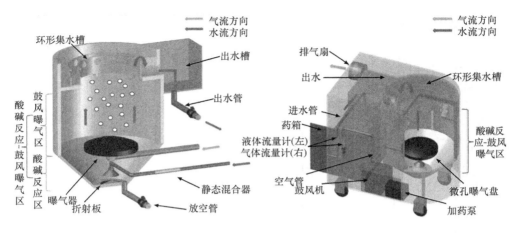

图 8-13　设备内部主体构造

根据服务面积和供气量等参数，选择型号为 $\Phi300$ 的曝气盘和噪声低、体积小的电磁式空气泵作为曝气设备。水垢去除设备主要仪器如表 8-8 所示。

表 8-8　水垢去除设备主要仪器

| 仪器名称 | 生产厂家 |
| --- | --- |
| BT100-02/YZ1515 型蠕动泵 | 保定齐力恒流泵有限公司 |
| 14#GPR-0160-008 蠕动泵管 | 南京润泽流体控制设备有限公司 |
| LZS 液体流量计 | 祥云自动化仪表有限公司 |
| LZM-15G 气体流量计 | 余姚巨屹环保设备有限公司 |
| ACO-009 电磁式空气泵 | 广东海利集团有限公司 |
| FZY-100 换气扇 | 嵊州市润田电器厂 |

（2）设备参数

一体化水垢去除设备高 0.9 m、宽 0.66 m、长 1 m，加药箱体积为 25 L。酸碱反应区的截头倒锥形结构高 0.2 m，上下底面直径分别为 $\Phi0.2$ m 和 $\Phi0.6$ m，设备鼓风曝气区的圆柱结构内径为 $\Phi0.6$ m，高 0.54 m，环形集水槽高 5 cm，内外两侧均匀布置两排圆形出水孔，孔径为 $\Phi2$ cm，出水槽尺寸为 0.34 m × 0.22 m × 0.24 m。

水垢去除设备实物如图 8-14 所示，设备关键参数为：空气泵的调节范围为 0～8 $m^3$；蠕动泵配置 YZ1515 泵头，配套的加药管为氟化橡胶管，可耐强酸介质腐蚀，内径 1.6 mm，壁厚 1.6 mm，调节范围为 0～25 mL/min，加药泵的操作显示屏外接至水垢去除设备外壳表面，以方便对加药过程进行操作；设备液体流量计和气体流量计外露，通过手动阀门调节流量。

（3）设备运行参数优化及稳定性研究

以陕西省 A 县、B 市两个水垢较多的地下水厂为研究对象，验证设备对 A、

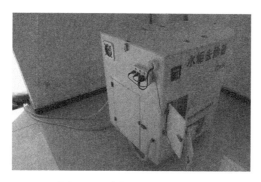

图 8-14　水垢去除设备实物

B 两种水源水垢去除的效果，进一步分析和优化加药量、气水比和水力停留时间等设备关键运行参数，并进行长期连续运行试验，对设备出水水质进行检测，评价设备供水水质安全性及稳定性。

A 县供水工程始建于 20 世纪 80 年代中期，水源主要以 "380" 奥陶纪石灰岩裂隙地下水为主，供水覆盖面积 801 km²，供水范围基本覆盖了县中部、南部及县城区，供水工艺采用多点水源，经多级加压，实行高位大容量调蓄，集中化验消毒，长距离封闭式重力流供水。

B 市境内第四纪地层厚度大，而且分布广泛，富水性差异较大。地下水埋深及存储条件可分为潜水和承压水两大类别，降水是地下水补给的主要来源。水源地始建于 1956 年，深井集中分布于灞河两岸，含水层厚，水质良好，现有水源井共59 眼，原设计产水量约 14.4 万 m³/d，实际产水量约合 11 万 m³/d，原水管道总长约25.04 km，供水面积约 50 km²，服务人口约 50 万人，是该地区不可替代的水源。

A、B 两个水厂的地下水水质指标及检测方法如表 8-9 所示。A 水厂出水的总硬度为 380～420 mg/L，B 水厂出水的总硬度为 290～300 mg/L，供水水质均达到我国《生活饮用水卫生标准》（GB 5749—2022）中对于总硬度含量的规定。但是，A、B 两个水厂出水烧开后均发现水垢较多的现象，水煮沸后冷却至 40～45℃时，水源 A 的水体浊度高达 9.6～15.8 NTU，而水源 B 水体浊度为 8.8～11.2 NTU，两种原水沸后表层都有明显的漂浮物，水中沉淀较多，水体浑浊。然而，《生活饮用水卫生标准》（GB 5749—2022）中规定：无肉眼可见物，浊度小于 1.0 NTU。显然，冷开水浊度不能满足标准要求，用户投诉有一定道理。

表 8-9　地下水水质指标及检测方法

| 水源地 | 总硬度/（mg/L） | 碱度/（mg/L） | pH | 浊度/NTU | 暂时硬度/（mg/L） | 冷开水浊度/NTU |
|---|---|---|---|---|---|---|
| A | 380～420 | 230～260 | 7.54～7.65 | 0～0.20 | 75.28～82.36 | 9.6～15.8 |
| B | 290～300 | 200～225 | 7.60～7.72 | 0～0.37 | 62.66～69.80 | 8.8～11.2 |

注：冷开水浊度指的是烧杯中烧开水后，停止加热，自然冷却至 40～45℃，在烧杯中部取样测定浊度。

（4）设备运行效果

水垢是水在煮沸过程中，由于水中碳酸氢根离子受热分解生成大量的碳酸根离子，在高温时碳酸钙溶度积减小，大量的碳酸根离子与水中的钙镁离子达到碳酸钙和碳酸镁的溶度积，碳酸钙和氢氧化镁逐渐从水中结晶形成细微颗粒使水体浑浊。水中的碳酸盐硬度（暂时硬度）在煮沸时易从水中析出，可以用于评价水垢产生量。

酸碱平衡曝气工艺一体化水垢去除设备对 A、B 两个水厂出水的处理效果如图 8-15～图 8-17 所示。设备投药量越大，出水暂时硬度越小，冷开水浊度越小。A 水厂出水的暂时硬度高达 75.28～82.36 mg/L，当投药量小于 1.9 ‰强酸/L 时，水体轻微浑浊，表面有可见的漂浮物；当投药量为 2.0‰强酸/L 时，暂时硬度降至 12.02 mg/L，冷开水浊度下降为 1.0 NTU，此时水体较为清澈，感官性能明显提高，但表面仍有部分可见的漂浮物；当投药量为 2.1‰强酸/L 时，暂时硬度降至 8.57 mg/L，冷开水浊度为 0.56 NTU，此时水面肉眼可见的漂浮物较少；当投

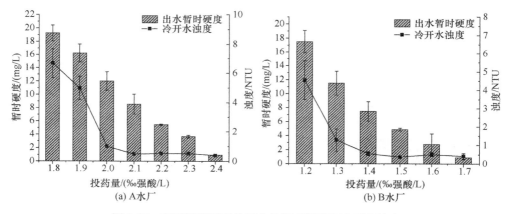

(a) A水厂    (b) B水厂

图 8-15　不同投药量下处理水的暂时硬度和冷开水浊度

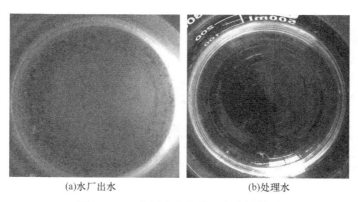

(a)水厂出水    (b)处理水

图 8-16　A 水厂出水与处理水煮沸效果

　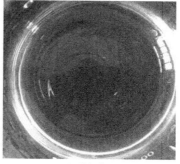

(a)水厂出水　　　　　　　　　　　　(b)处理水

图 8-17　B 水厂出水与处理水煮沸效果

药量大于 2.1‰强酸/L 时，设备出水暂时硬度小于 10 mg/L，冷开水浊度稳定在 0.8 NTU 以下。B 水厂出水的暂时硬度为 62.66～69.80 mg/L，当投药量为 1.2‰强酸/L 时，暂时硬度为 17.50 mg/L，暂时硬度显著低于水厂出水，此时冷开水浊度为 4.6 NTU，水体轻微浑浊，表面有可见的漂浮物；当投药量为 1.4‰强酸/L 时，暂时硬度降至 7.44 mg/L，冷开水浊度为 0.63 NTU，此时水体较为清澈，水面肉眼可见的漂浮物较少；当投药量大于 1.4‰强酸/L 时，设备出水暂时硬度小于 10 mg/L，冷开水浊度稳定在 0.8 NTU 以下，表面几乎没有可见的漂浮物。由此可见，酸碱平衡曝气工艺一体化水垢去除设备可以显著改善 A、B 两个水厂饮用水结垢现象，提高沸后水的感官性状。

### 2. 水垢去除酸碱平衡浅层曝气中试设备

水垢去除酸碱平衡浅层曝气中试设备设计如图 8-18 所示，设备实物如图 8-19 所示。工艺装置设有加药罐、搅拌反应池、曝气吹脱池。加药罐体积为 40 L，并设置了一个加药泵；搅拌反应池尺寸为 0.5 m×0.5 m×1.2 m，内设一个搅拌器，外设一个静态混合器；曝气吹脱池尺寸为 1.6 m×0.5 m×1.2 m，内设盘式曝气器并连接空压机进行曝气。设备运行过程中将盐酸配制成 1 mol/L 的溶液投加，设置 4 个不同的出水高度，分别是 0.6 m、0.8 m、1.0 m、1.2 m。

（1）设备运行效果

水垢去除酸碱平衡浅层曝气中试设备进出水水质如表 8-10 所示，煮沸效果如图 8-20 所示。出水的暂时硬度及碱度含量显著下降。出水结垢现象较原水有较大改善，暂时硬度降至 8 mg/L 以下，出水 pH 接近原水。同时，使用电热水壶分别对原水及设备处理水加热 90 次，结垢情况见图 8-21。可以发现，加热出水的电热水壶结垢情况相比原水有明显改善。综上所述，酸碱平衡曝气工艺能够有效改善饮用水结垢现象。

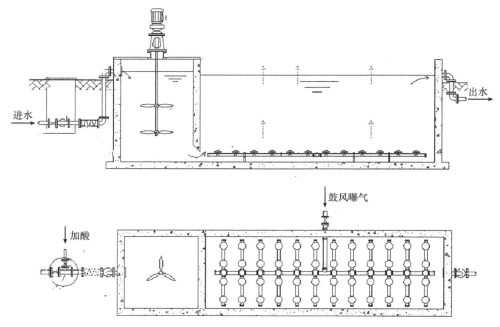

图 8-18 水垢去除酸碱平衡浅层曝气中试设备设计图

图 8-19 水垢去除酸碱平衡浅层曝气中试设备实物

表 8-10 水垢去除酸碱平衡浅层曝气中试设备进出水水质

| 项目 | 暂时硬度/（mg/L） | 碱度/（mg/L） | pH |
| --- | --- | --- | --- |
| 原水 1 | 58.07 | 257.89 | 7.61 |
| 出水 1 | 6.19 | 139.52 | 7.50 |
| 原水 2 | 57.27 | 264.88 | 7.60 |
| 出水 2 | 7.38 | 140.19 | 7.51 |

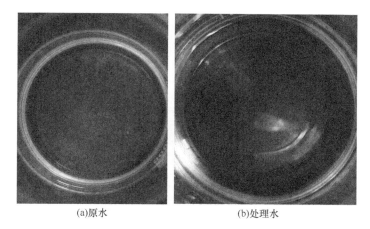

(a)原水　　　　　　　　　　(b)处理水

图 8-20　原水与处理水的煮沸效果

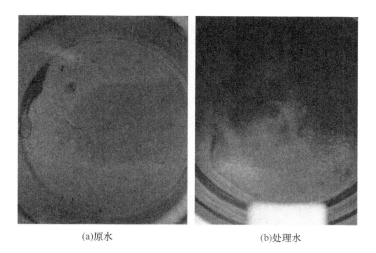

(a)原水　　　　　　　　　　(b)处理水

图 8-21　原水与处理水的电热水壶结垢情况

（2）投药量、反应时间、深度对处理水质的影响

投药量为 0.11‰强酸/L～0.16‰强酸/L 时，水垢去除酸碱平衡浅层曝气中试设备处理水的暂时硬度变化情况如图 8-22 所示。分析可知，药剂投加量对暂时硬度具有显著影响，暂时硬度去除率为 81.1%～95.7%，且随投药量增加，暂时硬度去除率逐渐升高，有效改善了结垢现象。对原水和处理水煮沸后观察发现，当投药量＞0.12‰强酸/L 时，肉眼可见物较少。因此，投药量可以选取 0.14‰强酸/L、0.15‰强酸/L、0.16‰强酸/L，同时考虑对出水 pH 的控制、经济性以及去除硬度的稳定性等因素，最终确定药剂投加量选取 0.14‰强酸/L。

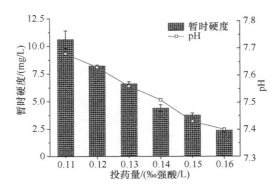

图 8-22 投药量对水垢去除酸碱平衡浅层曝气中试设备处理水质的影响

在投药量为 0.14‰强酸/L 和气水比为 6∶1 条件下，曝气吹脱池反应时间对设备处理效果具有显著的影响，结果如图 8-23 所示。随着反应时间延长，处理水的暂时硬度呈现波动变化，而 pH 逐渐升高。反应时间为 11.5 min 时出水 pH 稳定在 7.50 左右，此后 pH 随反应时间增加而缓慢提高，反应时间为 32 min 时，pH 升高至 7.52。可以认为，当反应时间延长至一定范围时，水中与大气中的 $CO_2$ 基本达到平衡，此时增加反应时间对 $CO_2$ 的吹脱和对 pH 的提高作用并不显著，进一步曝气不能使出水 pH 无限提高。同时，在反应时间为 11.5 min 时，装置深度与暂时硬度、碱度及 pH 的变化没有显著的关系。

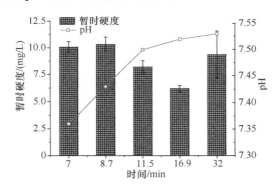

图 8-23 反应时间对水垢去除酸碱平衡浅层曝气中试设备处理水质的影响

（3）气水比对处理水质的影响

设置曝气吹脱池的主要目的是提高出水 pH，原水在曝气吹脱池中的反应时间越长，出水 pH 越高。在投药量为 0.14‰强酸/L 的条件下，考察原水和水垢去除酸碱平衡浅层曝气中试设备处理水的暂时硬度、碱度、pH 等指标，结果如图 8-24 所示。

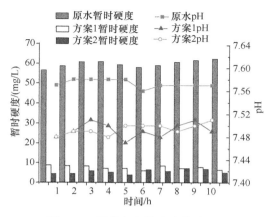

图 8-24　两种方案的试验结果对比

　　方案 1 的气水比为 6∶1、反应时间为 11.5 min，方案 2 的气水比为 9∶1、反应时间为 7 min。原水的暂时硬度在 60 mg/L 左右，方案 1 和方案 2 的出水暂时硬度分别在 7 mg/L 和 5 mg/L 左右。可以认为，方案 1 和方案 2 对暂时硬度的去除效果差异不大，说明酸碱平衡法能有效地去除原水的暂时硬度，投药量是去除暂时硬度的决定性因素，气水比与反应时间对去除暂时硬度的影响不显著。原水的 pH 在 7.60 左右，方案 1 和方案 2 出水的 pH 在 7.49 左右。气水比及反应时间对出水 pH 有显著影响，气水比越大，出水 pH 越高，反应时间越短，出水 pH 越低。方案 2 的反应时间虽较方案 1 更短，但其气水比较大，因此出水 pH 与方案 1pH 相近。综上所述，两种方案可达到相同的处理效果，但各有优劣。实际工程中，方案 1 占地面积大，但能耗较小；方案 2 的占地面积小，但能耗大。作为水厂除垢项目，能耗大小更需考虑，故确定采用方案 1，而方案 2 可为设备制造提供依据。

　　酸碱平衡法可以较好地去除该地区地下水的暂时硬度，改善结垢现象。当酸性阻垢剂投加量为 0.14‰强酸/L、气水比为 6∶1 和反应时间为 11.5 min 时，暂时硬度降至 8 mg/L 以下，水垢抑制作用显著，处理出水的硬度、碱度、pH 等均满足《生活饮用水卫生标准》（GB 5749—2022）的要求，且对口感影响不大。

### 8.2.3　针对硬度超标原水开发的控垢工艺

　　在常规酸碱平衡曝气工艺的基础上，可以尝试多方面改良和优化，满足不同水质的水垢去除效果，提高酸碱平衡曝气工艺对不同水质的适应性（薛福举，2019；薛福举等，2018）。

#### 1. 改良型酸碱平衡曝气工艺及设备

常规的酸碱平衡曝气工艺通过直接投加酸的方法消除水中碱度，会引入额外的阴离子，可能导致出水余氯增高。针对这一问题，提出了利用氢离子交换器替换投加酸的方法，同时引入自动化技术，提高设备工艺的稳定性与可靠性。

（1）工艺流程

改良型酸碱平衡曝气工艺包括氢离子置换单元、水力混合单元、酸碱反应单元、鼓风曝气单元、可编程逻辑控制器（programmable logic controller，PLC）自动控制单元，具体工艺流程如图 8-25 所示。

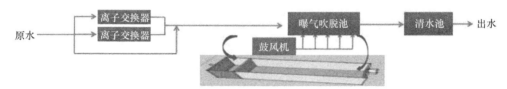

图 8-25　改良型酸碱平衡曝气工艺流程

具体实施方式为：针对总硬度和暂时硬度较高的水中含有 $Ca^{2+}$、$Mg^{2+}$、$HCO_3^-$ 的特性，将一定比例的待处理原水通过氢型离子交换器（一用一备，交替使用）。一方面，水中的 $Ca^{2+}$、$Mg^{2+}$ 与离子交换树脂置换出 $H^+$，去除水中 $Ca^{2+}$、$Mg^{2+}$ 等阳离子的含量；另一方面，离子交换树脂置换出来的 $H^+$ 与水中 $HCO_3^-$ 发生如式（8-1）所示反应：

$$HCO_3^- + H^+ = H_2O + CO_2\uparrow \qquad (8\text{-}1)$$

此时水中产生大量溶解的 $CO_2$，水在流入鼓风曝气单元的过程中，曝气对水中的 $CO_2$ 进行吹脱，水中的 $CO_2$ 扩散到空气中。本处理方法中氢型离子交换器的出水与一定比例的原水混合，既降低了水垢，又能保证最终出水含有一定量的硬度，pH 符合国家饮用水相关标准，不会造成出水含有大量 $H^+$ 的情况，避免对人体健康造成损害。

（2）工艺构筑物设计

整个技术方案的各工艺按照水平方向排布，依次实现进水、氢离子置换单元、水力混合单元、酸碱反应单元、鼓风曝气单元，如图 8-26 所示。

为进一步降低处理成本，提高出水水质，在曝气区也采取多重创新措施：

1）曝气区经竖向隔板 1 和 2 分隔为布水区和两个曝气池，布水区和曝气池底部连通，可以实现整个曝气区底部进水、上部出水，曝气充分，不同于现有的上部进水的曝气装置，出水效果优。

2）曝气区第一竖向隔板和第二竖向隔板相互垂直对称布置，因此进水区的水由底部进入曝气区时，会实现均匀配水，不需再使用分流器等装置，大大简化了现有曝气工艺。同时，由于分隔出多个曝气区，相较单个曝气区，长宽比增大，更有利于水体的曝气扰动，曝气效果优，不同于现有曝气装置一味地通过曝气管增多增加曝气效果，简化了现有曝气工艺。

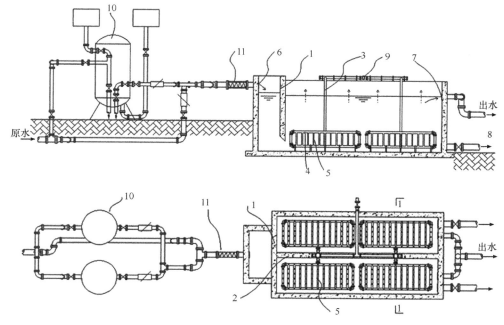

图 8-26　改良型酸碱平衡曝气工艺构筑物

1. 第一竖向隔板；2. 第二竖向隔板；3. 通气主管；4. 通气支管；5. 曝气管；6. 进水口；7. 出水口；8. 放空管；
9. 鼓风装置；10. 氢型离子交换器；11. 混合器

　　3）曝气区进水口高度高于出水口高度，进水区内的水体高度不会没过进水口，在一定高度差下，形成跌水曝气的效果，提高整体曝气效率，同时也会减轻后续曝气区的工作量。

　　4）曝气区设置多行多列的竖向曝气管进行曝气，能实现以曝气管为中心的圆周曝气，加之每根曝气管的服务面积为 $0.8\sim1.2\ \text{m}^2$，因此，经由底部进入的水基本能实现全部快速曝气，仅需 $10\sim20\ \text{min}$ 就能完成 $CO_2$ 气体的吹脱，效率高。

　　5）原水一部分进入氢型离子交换器，另一部分不处理的原水与氢型离子交换器的出水混合曝气，水中会含有部分钙、镁离子，不会导致出水 pH 低。只要比例控制合适，可以达到出水总硬度为原水总硬度的 3/4 左右，pH 在 $6\sim7$，且不引入杂质阴离子，保证出水含有人体所需的硬度，pH 达到国家饮用水相关标准，解决目前地下水处理时，pH 调节与总硬度达标难顾全的问题。

　　6）操作简单、管理方便、可程序化，可两套氢型离子交换器交替使用（一套再生、一套运行），而且离子树脂可再生，同时该工艺仅有离子交换、混合和曝气三个主要步骤，其运行费用低于其他的目标处理工艺。

　　（3）自动化设备的研制与选型

　　考虑供水系统场地以及现有条件的可行性，在现有改良型工艺方案的基础上，研制出适用于供水终端的中小型水垢去除设备，如图 8-27 所示。改良型酸碱平衡曝气自动化设备功能区分为氢离子置换单元、水力混合单元、PLC 自动控制单元以及鼓风曝气单元。

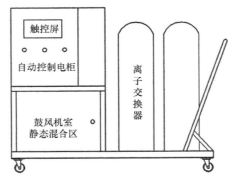

图 8-27　自动化设备平面图

中小型设备在研发过程中，需要具备可移动、易安置、操作简单以及安全可靠的特点。因此，在设计过程中，按照 5～7 d 运行周期配备药剂，并配以轮子便于移动。同时，配备 PLC 自动控制系统，以简化操作过程，实现全天候水质检测。

氢离子置换单元在设计过程中要保证 5～7 d 的使用周期，根据对称布置，最终选取 6 个容积为 28 L 的玻璃钢缠绕的三型聚丙烯（polypropylene random，PPR）材质的树脂罐，罐高 1.05 m，略低于设备高度。因氢离子置换单元需要正常运行、反洗以及再生操作，因此采用手动、电动多种控制阀门来确保多个流程的顺利进行。

混合一般分为机械混合、水力混合两种方法。综合考虑能耗低、占空间小的需求，选择水力混合中的管式混合，即静态混合器。静态混合器内部没有运动部件，其工作原理是利用安装在空心管道中不同规格的混合单元体控制水体不规则左右旋转，以改变水体在管道内流动状态，从而达到水体充分混合的目的，具有良好的径向混合效果。而且设备在水力混合区后接入鼓风曝气区，安装简便，使用寿命长，不需要检修。

自动化控制技术是工业化发展的关键环节，本设备在研发时配备 PLC 自动控制系统，设备自动化设计流程如图 8-28。自动控制方案中共涉及 6 个 DO 点（信号输出控制）、6 个 AI 点（信号输入反馈）及 2 个 AO 点（信号输出控制），电子部件均采用直流 24 V 安全电压，确保运行过程中的安全，详情如表 8-11 所示。根据 I/O 点数统计表选择配置方案，如表 8-12 所示，系统结构如图 8-29 所示。自动化控制程序在运行过程中更加稳定，非专业人员经过简单指导即可完成系统控制与操作。不仅降低了操作人员的工作难度，而且在网络条件允许的情况下专业技术人员和操作人员可以通过触控屏实现远程监视与控制，减小了工作人员夜晚值班巡视的工作强度。

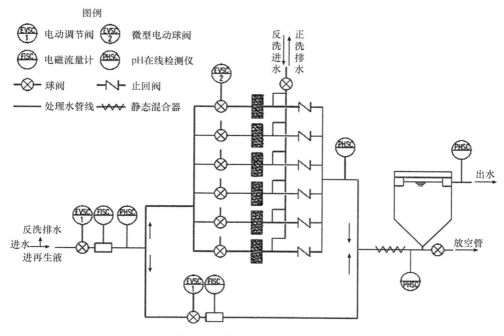

图 8-28　设备自动化设计流程

**表 8-11　I/O 点数统计**

| 序号 | 信号 | 类型 | 数量 | 配置 |
|------|------|------|------|------|
| 1 | 数字量输入 DI | | 0 | |
| 2 | 数字量输出 DO | 继电器输出 | 6 | 微型电动球阀 EVSC2，电磁流量计 |
| 3 | 模拟量输入 AI | 2 线制 4~20 mA | 6 | FISC，pH 在线检测仪 PHSC，电动调 |
| 4 | 模拟量输出 AO | 2 线制 4~20 mA | 2 | 节阀 EVSC1 |

注：系统中没有 DI 点，6 个 DO 点用于控制 6 台微型电动球阀 EVSC2，配中间继电器进行隔离；阀门供电采用直流 24 V。6 个 AI 点是以信号为 4~20 mA 为标准，2 线制，包括 2 台电磁流量计、4 台 pH 在线检测仪。AO 信号以 2 线制 4~20 mA 为标准，共计 2 个点，包含 2 台 EVSC1，阀门供电采用直流 24 V。从安全角度出发，阀门等配件均采用直流 24 V 供电方式。本次硬件配置中点数余量少，根据安装空间设置必要的备用继电器等电子元件，以确保程序检修。

**表 8-12　PLC 方案配置**

| 序号 | 名称 | 型号 | 数量/个 |
|------|------|------|---------|
| 1 | CPU | T32S0R | 1 |
| 2 | AI/AO 扩展模块 | S08AI | 1 |
| 3 | AI/AO 扩展模块 | S04AO | 1 |
| 4 | 触摸屏 | C7 | 1 |
| 5 | 编程电缆 | ACA20 | 1 |
| 6 | 直流电源模块 | DR-150-24 | 1 |

| 序号 | 名称 | 型号 | 数量/个 |
|---|---|---|---|
| 7 | 通信电缆 | — | 1 |
| 8 | 中间继电器 | MY2NJ DC24V | 14 |
| 9 | 端子、空开等其他部件 | — | — |

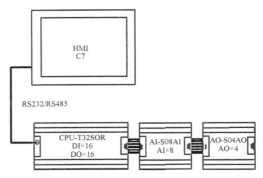

图 8-29　PLC 自动控制系统结构

鼓风曝气是酸碱平衡曝气工艺中调节 pH 的重要环节。空气中 $CO_2$ 含量较少，与水中所含 $CO_2$ 形成一定浓度差，选用空气作为气源较为经济实惠，因此选用空气压缩机作为鼓气装置。为节省设备空间，设备并未采用方案设计中的竖向曝气管，选用滤头作为曝气部件。曝气区采用下进上出，上部设计指型堰汇水进入汇水槽，经重力流流出。此外，在进气区，即曝气池底部安装观察口，检查进气及进水情况。

设备实物如图 8-30 所示，整体尺寸为 1.60 m × 1.15 m × 1.35 m（长×宽×高）。功能区分为氢离子置换单元、水力混合单元、PLC 自动控制单元以及鼓风曝气单元。其中，氢离子置换单元为 6 个容积为 28 L 的玻璃钢缠绕的 PPR 材质罐，采用手动、电动多种控制阀门；水力混合单元采用管径为 25 mm 的静态混合器；PLC 电路控制柜尺寸为 0.5 m × 0.2 m × 0.6 m，触控显示屏如图 8-31 所示。鼓风

图 8-30　自动化水垢去除设备实物图

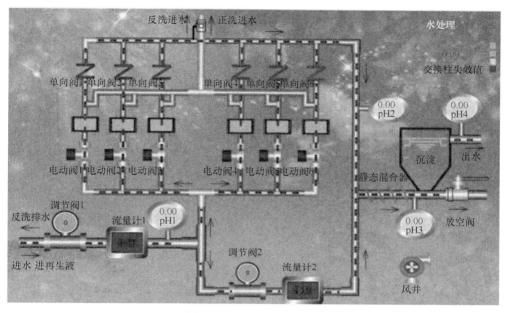

图 8-31　PLC 触控显示屏

部分选用电磁式空气泵向水中鼓入空气，曝气部分采用长柄滤头方式以保证布水布气均匀，曝气区尺寸为 0.7 m × 0.7 m × 0.65 m，保证设备有足够的水力停留时间。出水因由 4 个指型堰汇入集水槽重力流出，故管径大于进水管径。

　　自动化设备在正常工作时，如图 8-32 中所示原水由进水口流入，经电动调节阀调节后以一定比例使待处理水进入氢型离子交换树脂罐置换出氢离子，这部分处理水与另一管路的未处理水汇合后经静态混合器充分混合，进入鼓风曝气单元将水中的 $CO_2$ 吹脱至空气中，最后由集水槽汇入集水池重力流出。

图 8-32　自动化设备后视图
1. 排气扇；2. 自然换气；3. 正洗进水/反洗排水；4. 正洗排水/反洗进水；5. 出水口；
6. 水位观察口；7. 进水口；8. 紧急排水口

此外，设备配备的 PLC 自动控制系统在运行过程中可以做到智能切换特定工况。当某一树脂罐中的氢型离子交换树脂失效后会自动关闭当前树脂罐的电动开关阀停止进水，同时开启下一个树脂罐阀门进水，直至最后一个树脂罐内的离子交换树脂失效，设备进行再生、反洗与复位工作。树脂罐以出水 pH 确定罐内交换树脂是否失效，以此实现系统自动运行，降低人力成本，进而提高设备运行的稳定性与可靠性。设备其他关键部件如表 8-13 所示。

表 8-13　设备其他关键部件

| 仪器名称 | 数量/个 | 型号 | 工作电压/V | 备注 |
|---|---|---|---|---|
| 电动阀主体 | 2 | SAX61.03 | | 百分比调节 |
| 电动调节执行器 | 2 | VVF42.25-6.3 | 直流 24 | 与电动阀配套 |
| 电动球阀 | 6 | QQ93103D-20 | 直流 24 | 五线带反馈显示 |
| 电磁流量计 | 2 | AMTLD-25 | 直流 24 | 耐酸碱，量程为 0.176～26.5 $m^3/h$ |
| pH 在线检测仪 | 4 | SIN-PH2.0 | 直流 24 | — |
| 电磁式空气泵 | 1 | ACO-009 | 交流 220 | 调节范围是 0～10 $m^3/h$ |
| 换气扇 | 1 | FZY-100 | 交流 220 | — |

## 2. 设备运行效果

（1）设备应用案例

选取陕西某地 A 水厂和山东某地 C 水厂两个以地下水为水源的水厂作为改良型酸碱平衡曝气工艺设备的应用案例，同时选取陕西某工业园用水点 B 作为补充实验水源。实验发现，三地饮用水烧开后结垢较为严重，用户对此投诉较多。A、B、C 三地的地下水水质指标及检测方法如表 8-14 所示。

表 8-14　地下水水质指标及检测方法

| 水源地 | 总硬度/（mg/L） | 碱度/（mg/L） | pH | 浊度/NTU | 温开水浊度/NTU |
|---|---|---|---|---|---|
| A 水厂 | 295～328 | 205～220 | 7.58～7.65 | 0.15～0.21 | 9.0～18.0 |
| 工业园用水点 B | 385～415 | 220～230 | 7.80～7.88 | 0.45～0.52 | 12.0～21.0 |
| C 水厂 | 486～526 | 320～350 | 7.12～7.34 | 0.16～0.23 | 16.0～25.0 |

注：温开水浊度是指出水烧开后自然冷却至 40～50℃，在烧杯中轻微搅匀并取样检测的浊度。需要说明的是，C 水厂原水总硬度为 486～526 mg/L，出水总硬度为 428～441 mg/L。

陕西某地 A 水厂所在地境内为第四纪地层分布，厚度大、富水性好，地下水主要分潜水和承压水。因中心城区城中村的拆迁改造，自备井数量逐年减少。受城市地下水位的变化影响，大部分水源井产能均有所下降，特别是潜水井，部分潜水井无法正常运转。与此同时，各地下水因水源地环境受到污染使部分水源井限制开采。该水厂建于 20 世纪 50 年代，深井集中分布在含水层厚、水质良好的灞河两岸，现有水源井 50 余眼，现在实际产水量约 11 m³/d，供水面积约 50 km²，可保障 50 万人的日常生活用水，是该地区重要的饮用水源。

陕西某工业园用水点 B 毗邻 A 水厂，但其境内除第四纪水系分布外，还有古近纪-新近纪承压水分布，水源较复杂。该工业园建于 1997 年，用水差异性较大，同样也是以地下水为饮用水水源，结垢情况较 A 水厂严重。因此，实验选取此地作为补充实验水源点，验证设备的普适性。

山东某地 C 水厂所在地属于缺水地区，降水是地下水的主要补给方式。由于复杂的地壳成分，井水出水硬度、碱度偏高。该水厂建于 1991 年，设计日供水能力为 3 万 m³，实际日供水量约 2.7 万 m³。水厂现有单井 10 眼，是当地必不可少的水源。

根据水质分析结果可知，A 水厂的总硬度为 295～328 mg/L，工业园用水点 B 的总硬度为 385～415 mg/L，C 水厂的出水总硬度为 428～441 mg/L，三地饮用水水质总硬度、浊度以及 pH 均符合国家《生活饮用水卫生标准》（GB 5749—2022），但是烧开后冷却至 40～45℃时，A 水厂的水体浊度高达 9.0～18.0 NTU，而工业园用水点 B 的水体浊度为 12.0～21.0 NTU，C 水厂的水体浊度高 16.0～25.0 NTU，三种水源沸后表层都有明显的漂浮物，水中沉淀较多，水体浑浊。上述情况与《生活饮用水卫生标准》（GB 5749—2022）中规定的"无肉眼可见物，且浊度小于 1.0 NTU"有一定矛盾。用户对此有着生理上和心理上的不适，影响正常饮用。

（2）设备运行效果

水垢作为多种难溶物质的混合物，通常以浊度或烘干后质量来衡量。而饮用水烧开后的水垢多为碳酸盐在加热过程中 $CO_2$ 逸出导致的碳酸根离子与钙镁离子结合形成难溶性碳酸盐。因此，可以用碳酸盐硬度（即暂时硬度）和烧开后冷却至 40～50℃时的浊度来反映结垢情况。通常来说，温开水浊度更能直观反映设备去除水垢的情况，可用暂时硬度精细控制设备运行参数，以达到最佳水垢去除效果。

设备运行效果及处理水水质情况如图 8-33～图 8-35 所示。随着处理水占总进水量比值增大（即处理水与未处理水混合比值），饮用水烧开后的温开水浊度减小，pH 也因为氢离子量增多而降低。对于 A 水厂水源，当处理水与未处理水混合比为 1∶9 时，温开水浊度超过 1.0 NTU，观察烧杯内水质显示轻微浑浊，水面有一层可见漂浮物，底部形成白色沉淀（可用玻璃棒划出痕迹）；当处理水与未处理水混合比调整为 1∶8 和 1∶7 时，虽然温开水浊度低于 1.0 NTU，水体较为清澈，但仍有不同程度的上层漂浮物以及底部不明显的少量沉淀，其中处理水与未处理水混合比为 1∶7 时，烧杯底部几乎不可见玻璃棒划痕；当处理水与未处理水混合比为 1∶6 时，温开水浊度低于 0.5 NTU，水体清澈无水垢，玻璃棒无法在烧杯底部划出痕迹；当处理水与未处理水混合比为 1∶5 时，水体清澈，温开水浊度低于 0.4 NTU，说明效果更优。因此，A 水厂水源处理水与未处理水混合比控制在 1：6 以上能够很好解决水垢的问题。

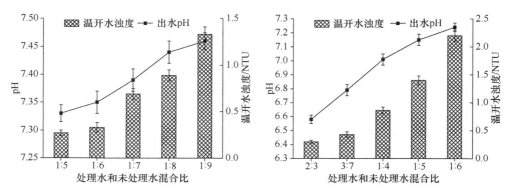

图 8-33　改良型酸碱平衡曝气设备对温开水浊度和 pH 的影响

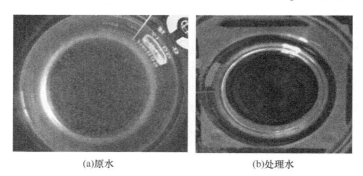

(a)原水　　　　　　　　　　(b)处理水

图 8-34　A 水厂原水与设备出水烧开后效果

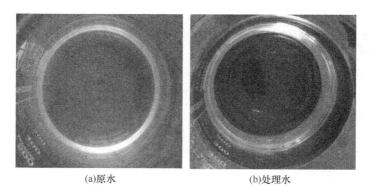

(a)原水　　　　　　　　　　(b)处理水

图 8-35　用水点 B 原水与设备出水烧开后效果

对于陕西某工业园用水点 B 水源，处理水与未处理混合比控制在 1：5 以上，能够达到去除水垢的目的。同时发现，温开水浊度低于 0.5 NTU，此时水体清澈无水垢；温开水浊度在 0.5～1.0 NTU 时，水面有一层漂浮物，杯底沉淀较少。

对于山东某地 C 水厂水源，将其烧开后与 A 水厂原水烧开进行对比，发现 C 水厂水垢较为松软，这可能与水中其他物质含量有关。实验表明，当处理水与未处理水混合比为 1∶6 和 1∶5 时，观察烧杯内水质轻微浑浊，水面有肉眼可见的漂浮物，底部形成白色沉淀（可用玻璃棒划出痕迹），温开水浊度大于 1.0 NTU；当处理水与未处理水混合比调整为 1∶4 时，水体较为清澈，烧杯底部几乎不可见玻璃棒在沉淀层划出痕迹，仅水面形成一层肉眼几乎不可见的漂浮物，测得温开水浊度低于 1.0 NTU；当处理水与未处理水混合比为 3∶7 时，此时水体不再有水垢，使用玻璃棒无法在烧杯底部划出痕迹，温开水浊度低于 0.5 NTU；继续提高处理水所占比例，调整处理水与未处理水混合比为 2∶3 时，水体清澈无水垢，温开水浊度均低于 0.4 NTU，处理效果显著。然而，此时出水 pH 低于 7.0，因此具有一定局限性。

（3）设备运行稳定性

考虑设备自动控制程序承载能力以及处理水与未处理水混合过程中的均匀性可能会影响设备运行，因此通过连续性运行试验（图 8-36）评估设备运行的稳定性与安全性。从设备出水水质稳定性指标、离子交换器的电动阀门自动切换（即离子交换器失效值的确定）以及空气压缩机的散热等方面进行稳定性评价，对设备长期连续运行出水的硬度、碱度、pH、温开水浊度以及出水烧开情况进行监测。设备在 A 水厂连续运行参数为：设备日处理量 20 m³/d，处理水与未处理水混合比为 1∶6，气水比为 7∶1，初步设定离子交换器失效 pH 为 2.60。

(a)日间情况　　　　　　　　　　　　　　　(b)夜间情况

图 8-36　设备连续运行现场

改良型酸碱平衡曝气工艺设备在 48 h 内连续运行的出水浊度如图 8-37 所示，设备出水浊度始终低于原水浊度，说明改良型酸碱平衡曝气工艺设备具有显著的除浊效果，出水水质优于原水。设备出水的温开水浊度低于 0.45 NTU，基本稳定在 0.30~0.40 NTU，且出水烧开后无水垢和漂浮物产生，感官性状良好。

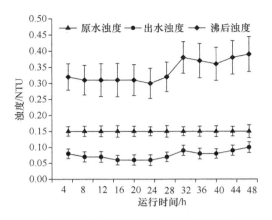

图 8-37　设备连续运行出水浊度变化

改良型酸碱平衡曝气工艺设备在 48 h 内连续运行的出水碱度和 pH 如图 8-38 所示，设备出水 pH 在 7.38 以上，基本接近原水 pH，碱度稳定在 145~150 mg/L，出水水质也符合《生活饮用水卫生标准》，烧开后口感良好、无异味。设备连续性运行过程中，PLC 系统及电子元件工况正常，实现了系统程序自动跳转，在一定程度上降低了设备运行成本和运行人员的管理难度。

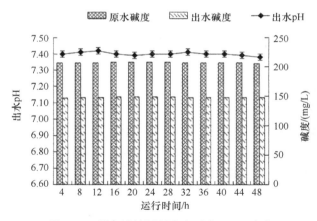

图 8-38　设备连续运行出水碱度及 pH 变化

（4）高硬度饮用水处理效果

陕西某工业园用水点 B 和山东某地 C 水厂均属于高硬度饮用水，可作为改良型酸碱平衡曝气工艺设备对高硬度饮用水处理效果的实际案例。工业园用水点 B 饮用水硬度为 385~415 mg/L，碱度为 220~230 mg/L；C 水厂原水硬度为 486~526 mg/L，碱度为 320~350 mg/L，硬度超过国家《生活饮用水卫生标准》，须降低至 450 mg/L。

设备在陕西某工业园用水点 B 的运行参数为：进水量为 20.0 m³/d，处理水与未处理水混合比为 1∶5，气水比为 7∶1。设备在山东某地 C 水厂的运行参数为：进水量为 20.0 m³/d，处理水与未处理水混合比为 3∶7，气水比为 8∶1。设备运行进出水水质结果如图 8-39 所示。

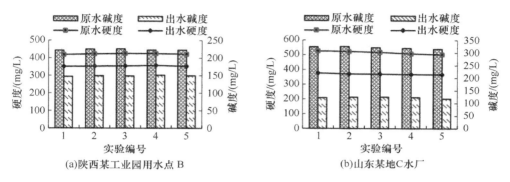

图 8-39　改良型酸碱平衡曝气工艺设备对高硬度饮用水处理效果

改良型酸碱平衡曝气工艺设备应用于陕西某工业园用水点 B 时，控制出水碱度在 150 mg/L 以下，此时出水硬度也能降至 360 mg/L，出水烧开后无水垢；改良型酸碱平衡曝气工艺设备应用于山东某地 C 水厂时，控制出水碱度在 125 mg/L 以下，此时出水硬度也能降至 380 mg/L 以下，出水烧开后无水垢。可以发现，改良型酸碱平衡曝气工艺设备处理高硬度饮用水时，在控制水垢的同时对降低硬度有很好的效果，出水硬度符合国家相关标准。这一技术创新性解决了原有技术中酸类阻垢剂不能降低某些饮用水的硬度偏高乃至硬度超标的问题。

（5）设备在不同水源地的运行效果

原水硬度差异对改良型酸碱平衡曝气工艺设备运行参数调控和运行效果具有显著的影响，选择硬度不同的三个水源地作为设备的实际案例，检验设备的普适性。陕西某地 A 水厂水源属于硬水，陕西某地工业园区用水点 B 属于高硬水，山东某地 C 水厂水源属于超高硬水，设备在三个水源地的运行参数及进出水水质如表 8-15 所示。

表 8-15　设备在 A、B、C 三个水源地的运行参数及进出水水质

| 水源地 | 原水总硬度/（mg/L） | 原水碱度/（mg/L） | 处理水与未处理水混合比 | 气水比 | 出水硬度/（mg/L） | 出水碱度/（mg/L） | 出水 pH |
|---|---|---|---|---|---|---|---|
| A 水厂 | 295～328 | 205～220 | 1∶6 | 7∶1 | 249～256 | 149～154 | 7.32～7.40 |
| 工业园用水点 B | 385～415 | 220～230 | 1∶5 | 7∶1 | 351～358 | 141～146 | 7.52～7.59 |
| C 水厂 | 486～526 | 320～350 | 3∶7 | 8∶1 | 370～378 | 121～128 | 7.02～7.12 |

　　水垢的形成与硬度和碱度息息相关。A 水厂出水硬度降低 47～70 mg/L，碱度降低 58～67 mg/L；工业园用水点 B 出水硬度降低 37～53 mg/L，碱度降低 76～85 mg/L；C 水厂出水硬度降低 121～145 mg/L，碱度降低 202～218 mg/L。随着原水硬度增加，碱度降低幅度增大；A 水厂和工业园用水点 B 的碱度差距不大，但工业园用水点 B 的硬度高于 A 水厂水源，因此碱度控制幅度较高。C 水厂原水在处理过程中处理水与未处理水混合比值远高于 A、B 两地的参数，与此对应的是 C 水厂的硬度及碱度降低率高于另外两地，出水碱度不超过 130 mg/L。此外，随着处理水与未处理水混合比值的增加，产生的 $CO_2$ 量也增多，因此气水比更大。

# 参 考 文 献

华家. 2017. 酸碱平衡曝气法去除地下水水垢工艺试验研究. 西安: 西安建筑科技大学.

华家, 卢金锁, 闫涛. 2016. 酸碱平衡法对地下水暂时硬度的去除试验研究. 中国给水排水, 32(17): 39-42.

黄传昊. 2018. 酸碱平衡曝气工艺在小型水垢去除设备中的应用研究及优化. 西安: 西安建筑科技大学.

黄传昊, 卢金锁, 王峰慧, 等. 2019. 基于酸碱平衡曝气法的除垢设备开发及效果评价. 中国给水排水, 35(5): 43-47.

卢金锁, 陈诚, 李雄, 等. 2019. 饮用水水垢问题辨析. 中国给水排水, 35(8): 15-19.

薛福举. 2019. 饮用水水垢自动化去除技术及曝气特性研究. 西安: 西安建筑科技大学.

薛福举, 卢金锁, 王峰慧, 等. 2018. 自动化水垢去除设备研发及关键技术研究. 给水排水, 44(10): 115-119.

# 第9章　地表水源水垢控制技术与设备

　　基于我国地表水水质分析，针对部分地区地表水水质偏硬、常规水处理技术处理效率低、用户反映水垢严重的问题，提出了同步去除饮用水中浊质与水垢，在去除水垢的同时保留水中的原生钙镁的酸碱平衡曝气法，并研发了相关的水处理设备，同时设计了适用于不同供用水情况的工艺及构筑物。设备在实际应用中取得了较好的效果。

## 9.1　地表水水质情况

　　按照取水水域不同，饮用水源可分为地表饮用水源和地下饮用水源。地表水源有江、河、湖、海和水库等，以江河水和湖库水为主。长江、东南诸河、珠江等水量充沛流域以河流型水源为主；海河、辽河、西北诸河等水资源相对匮乏的流域以湖库型水源为主。

　　我国地表水水源通常具有以下水质特点：

　　1）大部分水源浊度较低，无剧烈变化，大部分的浊度年均值在 50 NTU 以下，低浊度原水给处理工艺带来一系列问题。同时，浊度大小受季节因素影响，汛期和大规模降水会导致浊度升高，达到 200～2000 NTU。

　　2）南方地区大部分水源藻类含量较高，其中高藻水源占到 63.6%。藻类含量主要受到浊度、温度和流速的影响，高藻原水严重地影响了水厂的正常生产。

　　3）北方河流多泥沙，河流泥沙不仅是最大的自然污染物，而且淤积河道、水库和湖泊，对水资源开发利用带来许多消极的影响。北方水质偏碱性，大多数河流 pH 在 7.5 以上。西北内陆地区总硬度最高，一般大于 450 mg/L，为极硬水区，以永久硬度为主。

　　高硬度饮用水对生产生活产生诸多负面影响。例如，硬水在煮沸过程中会产生水垢，影响壶壁的导热率，导致能源浪费；在工业生产中，锅炉内壁沉积的大量水垢使得锅炉壁和水之间形成不均匀隔热层，从而引起炉壁过热或受热不均，导致炉体变形甚至爆炸；用硬水洗衣服时，硬水中的 $Ca^{2+}$、$Mg^{2+}$ 与肥皂里的主要成分硬脂酸钠反应，生成难溶于水的脂肪酸钙和脂肪酸镁，不仅浪费肥皂、衣物不易洗净，还会使纤维变脆和易断；用硬水烹调鱼肉、蔬菜，会因不易煮熟而降低食物的营养价值，例如，用硬水做豆腐不仅使产量减少，而且破坏了豆腐的营养成分。

### 9.1.1　地表水源水垢问题

　　水垢问题在地下水源供水系统中较为常见，同时在地表水源供水系统中也时有出现，如在新疆维吾尔自治区、山东省青岛市崂山区、甘肃省平凉市、陕西省汉中市部分地区等。地表水作为饮用水水源，煮沸后出现大量沉淀或漂浮物，感官上不仅使人难以接受，而且可能存在诸多潜在危害，用户对此抱怨非常严重。然而，鲜见有针对地表水水垢问题的饮用水处理技术措施。用户通常自行购买家用净水器，购置小区净化水或桶装水等避免饮用含水垢的饮用水。但是，这些措施影响了用户的正常饮用，而且会造成饮用水中原生钙镁的流失，不利于居民身体健康。

　　新疆维吾尔自治区水质监测中感官指标和一般化学指标不合格率相对较高，而吉林省、河南省、广东省深圳市等水质监测中微生物指标不合格率相对较高，其原因主要是新疆维吾尔自治区的沙尘天气致使地表水色度、浊度、溶解性总固体、总硬度等指标不合格，而且部分水厂规模小，水处理水平相对落后。

　　山东省青岛市崂山区部分村庄的自来水主要存在以下几个方面的问题：①个别居民饮用自来水后出现腹部不适、腹胀、腹泻等症状；②自来水有土腥味；③自来水口感差，用该水洗头、洗澡有明显的不适感；④有的居民反映虽然自来水的水质很清，但烧开后水质变浑，在水壶的底部出现白色或黄色的细粉末。水壶底部出现白色沉淀与暂时硬度有关，即水中含有一定量的碳酸氢根离子，自来水加热后形成白色碳酸钙或碳酸镁沉淀（通常所说的"水垢"）；黄色的细粉末，除了水硬度较高外，还与自来水管道中溶解出的铁离子有关，铁离子与碳酸氢根离子反应形成棕黄色的碳酸铁沉淀。

　　研究分析甘肃省平凉市居民生活饮用水硬度，发现居民生活饮用水普遍存在硬度过高的问题，会造成水垢问题（戴兴德等，2009），结果如表 9-1 所示。饮用水软硬度等级区分参照《饮用水水质准则》中的建议值，$CaCO_3$ 含量为：极软水 0～30 mg/L，软水 30～60 mg/L，中硬水 60～120 mg/L，硬水 120～180 mg/L，高硬水 >180 mg/L。

表 9-1　平凉市居民饮用水部分水质调查表

| 水样来源 | 色度 | pH | 总硬度/（mg/L）（以 $CaCO_3$ 计） | 硬度等级 |
|---|---|---|---|---|
| 华亭市 | 无色 | 8.10 | 244.6 | 高硬水 |
| 泾川县 | 无色 | 8.15 | 328.3 | 高硬水 |
| 崇信县 | 无色 | 7.16 | 208.9 | 高硬水 |
| 静宁县 | 无色 | 8.50 | 144.6 | 硬水 |
| 灵台县 | 无色 | 8.01 | 230.4 | 高硬水 |

| 水样来源 | 色度 | pH | 总硬度/（mg/L）（以 CaCO$_3$ 计） | 硬度等级 |
|---|---|---|---|---|
| 庄浪县 | 无色 | 7.86 | 198.2 | 高硬水 |
| 泾河水（东） | 无色 | 7.83 | 253.6 | 高硬水 |
| 泾河水（西） | 无色 | 8.50 | 287.5 | 高硬水 |
| 崆峒后峡 | 无色 | 8.31 | 300 | 高硬水 |
| 崆峒水库 | 无色 | 8.37 | 235.7 | 高硬水 |
| 柳湖公园 | 无色 | 8.28 | 230.4 | 高硬水 |

水的硬度能反映水中钙镁离子浓度，与人体的健康密切相关。饮用水硬度过低会使人体患心血管疾病概率增加，饮用水硬度过高会对肠胃及消化系统产生一定不良影响，同时对泌尿系统也会产生影响。汉中是结石病高发区，很多人认为结石病与当地水质的硬度有关，但没有定论报告。研究人员（宋凤敏，2013）分析了汉中不同水源地水质的硬度，并分析其硬度成因及影响，结果如表 9-2 所示，汉中地区水质偏硬，这与汉中当地的地质条件以及气候条件有很大关系。城镇周边饮用的自来水大多经过适当处理其硬度得到了降低，但是广大农村居民，直接饮用的井水、山泉水或溪水中的钙镁离子浓度相对较高，虽然通过加热处理使其形成固化物水垢，硬度得到一定降低，但是水的感官和口感上却不佳。在调研时，村民普遍反映水烧开后有大量白色悬浮物，影响饮用，同时烧水壶中容易形成水垢。对农村分散饮用水点的水质进行软化是汉中地区农村饮用水改进中的一项重要举措，虽然市场上推出了水质软化净水器，但是高昂的价格和需要经常更换配件对于大多数村民来说是有困难的，需要农村饮用水工程对此做出进一步的努力。

表 9-2　汉中地区四种水源水硬度分布

| 水源 | 检测份数 | 硬度等级 | | | 均值/（mg/L） | 范围/（mg/L） |
|---|---|---|---|---|---|---|
| | | 硬水（120～180 mg/L） | 高硬水（>180 mg/L） | >450 mg/L | | |
| 自来水 | 10 | 4（40%） | 6（60%） | 0 | 245 | 125～285 |
| 井水 | 35 | 5（14.3%） | 30（85.7%） | 0 | 375 | 145～430 |
| 山泉水 | 25 | 3（12.0%） | 22（88.0%） | 5（20%） | 358 | 140～475 |
| 溪水 | 15 | 2（13.3%） | 13（86.7%） | 2（13.3%） | 395 | 175～460 |
| 合计 | 85 | 14（16.5%） | 71（83.5%） | 7（8.24%） | 343.5 | 125～475 |

注：括号中的数值为超标水样所占百分比。

## 9.1.2　常规净水工艺及其局限性

地表水处理技术已基本上形成了成熟的常规净水工艺，即混凝、沉淀、过滤和消毒。这种常规处理工艺至今仍被大多数国家所采用，是目前饮用水处理的主要工艺。常规净水工艺主要去除水中悬浮物和胶体物质，该工艺对水中难溶物和胶态有机物等去除率较高，但对溶解性有机物和钙镁离子去除效果相对较弱，难以直接解决饮用水水垢问题。

目前国内外主要通过降低硬度解决饮用水水垢问题，有药剂软化法、离子交换软化法、膜分离软化法、酸碱平衡曝气工艺等方法。这些方法主要是通过去除水中的钙镁离子，降低水的硬度，从而减少水垢产生。实际上，水垢产生是硬度和碱度共同作用的结果，以控制水中碱度为主要途径的酸碱平衡曝气工艺可以在不降低硬度的条件下抑制水垢生成，不仅经济高效，而且能够保留水中原位钙镁元素，有益于居民身体健康。不同工艺水垢去除原理如图 9-1 所示。

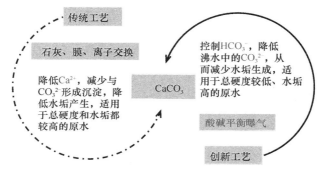

图 9-1　不同工艺水垢去除原理

（1）药剂软化法

药剂软化法是利用溶度积原理，向水中添加化学药剂与 $Ca^{2+}$、$Mg^{2+}$ 反应生成 $CaCO_3$ 和 $Mg(OH)_2$ 沉淀，从而达到控制水垢形成的目的。目前，药剂软化法主要包括石灰软化法、石灰-纯碱软化法和石灰-石膏软化法等。

（2）离子交换软化法

离子交换软化法主要利用离子交换剂上的阳离子与水中的钙、镁离子之间具有不同交换能力来去除水中溶解盐，从而达到软化目的（Apell and Boyer，2010）。此软化法处理效率高，出水水质稳定，但存在再生操作烦琐且需处理再生废液等缺点。

（3）膜分离软化法

膜分离软化法是指利用膜的选择透过性，将水中的离子（如 $Ca^{2+}$、$Mg^{2+}$）、分子或某些微粒分离出来，从而达到软化的目的。膜分离软化法可以分为微滤、超滤、纳滤（Alexander et al.，2008）、反渗透（Rioyo et al.，2018）及电渗析等，在实际工程中，通常会联用纳滤（Tang et al.，2018）、反渗透和电渗析等技术用于高硬度水的软化。

（4）酸碱平衡曝气工艺

水垢是水中钙镁离子与碱度两种因子共同作用的结果，降低产垢碱度也可解决水垢问题。基于此原理，开发出酸碱平衡曝气水垢去除技术（张文林等，2018），通过向水中投加 $H^+$ 与碱度等生成 $CO_2$，$CO_2$ 通过曝气气泡聚集传质而脱除提高出水 pH，高效经济解决了饮用水水垢问题，先后在陕西某水厂进行了大量中试试验研究。试验结果显示，将原水碱度降至 140 mg/L 以下时，出水沸后清澈，无肉眼可见漂浮物，出水水质满足《生活饮用水卫生标准》（GB 5749—2022）要求。

## 9.2  浊垢同步去除工艺与设备研发

在酸碱平衡曝气水垢去除工艺的基础上，有机结合微絮凝和直接过滤，将两种工艺中的药剂投加工艺流程、药剂混合工艺流程、絮凝工艺流程、过滤工艺流程和鼓风曝气工艺流程进行整合，并结合工艺设备应用的外部环境条件，研发出可用于浊质与水垢同步去除的装置。

### 9.2.1  工艺设计

浊垢同步去除工艺主要包括药剂投加工艺流程、药剂混合工艺流程、絮凝工艺流程、过滤工艺流程、鼓风曝气工艺流程，具体工艺流程如图 9-2 所示。

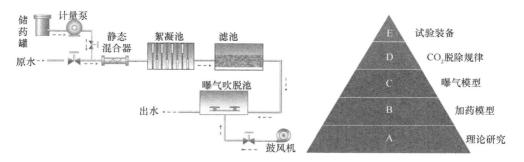

图 9-2  浊垢同步去除工艺流程

浊垢同步去除工艺具体实施方式：有压原水由进水管进入，稀释过的阻垢剂通过计量泵精确加入进水管。同时，混凝剂通过计量泵加入进水管，药剂和原水在两段静态混合器内充分混合，进入微絮凝阶段，加药后原水水中的碳酸氢根离子与阻垢剂中的氢离子发生反应。同时，原水中的胶体颗粒在混凝剂作用下脱稳聚集，经过微絮凝后进入滤池去除原水中悬浮物及失稳胶体颗粒。最后，含有大量溶解二氧化碳的原水由滤池进入曝气吹脱池，通过鼓风机向曝气池鼓入大量空气，利用亨利定律，吹脱水中游离态的二氧化碳向气泡内扩散，提升出水 pH。

### 9.2.2 浊垢同除设备的研发

基于浊垢同步去除工艺，结合应用场景的外部条件和小型集成化目标，将工艺中药剂投加工艺流程、药剂混合工艺流程、絮凝工艺流程、过滤工艺流程、鼓风曝气工艺流程整合成一体化浊垢同除设备，如图 9-3 和图 9-4 所示。

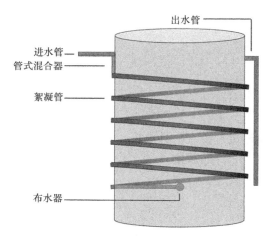

图 9-3　浊垢同除一体化水质净化装置设计图

图 9-4　浊垢同除一体化水质净化设备实物

通过一体化设计，设备实现了药剂投加工艺流程、药剂混合工艺流程、絮凝工艺流程、过滤工艺流程、鼓风曝气工艺流程等一系列功能紧密配合。其中，药剂投加工艺段由计量泵和药剂箱组成，在两个管式混合器前端分别设置两个加药口；药剂混合工艺流程使用两段静态混合器；絮凝工艺流程采用外壁盘管延长反应时间进行微絮凝；过滤工艺段采用石英砂进行浊质分离；鼓风曝气工艺段包括鼓风曝气区和气体逸出区。过滤工艺段与鼓风曝气工艺段由内外两筒组成，两筒底部相通，内筒进行过滤除浊，外筒进行曝气除垢，外筒顶部为气体逸出区，设置自动排气阀。设备外接有压水源，加药泵将阻垢剂与混凝剂相继加入进水管内，原水经加药后经过静态混合器混合均匀，经外壁盘管进行微絮凝反应，然后由出水喇叭口进入内筒，经排水槽均匀布水后，水流均匀分布在滤料上方进行过滤，滤后水由内筒底翻至外筒进行上向流，在外筒由曝气管进行鼓风曝气脱除二氧化碳气体，气体由顶部自动排气阀排至室外，处理后的水通过外筒环形集水槽收集进入出水管排至设备外，设备运行的加药量和曝气量由具体试验确定。

此外，随着内筒过滤工艺的进行，当出水水质浊度不满足要求时，需要对内筒石英砂进行反洗，反冲洗水通过反冲洗进水管（出水管）进入外筒，此时外筒上部的自动排气阀自动关闭进行憋压，反冲洗水由外筒进入内筒底部，通过短柄滤头进行均匀布水，开始对内筒过滤工艺段的石英砂进行反洗，反冲洗废水由内筒上部的排水槽经反冲洗排水管排至设备外部。

### 9.2.3　地表水处理过程

原水由进水管进入，在酸性条件下，投加合适的混凝剂碱式氯化铝（PAC），然后进入管式混合器进行快速混合，出水进入絮凝管道进行微絮凝实现水中颗粒物的快速凝聚，形成稳定的微小絮体，水力停留时间为 $1\sim2$ min，形成粒径相近的微絮粒；出水进入滤层进行过滤，微絮粒与滤料充分碰撞接触和黏附，被滤层截留下来，降低原水浊度，然后对滤后水进行曝气吹脱，由于在酸性条件下水中 $HCO_3^-$ 发生如下反应：$HCO_3^- + H^+ \Longrightarrow H_2O + CO_2\uparrow$，进行除垢，再利用曝气气体吹脱 $CO_2$ 气体，在不需用外加碱的情况下，恢复出水 pH，使得 pH 符合国家饮用水相关标准，曝气吹脱 $15\sim25$ min 后水流入外筒顶部的集水槽中，以达到均匀出水。

混合单元包括管式混合器，管式混合器设置在进水管上。管式混合器用于对加入水中的混凝剂和少量酸快速混合，实现水中颗粒物的快速凝聚。

过滤单元包括均质滤料层、承托层、滤板和短柄滤头，均质滤料层、承托层、滤板由上至下依次设置在内筒中，滤板上设置开孔，短柄滤头设置在开孔中。其中，滤料采用均质滤料，提高滤层含污能力，降低滤层中水头损失增长速率。优选的均质滤料层滤料采用砂滤料，滤料的有效粒径为 $0.9\sim1.50$ mm，粒径过大会影响滤后水质，粒径过小的话只有滤料层的上部发挥作用，大大缩短了过滤周期。另外，滤料层厚度较薄时，影响过滤后的水质，滤料层厚度较厚时，会导致过滤水头较大，容易出现负水头现象，而且滤料粒径与滤料层厚度关系密切。因此，均质滤料层的厚度优选 60～120 cm。承托层采用天然卵石，天然卵石的有效粒径为 2～4 mm，承托层厚度为 80～100 mm，承托层在过滤时可以防止滤料流失，在反冲洗时，可以均布反冲洗水。

曝气单元包括管式曝气器、通气管和通气支管，通气管为环形，通气管通过管箍固定在外筒内壁上，管式曝气器通过通气支管连接在通气管上方，管式曝气器沿通气管周向均匀分布。管式曝气器位于内筒最底面向上 4～6 cm 处。在外筒底部设置曝气管进行曝气，能实现以内筒为中心的一个圆周的曝气，经由内筒底部翻向外筒的水基本能实现全部快速曝气，仅需 15～25 min 的曝气时间就能完成 $CO_2$ 气体的吹脱，吹脱效率较高。短柄滤头均匀安装在滤板上，短柄滤头的安装数量为每平方米 30～50 个。

## 9.2.4　设备反冲洗过程

设备达到过滤周期时，开始对滤料层进行反冲洗，利用外筒顶部的第二排气阀只排气不排水原理，进行憋压，将外筒反冲洗水均匀压向内筒对滤料进行反冲洗。

在设备外筒和内筒的顶部设置自动排气阀。首先，在过滤时通过外筒顶部第二排气阀排除曝气气体以及所吹脱的 $CO_2$ 气体，在反冲洗时，利用外筒顶部排气阀只排气不排水的原理，在外筒中进行憋压，将外筒中的反冲洗水均匀地压向内筒，实现对滤料的反冲洗，不需要另外设置布水装置，解决了传统的除浊设备管道连接烦琐的问题。随着过滤的进行，内筒中的多余气体被排出，内筒中滤料层上方水深不断增加，当水面达到内筒顶部时，顶部的第一自动排气阀关闭，由于内筒顶部封闭，此时由进水的压力推动过滤过程，使得过滤周期延长；同时使得设备的总高度降低，因为传统的过滤装置顶部是开放结构，需要较大的滤料层上水深来进行过滤，设备的结构设计不需要较大的滤料层上水深即可实现过滤，避免了高程布置困难的问题。

反冲洗排水槽为沿着内筒径向设置的长形槽，反冲洗排水槽的底部逐渐收缩为锥形。锥形结构使得反冲洗水迅速流入排水槽中，避免影响反冲洗过程。其中，反冲洗排水管上设置控制阀门，用于控制反冲洗水的排出。

## 9.2.5　中试处理效果

陕西省某市新区自来水厂以当地某水库地表水为水源，水源水质硬度和碱度较大，水厂出水虽满足《生活饮用水卫生标准》（GB 5749—2022），但烧开后饮用水水垢较多，导致居民投诉不断。因此，在陕西省某市新区自来水厂开展了设备中试试验研究，验证设备的运行效果。该供水公司成立于 2001 年 10 月，目前主要承担城区生活供水以及企业供水任务。水厂以水库水为水源，具备日生产 5 万 m³ 的制水能力。其中，一期生产线日产能 2 万 m³，于 2005 年底建成投产，采用传统的混合反应、过滤消毒处理工艺；二期生产线日产能 3 万 m³，于 2012 年 8 月投入使用，在一期工艺基础上增加了活性炭及高锰酸钾投加工艺，采用自动化控制。共建成 DN100 以上城市供水管网 70 km，供水区域覆盖整个城区。该水厂进出水水质情况如表 9-3 所示，该水厂出水水质总硬度为 200～220 mg/L，浊度为 0.1～0.3 NTU，供水水质均能满足我国《生活饮用水卫生标准》（GB 5749—2022）中总硬度和浊度规定，但是仍出现烧开后水质浑浊、水垢较多的现象，水煮沸后冷却至 40～45℃时，水体浊度高达 10～15 NTU，远高于《生活饮用水卫生标准》（GB 5749—2022）中浊度要求（<1 NTU）。

**表 9-3　陕西省某市新区自来水厂进出水水质**

| 水源地 | 总硬度/（mg/L） | 碱度/（mg/L） | pH | 浊度/NTU | 暂时硬度/（mg/L） | 沸后浊度/NTU |
| --- | --- | --- | --- | --- | --- | --- |
| 原水 | 200～220 | 210～230 | 8.20～8.40 | 15～20 | 40～60 | — |
| 出水 | 200～220 | 210～230 | 8.20～8.30 | 0.1～0.3 | 40～60 | 10～15 |

注：沸后浊度是指出水烧开后冷却至 40～45℃，所测定的浊度。

中试试验具体内容如下。

1）设备在水源地的运行效果实验：以高水垢地表水为研究对象，以出水浊度、碱度、pH 及沸后浊度等为水质检测指标，研究设备对该原水水质净化的效果，为设备运行参数的优化和对设备长时间连续运行做基础。

2）设备运行稳定性及效果研究：以高水垢水源为研究对象，以出水浊度、沸后浊度、pH 及碱度为控制目标，分析在不同铝盐与阻垢剂的投加顺序下出水水质，讨论设备以优化参数，保证设备长期运行时出水的稳定性和安全性。

3）设备长期连续运行稳定性及效果研究：以水垢较多的地表水为研究对象，验证设备对高水垢水源的浊垢同除的效果，通过分析出水浊度、碱度、pH 和沸后浊度等参数，来进一步优化加药量、药剂的投加配比及投加次序等设备关键运行参数，并进行长期连续运行试验，评价浊垢同除设备出水水质安全性及稳定性。

### 1. 设备水源地的运行效果

设备进水为水厂原水，其各项水质指标如下：硬度为 200～220 mg/L，碱度为 210～230 mg/L，pH 为 8.20～8.40，浊度为 15～20 NTU。以聚氯化铝为混凝剂，在滤速为 6 m/h、加药量为 12 mg/L 的条件下，分析设备运行效果及处理水水质，结果如图 9-5 所示。

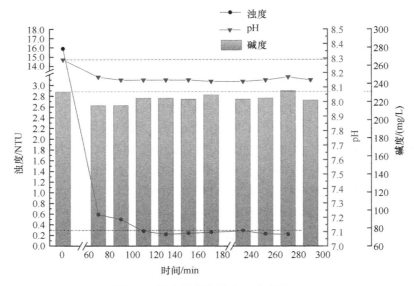

图 9-5　设备处理水浊度、碱度及 pH

随着设备的调试运行，处理水水质逐渐稳定，浊度稳定在 0.3 NTU 左右，碱度稳定在 230 mg/L 左右，pH 维持在 8.2 左右，除浊效果显著。设备出水效果前后对比如图 9-6 所示。

图 9-6　设备出水效果前（右）后（左）对比

酸碱平衡曝气水垢去除工艺以控制水中碳酸氢根为主要途径，达到抑制水垢形成的目的。为了直观反映设备去除水垢的效果，将设备出水烧开后测定沸后浊度等水质指标：pH 为 8.20～8.30，碱度为 210～230 mg/L，暂时硬度为 40～60 mg/L，沸后浊度为 10～15 NTU。在设备中试运行过程中，进水流量控制在 500 L/h，曝气量控制为 8：1，在有效控制水垢的同时，投药量为 0.15‰强酸/L～0.23‰强酸/L，设备处理水碱度、pH 以及沸后浊度如图 9-7 所示。可以看出，投药量对设备出水pH、碱度及沸后浊度有显著影响，随着投药量增大，碱度和沸后浊度逐渐减小。观察煮沸后出水发现，当投药量小于 0.17‰强酸/L 时，水质微浑浊，表面有少量漂浮物，底部有少量沉淀物，浊度为 1.5 NTU；当投药量为 0.19‰强酸/L 时，沸后浊度降至 1.0 NTU 以下，表层有微量漂浮物，底部无沉淀物；当投药量为 0.21‰强酸/L和 0.23‰强酸/L 时，沸后浊度稳定在 0.5 NTU 左右，此时水面几乎没有漂浮物，水体清澈，原水与设备出水煮沸效果如图 9-8 所示。在感官性状可以接受的条件下，考虑对出水 pH 的控制，再结合设备运行成本，投药量适宜取 0.21‰强酸/L，此时所对应碱度为 95～105 mg/L，pH 为 6.25～6.35，即为目标碱度和目标 pH。

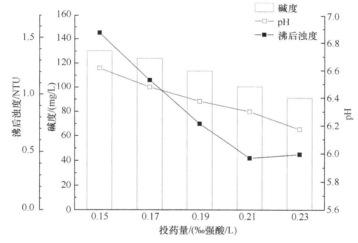

图 9-7　不同投药量条件下设备中试处理水水质

图 9-8　原水（左）与设备出水（右）煮沸效果

## 2. 设备运行稳定性

新型复合酸性阻垢剂具有挥发性和腐蚀性，投加量较小，极易出现混合不均匀的现象，影响设备运行的稳定性。因此，通过长时间连续运行验证设备出水水质的稳定性。设备进水流量为 0.56 m³/h，滤速为 8 m/h，PAC 投加量为 8 mg/L，阻垢剂量为 0.21‰强酸/L，气水比为 8：1；经过 48 h 长期连续运行，其运行效果如图 9-9 和图 9-10 所示。可以看出，原水浊度为 15～20 NTU，碱度为 210～230 mg/L，pH 为 8.20～8.40，沸后浊度为 10～15 NTU。浊垢同除设备处理后，连续运行出水浊度为 0.4～0.8 NTU，碱度为 70～90 mg/L，pH 为 6.9～7.1，沸后水样清澈、透明，没有沉淀、漂浮等水垢物质，沸后浊度为 0.4～0.5 NTU，出水水质具有良好的稳定性，水质净化周期为 12 h。对设备出水进行水质全检测分析，结果表明，106 项水质指标全部满足我国《生活饮用水卫生标准》（GB 5749—2022）的要求。

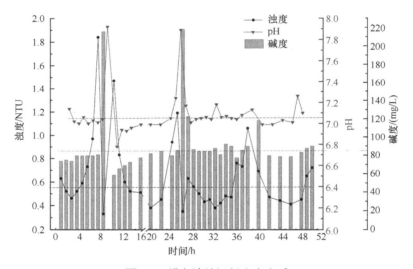

图 9-9　设备连续运行出水水质

图 9-10　设备连续运行过程中原水（左）与处理水（右）煮沸效果

与处理前的原水进行对比，设备对浊质去除量达到 14.8～18.8 NTU，出水清澈明亮。如表 9-4 所示，在目标碱度约束下，原水碱度去除量达到 110～130 mg/L，出水 pH 有所减低，沸后浊度由 10～15 NTU 降低至 0.4～0.5 NTU，去除量高达 9.6～14.5 NTU，出水沸后无肉眼可见漂浮物和沉淀物质。此外，出水总硬度基本保持不变，保留了水中原生钙镁。因此，浊垢同除设备保留饮用水中钙、镁离子的同时，有效地解决了水质浊度和烧水水垢问题。

表 9-4　浊垢同除设备运行效果

| 水质 | 原水水质 | 设备出水水质 | 去除量 |
|---|---|---|---|
| 硬度/（mg/L） | 200～220 | 200～210 | 0 |
| 碱度/（mg/L） | 210～230 | 100～120 | 110～130 |
| 浊度/NTU | 15～20 | 0.2～0.3 | 14.8～18.8 |
| 沸后浊度/NTU | 10～15 | 0.4～0.5 | 9.6～14.5 |
| pH | 8.20～8.40 | 7.20～7.30 | — |

## 9.3　地表水水垢问题处理方案

### 9.3.1　有机结合曝气单元的地表水浊垢同除设备

针对现有的设备功能单一且反冲洗过程烦琐的问题，研发有机结合曝气单元的地表水浊垢同除设备。该设备集混合、絮凝、过滤、曝气及反冲洗多种功能于一身，通过结构布置，使反冲洗过程不需要外部设备即可实现。

浊垢同除的地下水水质净化装置如图 9-11 所示，包括外筒、内筒、混合单元、絮凝单元、过滤单元、曝气单元和集水单元。

外筒为封闭筒体，外筒顶部设置供内筒插入的插接口，内筒通过插接口悬空设置在外筒中，内筒顶部封闭，过滤水流通过内筒底部与外筒内部流通；内筒顶部设置第一自动排气阀，外筒顶部设置第二自动排气阀。混合单元设置在外筒侧壁上，混合单元一端与进水管连接，另一端与絮凝单元的絮凝管道连接；进水管上设置加药管，絮凝管道缠绕在外筒内壁上，并延伸到内筒顶部；过滤单元设置在内筒底部；曝气单元位于外筒底部，且曝气单元高于内筒的最底面；集水单元设置在外筒上部，集水单元包括集水槽，集水槽为沿外筒内壁周向设置的环形槽，使得出水均匀，不会出现短流等现象，集水槽上连接出水管和反冲洗进水管。

内筒顶部设置反冲洗排水槽，在反冲洗过程中，起到排出反冲洗水的作用。反冲洗排水槽设置在过滤单元上方，絮凝管道末端延伸至反冲洗排水槽中，排水

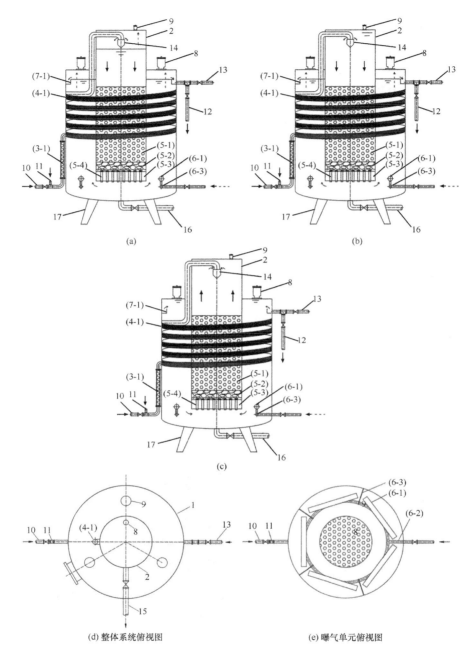

图 9-11　重力过滤（a）、水压过滤（b）和反冲洗时（c）工况

1. 外筒；2. 内筒；8. 第一自动排气阀；9. 第二自动排气阀；10. 进水管；11. 加药管；12. 出水管；13. 反冲洗进水管；14. 反冲洗排水槽；15. 反冲洗排水管；16. 排水管；17. 支座；3-1. 管式混合器；4-1. 絮凝管道；5-1. 均质滤料层；5-2. 承托层；5-3. 滤板；5-4. 短柄滤头；6-1. 管式曝气器；6-2. 通气管；6-3. 通气支管；7-1. 集水槽

槽在原水过滤过程中，还可以起到均匀布水的作用。反冲洗排水槽外接反冲洗排水管。

设备具体工作流程为：原水由进水管进入，通过入口加药管投加适量的混凝剂和酸，几种物质在管式混合器内快速混合后进入缠绕在设备筒内壁上的絮凝管道进行絮凝，经絮凝后的水由絮凝管道出水管与沉淀单元上方、曝气单元下方的布水器相连，进入沉淀单元，比重较大的絮体被沉淀在沉淀槽中，由底部的排泥管排出装置外；沉淀后的水经过曝气盘翻转上来进入曝气单元，通过微孔曝气管进行曝气，使得水中比重较轻的悬浮物附着气泡而上升到水面，并对水中由酸碱平衡曝气法除垢所产生的 $CO_2$ 气体进行曝气吹脱，保证出水 pH 满足《生活饮用水卫生标准》，接近原水 pH；随后进入膜过滤单元过滤，水中绝大部分悬浮物、胶体以及由混凝剂转变为颗粒状态的溶解性小分子污染物质被帘式膜膜丝的外表面截留，过滤后的水汇入膜架上的出水口经设备出水管流出装置，完成水质净化；在膜过滤单元正常运行时，曝气单元同时对中空纤维膜丝进行曝气清洗，减轻中空纤维膜丝的表面负荷，提高过滤效率。

## 9.3.2　大型饮用水水垢去除工艺及构筑物

喀斯特地区地表水同我国其他地区地表水一样存在大量不溶的悬浮物质、胶体物质和微生物。同时，流经喀斯特地区地表水的硬度是较高的，其硬度形成机理是难溶的碳酸盐岩在水和二氧化碳作用下，生成可溶性的碳酸氢根离子和游离的金属离子（主要是钙离子和镁离子）由岩石迁移到水中，水流本身有着冲刷溶蚀作用，它们往往把成块的岩石加工成微粒，加速了岩石的溶蚀作用，从而增加了水的硬度。由于碳酸盐岩和河流在喀斯特地区大量存在，岩石的溶蚀现象广泛发生，这也是喀斯特地区河流硬度含量高的主要原因。

针对喀斯特地区地表水煮沸后有沉淀生成、结垢等问题，研发了大型饮用水水垢去除工艺及构筑物，同时兼备去除浊质的功能。该构筑物前段设置网格絮凝池和斜管沉淀池，斜管沉淀池出水直接进入加酸（HCl）反应段，酸与水中的 $HCO_3^-$ 和 $CO_3^{2-}$ 反应后产生溶解的 $CO_2$，含有溶解 $CO_2$ 的水进入曝气池，曝气头产生大量的微小气泡能与水中溶解的 $CO_2$ 结合并浮出水面从而使 $CO_2$ 逸入空气中，同时微小气泡黏附斜管沉淀池未沉淀的细小浊质，使浊质上升至水面由刮渣机收集至集渣槽中排出。

如图 9-12～图 9-14 所示，酸碱曝气浊垢同除工艺构筑物包括絮凝反应区、沉淀区、加酸反应区、曝气吹脱区、进水管、集水槽、出水管和检修井。待处理地表水由进水管依次经过絮凝反应区和沉淀区后将待处理地表水中的部分浊质去除，之后将去除部分浊质的地表水在加酸反应区内与酸混合使地表水中的 $HCO_3^-$

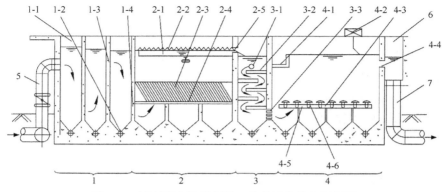

图 9-12　酸碱曝气浊垢同除工艺构筑物纵向剖视图

1. 絮凝反应区；1-1. 絮凝池；1-2. 排泥管；1-3. 第一出水口；1-4. 第一穿孔花墙；2. 沉淀区；2-1. 指型槽；2-2. 出水堰；2-3. 斜管；2-4. 斜管支架；2-5. 第二出水口；3. 加酸反应区；3-1. 加酸管；3-2. 隔板；3-3. 第二穿孔花墙；4. 曝气吹脱区；4-1. 集渣槽；4-2. 刮渣机；4-3. 曝气主管；4-4. 第三出水口；4-5. 曝气支管；4-6. 曝气盘；5. 进水管；6. 集水槽；7. 出水管；下同

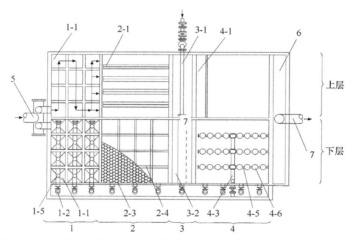

图 9-13　酸碱曝气浊垢同除工艺构筑物上层俯视和下层俯视结合图

1-5. 集泥孔

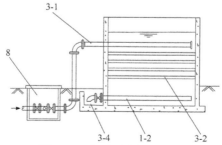

图 9-14　加酸反应池剖面图

8. 检修井；3-4. 排泥口

与酸反应产生 $CO_2$ 气体,最后将含有 $CO_2$ 气体的地表水在曝气吹脱区曝气吹脱去除地表水中 $CO_2$ 气体和未除去的浊质。

絮凝反应区包括多个网格絮凝池,絮凝池的底部与排泥管连通,相邻的絮凝池以第一出水口连通,且第一出水口设置高度不同,沿水流方向絮凝池的横截面积依次增大,与沉淀区相邻的絮凝池底部设置第一穿孔花墙连通絮凝反应区和沉淀区。

沉淀区包括沉淀池,沉淀池内由上到下依次设置指型槽和斜管,水沿斜管从下向上流动实现泥水分离,指型槽的作用为收集处理后的清水。沉淀池底部与排泥管连通,沉淀池顶部与加酸反应区连通。

加酸反应区包括加酸反应池,加酸反应池的水面下设置加酸管。加酸反应池水面下 0.5 m 处设置加酸管,加酸管开孔方向为斜向下 45°呈对称分布,加酸管上设有单向阀,单向阀前后设有闸阀,加酸管下面设有隔板,池底部设有排泥管。在加酸管下方的池体内壁上水平交替设置多个隔板,在隔板下方的池体壁上设置第二穿孔花墙,第二穿孔花墙连通加酸反应池与曝气吹脱区。

曝气吹脱区包括曝气吹脱池,在曝气吹脱池靠近加酸反应区的池顶处设置集渣槽,曝气吹脱池的池底设置曝气装置,曝气后的水流由远离集渣槽的方向流出。曝气装置包括曝气主管,以垂直于曝气主管的方向设置多个曝气支管,曝气支管上设置多个曝气盘。

酸碱曝气浊垢同除工艺处理过程为:待处理地表水首先经过静态混合器,在静态混合器中待处理地表水与絮凝剂充分混合完成凝聚过程,完成凝聚过程的水通过进水管进入絮凝池中,水在絮凝池中依次上下流动,絮凝池的横截面尺寸沿水流方向依次增大,水流的速度依次减小从而实现 G 值(速度梯度)依次减小完成絮凝过程。絮凝池底部设有排泥管、集泥斗和集泥孔,地表水中密度比水大和小部分完成絮凝过程的浊质在水流动的过程中会在絮凝池沉淀,沉淀后的污泥进入集泥斗中,在静水压的作用下通过集泥孔由排泥管排到絮凝池两侧的集泥槽中。

从絮凝池流出的水经过第一穿孔花墙进入沉淀池,第一穿孔花墙的作用是使絮凝池出水均匀地分配到沉淀池中。斜管由支架固定,斜管长度为 1 m、倾角为 60°,水沿斜管从下向上流动,实现泥水分离,沉淀的污泥由排泥管收集后在静水压的作用下进入集泥槽。清水进入指型槽,指型槽上设有三角出水堰,沉淀后的水通过三角出水堰跌落至指型槽,指型槽收集沉淀池沉淀后的清水,由工字钢固定在沉淀池上。沉淀池的沉淀时间比一般水厂斜管沉淀池的沉淀时间短,目的在于较短的沉淀时间能够使水中的大颗粒浊质完成沉淀,细小的浊质不发生沉淀,使得沉淀池处理水的负荷减小,缩小池容。

沉淀池清水通过第二出水口跌落至加酸反应区,加酸反应区设有加酸管,加酸管设在水面下 0.5 m 处,加酸管开孔方向为斜向下 45°呈对称分布,目的是加酸管流出的盐酸直接向下流动,水中的盐酸在向下流动的过程中与水发生反应不会立刻逸入空气中，从而避免了盐酸的浪费。加酸后的水进入隔板反应区，水在隔板中往复流动，从而使水与盐酸充分混合，使水中 $CO_2$ 的量升高；沉淀池出水中的细小絮凝体会在加酸反应池发生沉淀，这部分沉淀通过排泥管排放到集泥槽中。为了方便对加酸管的阀门等部件的检修，在加酸管的阀门部位设置检修井。

加酸反应区的出水通过第二穿孔花墙均匀地分配到曝气吹脱区，鼓风机使压缩空气进入曝气主管，曝气主管将空气输送到曝气支管送至曝气盘，曝气盘产生大量微小气泡，微小气泡在上升过程中与溶解在水中的 $CO_2$ 结合成大气泡，这些大气泡上升至水面从而使 $CO_2$ 逸至空气中，微小气泡同时黏附水中未沉淀的细小浊质，使浊质上升至水面由刮渣机收集至集渣槽中排出。由于曝气吹脱池水面含有细小浊质，因此曝气吹脱池的第三出水口在水面下，这样能够避免曝气吹脱池中的浊质进入集水槽，集水槽将收集后的水通过出水管进行输送。

# 参 考 文 献

戴兴德, 杨晓明, 曹彦荣, 等. 2009. 平凉市城区居民饮用水硬度比较. 卫生职业教育, (22): 158-160.

宋凤敏. 2013. 汉中地区农村饮用水水质调查分析. 科学技术与工程, (36): 10999-11003.

张文林, 卢金锁, 王峰慧, 等. 2018. 水中 $CO_2$ 脱除曝气策略及工艺研究. 水处理技术, 44(4): 4.

Alexander R, Krantz W B, Govind R. 2008. Studies on polymeric nanofiltration-based water softening and the effect of anion properties on the softening process. European Polymer Journal, 44(7): 2244-2252.

Apell J N, Boyer T H. 2010. Combined ion exchange treatment for removal of dissolved organic matter and hardness. Water Research, 44(8): 2419-2430.

Rioyo J, Aravinthan V, Bundschuh J, et al. 2018. Research on 'high-pH precipitation treatment' for RO concentrate minimization and salt recovery in a municipal groundwater desalination facility. Desalination, 439: 168-178.

Tang S C N, Birnhack L, Cohen Y, et al. 2018. Selective separation of divalent ions from seawater using an integrated ion-exchange/nanofiltration approach. Chemical Engineering & Processing: Process Intensificatior, 126: 8-15.